城市规划与发展建设研究

主编 李 强 巩天涛 常建伟 岳香菊 李悦同

吉林科学技术出版社

图书在版编目（ＣＩＰ）数据

城市规划与发展建设研究 / 李强等主编． -- 长春：
吉林科学技术出版社，2023.6
ISBN 978-7-5744-0551-6

Ⅰ．①城… Ⅱ．①李… Ⅲ．①城市规划 Ⅳ.
① TU984

中国国家版本馆 CIP 数据核字（2023）第 103498 号

城市规划与发展建设研究

主　　　编　李　强等
出 版 人　宛　霞
责任编辑　安雅宁
封面设计　石家庄健康之路文化传播有限公司
制　　版　石家庄健康之路文化传播有限公司
幅面尺寸　185mm × 260mm
开　　本　16
字　　数　300 千字
印　　张　13.5
印　　数　1–1500 册
版　　次　2023年6月第1版
印　　次　2024年2月第1次印刷

出　　版　吉林科学技术出版社
发　　行　吉林科学技术出版社
地　　址　长春市福祉大路5788号
邮　　编　130118
发行部电话/传真　0431-81629529 81629530 81629531
　　　　　　　　　　　81629532 81629533 81629534
储运部电话　0431-86059116
编辑部电话　0431-81629518
印　　刷　三河市嵩川印刷有限公司

书　　号　ISBN 978-7-5744-0551-6
定　　价　83.00元

编　委　会

主编简介

李强，市场营销硕士学位，中共党员，高级工艺美术师，中国注册策划师，第六届黑龙江省科技经济顾问委员会文化旅游专家组专家，现任哈尔滨市广告协会秘书长。2000年—2018年曾任哈尔滨工大集团广告传媒有限公司副总经理、总经理，2019年起任北京缘动力文化传播有限公司黑龙江分公司总经理至今。长期负责广告企业经营和业务管理，精于视觉营销与品牌创意、广告传播、文旅策划等专业。发表论文多篇，拥有两项专利。

巩天涛，男，汉族，1977年生于山东省淄博市，毕业于青岛理工大学，本科学历，高级工程师。自参加工作以来，申请了多项发明专利，作为主要贡献人，多次获得省泰山杯、省优质工程、省结构优质工程等奖项和省优秀项目经理的称号，2011年获得国家优秀个人的称号，在建筑和市政行业贡献颇多。

常建伟，男，40岁，2021年毕业于哈尔滨工业大学城市规划专业，城市规划硕士，现任同圆设计集团股份有限公司绿建产业化事业部副总经理，工作以来参与的项目荣获山东省优秀设计一等奖2项、二等奖3项、三等奖3项，撰写的《基于网络状主体的城市群区域规划探讨》论文获山东省城市规划研究会主办的"2016年度"新时期·新思维"城市规划论文竞赛"三等奖。先后发表《海绵城市排雨水建设需要注意的问题》《城市综合管廊特点及设计要点解析》《医院工程建设中管线综合常见问题成因与对策》等论文。

岳香菊，女，汉族，1985 年出生于甘肃省兰州市榆中县，本科学历，工程师。2011 年 7 月毕业于兰州交通大学，参加工作至今，一致专注于工程造价的工作，现任兰州西部投资咨询有限公司总经理助理。

李悦同，女，东北林业大学在读学生，中共党员积极分子，曾就读哈尔滨市复华小学、哈尔滨工业大学附属中学、黑龙江省实验中学，拥有一项发明专利。

前　　言

在当代社会，城市化进程加快，城市规划和发展建设面临着许多新的挑战和机遇。城市规划和发展建设涉及多个领域，如城市规划、城市设计、城市建筑、城市交通、城市环境等，关系到城市的整体发展和城市居民的生活质量。因此，城市规划和发展建设领域的学术研究和实践探索具有重要的意义和价值。

本书共九个部分，第一部分为城市及城市规划概述，分别介绍了城市的形成与发展、城市问题的早期探索、城市规划的基础内容、城市规划的发展历史四个方面。第二部分为城市规划设计详析，主要论述了城市规划设计的影响因素、城市规划设计的原则与方法、城市规划设计的层次与过程三方面的内容。第三部分为城市规划体系，从城乡规划体系、城镇规划体系、城市总体规划几个方面进行了分析。第四部分为城市空间规划，主要论述了城市居住区规划、城市商业区规划、城市园林绿地规划三个方面。第五部分为城市交通规划，对城市交通规划概述、城市道路系统规划、城市对外交通规划、城市地铁和轻轨规划、旧城道路系统改建、城镇专用道路、广场及停车场规划几个方面进行了阐述。第六部分为城市旅游与城市规划，讲述了城市旅游与城市旅游规划概述、旅游发展与城市规划的相互关系、城市旅游规划与城市规划的协调问题、基于旅游发展的城市规划路径几个方面的问题。第七部分为城市建筑与城市规划，主要从建筑设计与城市规划的相互关系、新形势下建筑设计与城市规划分析、城市"短命建筑"与城市规划分析三个方面进行了分析。第八部分为城市基础工程与城市规划，分别论述了城市规划中的基础设施规划、城市通信工程系统规划、城市能源供给工程系统规划、城市给水排水工程系统规划几个方面。第九部分为城市工程项目造价管理，主要论述了城市工程造价基础知识、城市工程预算与建筑工程造价管理、城市建筑工程造价管理与控制效果、城市建筑工程造价管理系统的设计四方面内容。

在撰写本书的过程中，作者得到了许多专家学者的帮助和指导，参考了大量的学术文献，在此表达真诚的感谢。本书内容系统全面，论述条理清晰、深入浅出，但由于作者水平有限，书中难免会有疏漏之处，希望广大同行给予批评指正。

目　　录

第一章　城市及城市规划概述

第一节　城市的形成与发展

一、城市的形成

（一）城市的起源与第一次社会分工

城市的起源可以追溯到人类文明的发展史上，大约出现在公元前4000年的古代中东地区。在这个时期，人们开始从狩猎采集生活方式逐渐转变为农业生产方式，这种转变带来了生产力的飞速发展和人口的快速增长，也为城市的产生提供了基础条件。

随着农业生产的发展，人们开始采用灌溉技术来提高耕作效率，这促进了城市的形成。城市最初是为了集中管理灌溉系统而建立的，同时也为了保护农作物和家畜，以及促进商品交易。城市的出现使得人们能够更加高效地利用资源，以及进行更加复杂的社会分工，这也使得城市逐渐成为政治、经济、文化等方面的中心。

城市的出现还促进了社会分工的发展，人们开始出现了职业分工，不同的人从事不同的职业，例如农民、手工业者、商人、祭司、士兵等。这种分工不仅提高了生产效率，还促进了技术的发展和经济的繁荣。随着城市的不断发展和扩大，社会分工也变得更加复杂，城市成了交流、创新和文化的中心。

在城市中，人们可以利用分工来更好地分配资源和工作，使得不同的人可以专注于不同的任务。城市中的分工涉及许多方面，包括农业、手工业、商业和管理等。例如，农民可以专注于耕作和种植，手工业者可以专注于制造商品，商人可以专注于销售商品，而管理者则可以专注于城市的规划、治理和管理。

这种分工使得城市中的生产效率更高，也为人们提供了更多的经济机会。在城市中，人们可以利用分工来生产更多的商品，以满足不同人的需求。同时，城市中的分工也为人们提供了更多的职业选择，人们可以根据自己的能力和兴趣来选择不同的职业，以获得更多的机会和发展。

除了经济方面，城市的分工也涉及文化和社会方面。城市中的分工可以带来不同的文化和艺术形式，例如建筑、绘画和音乐等。同时，城市中的分工也可以促进社会交流和合作，使得人们可以更好地了解彼此，促进社会和谐和发展。

然而，城市的分工也带来了一些问题。在城市中，人们越来越依赖其他人的工作，而自己的能力和技能可能会变得狭窄。同时，城市中的分工也可能会导致不公平的分配和经济不平衡。例如，在城市中，手工业者可能会获得更高的收入，而农民则可能会陷入贫困。

为了解决这些问题，人们开始采用更加复杂的社会组织形式，例如城市、国家和帝国。在这些组织形式中，政府和法律可以起到更好的调节和平衡作用，以保障公平和平衡经济。此外，人们还开始采用更加多样化的职业和经济模式，以适应城市的多元化需求。

（二）城市出现的经济因素

城市是一个典型的人口聚居地，通常具有高度发达的商业和经济活动。城市的出现是由多种因素所驱动的，其中经济因素是其中最重要的之一。接下来，我们将详细探讨城市出现的经济因素。

第一，城市的出现与农业的发展密切相关。随着人类逐渐从狩猎采集的方式转向农业生产方式，人口数量也开始快速增长。在农业生产的基础上，人们开始采用灌溉技术和农业机械化等手段来提高生产效率。这样一来，农业产量增加，粮食供应增加，人口也随之增加。城市的出现可以被看作是农业生产方式转型的必然结果，城市的农业生产是城市经济的重要组成部分。

第二，城市的出现与贸易有着密切的联系。在城市中，人们可以更加方便地进行商品交易。城市中的市场和商业区成了商品交易的中心，人们可以在这里买卖商品，进行贸易活动。随着城市规模的扩大，市场和商业区也变得更加复杂和繁荣，城市的商业活动逐渐成了城市经济的重要组成部分。城市的出现促进了贸易的发展，也使得贸易成为一项重要的经济活动。

第三，城市的出现与手工业有着密切的联系。在城市中，手工业者可以在工坊中进行生产活动，制造各种商品，例如纺织品、陶器和金属制品等。这些商品可以在城市中进行销售和交换，也可以出口到其他地区。手工业是城市经济的重要组成部分，城市的手工业活动也促进了技术的发展和经济的繁荣。

第四，城市的出现与金融有着密切的联系。在城市中，人们可以更加方便地进行货币交易和金融活动。城市中的银行和金融机构成了财富积累和管理的中心，城市中的商人和投资者也可以通过这些机构来获得融资和投资。金融业是城市经济的重要组成部分，城市的金融活动也促进了财富积累和经济发展。

第五，城市的出现与劳动力的供给有着密切的联系。城市中的手工业和商业活动需要大量的劳动力来支持，这导致城市中的人口数量快速增加。城市中的人口数量增加使得劳动力的供给得到了保障，从而促进了城市经济的发展。

除了以上几点，城市的出现还与资源的分配有着密切的联系。在城市中，人们可以更加方便地分配资源和分工，使得城市经济更加高效和有序。城市中的资源分配涉及很多方面，包括土地、水资源、能源和人力资源等。城市中的资源分配可以帮助人们更好地利用资源和进行生产，从而促进经济的发展。

总之，城市的出现是多种因素共同作用的结果，其中经济因素是其中最为重要的因素之一。城市的农业生产、贸易、手工业、金融和劳动力供给等因素都促进了城市经济的发展。城市经济的高效发展也进一步推动了城市的人口增长和城市化进程。

（三）城市出现的社会因素

城市的出现不仅是经济发展的结果，也是多种社会因素的交织。接下来，我们将探讨城市出现的社会因素。

第一，城市的出现与社会分工有着密切的联系。在城市中，人们可以更加高效地进行分工和协作。不同的人可以从事不同的职业，例如农民、手工业者、商人和管理者等，以满足城市经济的多元化需求。这种职业分工可以提高生产效率，促进技术的发展和经济的繁荣。同时，城市中的社会分工也使得人们的社会角色更加明确，社会结构更加复杂，也为城市文化的形成和发展打下了基础。

第二，城市的出现与文化和教育有着密切的联系。在城市中，人们可以更加容易地进行文化和教育活动。城市中的博物馆、图书馆、剧院和大学等文化机构成为城市文化和教育的中心，使得城市文化和知识水平不断提升。城市中的文化和教育活动也促进了人们的思想交流和创新，使得城市成为文化和知识的中心。

第三，城市的出现与政治和治理有着密切的联系。在城市中，政治和治理机构成为城市管理和公共服务的中心。政治和治理机构可以提供城市规划、城市安全和公共服务等方面的支持和保障，使得城市更加安全和有序。城市中的政治和治理机构也可以调节和协调城市经济、社会和文化等多方面的利益关系，以保障城市的发展和稳定。

第四，城市的出现与社会流动有着密切的联系。在城市中，人们可以更加方便地进行社会流动，以寻求更好的工作和生活条件。城市的人口流动使得城市更加多元化和开放，也为城市经济和文化的发展带来了新的活力。城市中的社会流动也可以促进人们的人际关系和社会交往，使得城市成了一个充满生命力和活力的地方。

城市的出现是多种因素共同作用的结果，其中社会因素是其中不可或缺的一部分。城市的社会分工、文化和教育、政治和治理，以及社会流动等因素都促进了城市的发展和进步。同时，城市的社会因素也带来了一些问题和挑战。例如，城市中的社会流动和文化交流可能导致文化冲突和社会不稳定。城市中的社会分工也可能导致经济不平衡和社会不公平。

为了解决这些问题，人们开始采用更加多元化和综合化的发展模式和治理模式。例如，在城市中，政府可以采取一系列措施来保障公共利益和社会正义，例如城市规划、公共服务和社会福利等。同时，人们也开始注重城市文化的保护和创新，例如文化遗产保护、文化创意产业和公共文化活动等，以保障城市文化的多样性和持续发展。

此外，城市社会因素的影响也应该与城市的经济和环境因素相互协调。城市的社会因素、经济因素和环境因素是不可分割的整体，必须保持平衡和协调，以实现城市的可持续发展和繁荣。

（四）早期城市职能

早期城市的职能与现代城市有很大的不同。在古代，城市通常是由一个统治者或者国家所建立的，主要是为了政治、军事和宗教目的而建造的。城市中的建筑和设施主要是为了满足城市的基本生活需求和城市管理所需而建造的。接下来，我们将探讨早期城市的职能和作用。

第一，早期城市的主要职能是为了政治和军事目的而建造的。城市是一个统治者或国家的中心，主要是为了维护政治和军事控制而建造的。城市中的宫殿、行政建筑和军事设施等建筑和设施是为了保障城市的安全和稳定，同时也是为了表现统治者的权威。

第二，早期城市的职能是为了宗教目的而建造的。许多早期城市中的建筑和设施都是为了宗教崇拜和仪式所需而建造的。例如，古代的城市中通常有神庙、宗教堂和祭坛等宗教建筑，这些建筑和设施是为了满足城市居民的精神需求和宗教信仰而建造的。

第三，早期城市的职能是为了经济目的而建造的。城市在经济方面的作用主要是为了提供贸易和商业服务。城市中的市场和商业区成了商品交易和贸易活动的中心，城市中的手工业者和商人通过这些市场和商业区来进行商品交易和贸易活动，从而促进了经济的发展和繁荣。此外，城市中的手工业者和商人也可以在城市中进行生产和制造活动，使得城市经济更加多元化，更加繁荣。

第四，早期城市的职能是为了文化和教育目的而建造的。城市中的文化和教育设施成了知识和文化的中心，城市中的博物馆、图书馆、剧院和大学等文化机构是为了满足城市居民的文化和教育需求而建造的。这些文化和教育设施也为城市的文化和知识水平的提升和城市文化的形成和发展打下了基础。

综上所述，早期城市的职能和作用主要是为了政治、军事、宗教、经济和文化等多个领域服务的。这些职能和作用在不同的历史时期和文化环境下有所变化和演变，但是城市始终是一个重要的中心，为周边地区提供了基础设施、服务和资源等。

除了上述职能和作用外，早期城市还有其他一些重要的职能。例如，城市是文化、技术和艺术的传播中心。在城市中，人们可以更加容易地接触和了解新的文化、技术和艺术成果，促进了知识和文化的传播和创新。此外，城市也是社会和文化交流的中心，城市中的人们可以进行各种社交和文化活动，促进了人们之间的交流和互动。

另外，早期城市还有一个重要的职能是为城市居民提供公共服务和基础设施。城市中的公共服务和基础设施包括道路、桥梁、供水、排水、垃圾处理和公共卫生等，这些服务和设施的提供可以提高城市居民的生活质量，使得城市更加安全和便利。

最后，早期城市的职能还包括为城市居民提供住房和就业机会。城市居民需要住房和工作才能满足其基本的生活需求。在早期城市中，城市建筑和房屋的建造和租赁是一个重要的产业，城市中的手工业者和商人也提供了各种就业机会。

二、城市的发展

(一) 中外城市产生的类型

城市是人类社会发展的重要标志，随着人类社会的发展，城市的类型和形态也在不断演变和发展。在不同的历史时期和文化环境下，不同的地区和国家产生了不同类型的城市。

1. 中国古代城市类型

（1）都城：都城是古代中国的政治、文化和经济中心，是王朝的官方建筑和政治中心。古代中国的都城包括长安、洛阳、开封、南京、北京等。这些城市拥有较为完善的城市规划、城墙、宫殿和寺庙等建筑。

（2）商业城市：商业城市是古代中国的经济中心，是商业和贸易的中心。商业城市包括杭州、苏州、南京、扬州等，这些城市拥有繁荣的市场和商业街区，也是文化艺术的中心。

（3）工业城市：工业城市是古代中国的产业中心，是手工业和制造业的中心。工业城市包括汉中、宜春、盐城、泰州等，这些城市拥有较为完善的工业生产和手工业生产基础设施。

2. 西方城市类型

（1）古典城市：古典城市是西方文明中最早的城市形态，具有浓郁的文化和艺术氛围。古典城市包括雅典、罗马、亚历山大等，这些城市拥有古典建筑、雕塑和艺术作品等。

（2）中世纪城市：中世纪城市是西方文明中的一个重要类型，这些城市在中世纪时期兴起，具有狭窄的街道和高耸的城墙，这些城市多是以城堡和教堂为核心建设而成的。

（3）工业城市：工业城市是西方城市发展的一个重要类型，这些城市在工业化时期兴起，包括伦敦、曼彻斯特、巴黎、柏林等，这些城市拥有发达的工业和铁路交通网络。

3. 现代城市类型

（1）行政中心城市：现代城市的一种类型是行政中心城市，这些城市是政治和行政中心，具有政府机构和大型企业等。例如华盛顿特区、布鲁塞尔等。

（2）商业中心城市：商业中心城市是现代城市的另一种类型，这些城市是商业和金融的中心，具有大量的商业中心、购物中心和高端零售商店等。例如纽约、伦敦、香港等。

（3）文化中心城市：文化中心城市是现代城市中的一个重要类型，这些城市拥有丰富的文化资源和多样的文化活动，具有博物馆、艺术中心、剧院、音乐会和文化节等。例如巴黎、柏林、北京等。

（4）旅游城市：旅游城市是现代城市的另一种类型，这些城市是旅游业的中心，拥有大量的旅游景点和文化遗产。例如罗马、巴塞罗那、东京等。

（5）科技创新城市：科技创新城市是现代城市中的新型城市类型，这些城市具有先进的科技创新能力和科技创新资源，是高科技产业的中心，例如硅谷、深圳等。

（二）国外的城市发展

国外的城市发展经历了不同的历史和文化背景，不同的国家和地区都有着各自的城市发展特点和模式。我们将从以下几个方面叙述国外的城市发展。

1. 城市化进程的加速

随着世界人口的不断增加和城市化进程的加速，越来越多的人涌入城市，城市人口的比重也在不断提高。根据联合国的数据，截至2021年，全球城市人口已经超过了50%。在许多发达国家，城市人口比重更是超过了80%。这种城市化进程的加速，给城市发展带来了诸多机遇和挑战。

2. 城市规划的重视

随着城市化进程的加速，城市规划也变得越来越重要。国外的城市规划更加注重城市的可持续发展，将城市发展与环境保护和生态建设相结合。同时，国外的城市规划也更加注重人性化设计和城市公共空间的建设，打造宜居城市，提高城市居民的生活质量。

3. 城市经济的转型

国外的城市经济也在不断转型和升级。传统的制造业和重工业正在逐步减少，而高科技产业和服务业的比重正在逐步增加。例如，美国的硅谷是全球高科技产业的中心，伦敦则是世界金融中心之一。国外的城市也更加注重创新和创业，鼓励年轻人和初创企业的发展，打造具有国际竞争力的城市经济。

4. 城市公共服务的提升

国外的城市也更加注重城市公共服务的提升，例如公共交通、医疗、教育、文化和社会保障等服务。城市公共交通网络的建设不断完善，包括地铁、公交和自行车共享等，城市医疗和教育资源也在不断提高。同时，城市文化和艺术活动的丰富和多样化也成为国外城市发展的重要方面。

5. 城市治理的创新

国外的城市治理也在不断创新和改进。城市治理的重点已经从简单的公共服务提供转向了城市管理和城市治理的全过程。国外城市管理体制更加注重公民参与和社会协同，通过市民投票、社会监督、政府公开等方式，增加市民对城市治理的参与度和认同感。此外，城市治理也越来越注重跨部门、跨领域的合作和协调，通过各种机制和平台，推动城市发展的协同和共赢。

6. 城市环境的改善

国外的城市环境改善也是城市发展的重要方面。城市环境的改善涉及城市绿化、城市垃圾处理、城市空气质量、城市交通拥堵等方面。国外城市在城市环境改善上投入巨大，倡导可持续发展理念，积极推动低碳、环保的生产生活方式，打造宜居的城市环境。

7. 城市间的联系和合作

国外的城市间的联系和合作也越来越密切。随着全球化进程的深入和城市化的加速，城市间的交流和合作也变得越来越重要。国外的城市通过城市姐妹关系、友好城市等方式，增进了城市之间的相互了解和合作，共同推动城市发展的进程。

国外的城市发展经历了不同的历史和文化背景，但都注重城市规划、经济转型、城市公共服务的提升、城市治理的创新、城市环境的改善和城市间的联系和合作等方面。随着世界城市化进程的加速，国外城市的发展也将继续面临各种挑战和机遇，探索出符合自身特点和发展需要的城市发展模式，将为全球城市发展提供更多的启示和借鉴。

（三）古代中国的城市发展

中国是世界上最早的文明之一，古代中国的城市发展经历了漫长的历史和文化沉淀。在古代，中国的城市发展主要集中在几个历史时期，如春秋战国时期、秦汉时期、唐宋时期等。

1. 春秋战国时期的城市发展

春秋战国时期是中国城市发展的起点。在这个时期，随着人口的增长和社会经济的发展，城市化的进程得到了加速。当时出现了一些大城市，如楚国的郢都、齐国的临淄等。这些城市都是政治、经济和文化的中心，拥有较为完善的城市规划、城墙、宫殿和寺庙等建筑。

2. 秦汉时期的城市发展

秦汉时期是中国城市发展的重要时期。在这个时期，中央集权的强化和统一货币的推广促进了城市经济的发展。当时出现了许多大城市，如长安、洛阳、成都、建业等，这些城市拥有较为完善的城市规划和城市建设，为后来的城市发展奠定了基础。

3. 唐宋时期的城市发展

唐宋时期是中国城市发展的黄金时期。在这个时期，中国的城市发展达到了顶峰，出现了许多繁华的大城市，如长安、洛阳、开封、杭州等。这些城市在政治、经济和文化上都有了极大的发展，拥有完善的城市规划和建筑，形成了独特的城市文化和城市风貌。

4. 明清时期的城市发展

明清时期是中国城市发展的另一个重要时期。在这个时期，随着人口的增长和市场经济的发展，城市化的进程继续加速。当时出现了一些商业城市，如苏州、杭州、扬州等，这些城市拥有繁荣的市场和商业街区，也是文化艺术的中心。同时，明清时期的城市也出现了城市居民区、城市公共设施等，城市生活和城市文化也得到了进一步发展。

总之，古代中国的城市发展历经漫长的历史和文化沉淀，城市化的进程在不同的历史时期经历了不同的阶段和特点，但城市发展在经济、文化、社会等方面发挥了重要的推动作用。古代中国的城市发展经验对世界城市发展史产生了深远的影响，也为现代城市发展提供了借鉴和启示。

（四）近代中国的城市发展

近代中国的城市发展经历了中国近代史上一系列重大的政治、经济和文化变革，城市发展在这些变革中也经历了不同的阶段和特点。我们将从清朝末期到中华人民共和国成立期间的历史时期，叙述近代中国的城市发展。

1. 清朝末期的城市发展

清朝末期是中国城市发展的一个重要阶段。由于鸦片战争后中国对外开放，西方列强逐渐进入中国，这使得城市化进程加速，城市也出现了新的变化。在这个时期，许多城市的规模和繁华度得到了提升，如上海、广州、天津等城市的经济、文化和交通等方面都有了较大的发展。

2. 民国时期的城市发展

民国时期是中国城市发展的重要时期，国民政府大力推行改革开放政策，中国城市进入了现代化建设阶段。在这个时期，一些城市规划和建筑风格开始向西方文化倾斜，如上海的外滩、南京的中山陵、北京的天安门等著名景点的建设。此外，城市公共设施的建设、城市管理体制的创新和城市文化的繁荣等方面也得到了发展。

3. 抗日战争时期的城市发展

抗日战争时期是中国城市发展的一个特殊阶段。在这个时期，中国城市遭受了严重的破坏和损失，城市经济和文化遭受了极大的打击。但是在抗日战争的胜利中，中国城市也得到了新的发展。当时政府采取了一系列措施重建城市，如重建上海滩、重建武汉等，城市经济和文化得到了新的发展。

4. 中华人民共和国成立后的城市发展

中华人民共和国成立后，城市发展进入了一个新的时期。随着改革开放的推进，中国城市发展又进入了新的阶段，城市规划和建设也经历了一系列变革和创新。许多城市开始引进国际化的城市规划和建筑设计，如上海浦东新区、深圳经济特区等，这些城市在经济、科技和文化等方面取得了较大的发展。同时，城市公共设施建设、城市管理和城市文化的发展也成为城市发展的重点。

近代中国的城市发展历经了不同的阶段和特点，城市规划和建筑、城市经济和文化等方面都取得了较大的发展。随着改革开放的推进和城市化进程的加速，中国城市的发展还面临着许多挑战和机遇，需要通过科技、环保、文化等多方面的创新和改进，推动城市发展向更加宜居、可持续的方向发展。

（五）当代中国的城市发展

当代中国的城市发展是中国式现代化建设进程的重要组成部分，也是中国社会经济发展的重要支柱。中国城市的发展在当代进入了一个新的阶段，城市规划和建设、城市经济和文化等方面都呈现出新的特点和趋势。接下来，我们将从以下六个方面叙述当代中国的城市发展。

1. 城市规划和建设

城市规划和建设一直是中国城市发展的重要方面。在当代，城市规划和建设进一步强调城市功能的优化和升级，城市更新和城市修补成为城市建设的重点。同时，城市环境和城市公共设施建设也得到了加强，城市生态化建设、智慧城市建设等成为城市建设的新方向。随着城市化进程的加速，中国也出现了许多新的城市，如深圳、天津、成都等，这些城市规划和建设也逐渐向国际化和现代化的方向发展。

2. 城市经济和产业

城市经济和产业是中国城市发展的另一个重要方面。近年来，随着中国经济的发展，城市经济也逐渐从传统的制造业和服务业向创新型产业和高科技产业转型。中国的大城市和特大城市，如上海、北京、深圳等，已经成为全球化经济的重要中心，具有重要的国际竞争力。同时，中国的新型城镇化也在加速推进，城市产业结构也越来越多元化。

3. 城市文化和旅游

城市文化和旅游业是中国城市发展的重要方面。中国的许多城市拥有悠久的历史和文化底蕴，如北京、西安、南京等，这些城市的文化遗产和旅游资源吸引着越来越多的游客。同时，中国城市的文化创意产业也得到了越来越多的重视和发展，城市文化和旅游成为城市经济的重要组成部分。

4. 城市生态和环境

城市生态和环境成为中国城市发展的一个新的重点。城市的可持续发展已经成为全球的共识，中国也在大力推进城市的生态化建设和环境保护。中国的许多城市出台了一系列环保政策，如限制燃放烟花爆竹、加强空气质量监测和治理等，大力推进城市绿化和生态化建设，如绿化带、城市森林、城市湿地等，提高城市的生态品质和可持续发展能力。

5. 城市社会管理和服务

城市社会管理和服务是中国城市发展的重要方面。城市的社会管理和服务涉及城市安全、城市治理、社会福利等方面，是城市发展的保障。中国的城市治理已经从传统的基层政府主导转向多元主体参与，城市社会服务也越来越普及和完善，如城市公共交通、医疗卫生、教育等，提高了城市居民的生活品质和幸福感。

6. 城市与乡村的协调发展

城市与乡村的协调发展成为中国城市发展的新方向。城市和乡村之间的发展不平衡和差距已经成为制约城市发展的瓶颈。中国政府提出了城乡统筹发展的战略思想，大力推进城乡一体化发展，实现城乡发展的协调和共赢。

当代中国的城市发展面临着许多新的机遇和挑战。中国的城市规划和建设、城市经济和产业、城市文化和旅游、城市生态和环境、城市社会管理和服务等方面都需要不断创新和改进，推动城市发展向更加宜居、可持续和人文的方向发展。

三、当代国际城市格局

（一）发展中国家城市发展迅速

近几十年来，发展中国家城市的迅猛发展，明显改变了世界城市的地理分布格局。以 50 万人口以上的大城市为例，1960 年至 1980 年，发达国家的这类城市数量由 135个增加到 211 个，增加了 56%；而发展中国家则从 113 个增加到 279 个，增加了 1.47倍。这 20 年间，世界 25 个最大城市中，发达国家与发展中国家之比由 13 ∶ 12 降为10 ∶ 15。1960 年，世界前 5 位城市依次是纽约、伦敦、东京 - 横滨、莱茵 - 鲁尔和上海，而到 1990 年，已变成墨西哥城、东京 - 横滨、圣保罗、纽约和上海。到了 2007 年，已变成东京、墨西哥城、纽约、圣保罗和孟买。

这些变化主要源于发展中国家城市的迅速发展。发展中国家的城市化速度明显高于发达国家，这是由于经济发展和人口增长的驱动。发展中国家城市的工业化和现代化进程，吸引了大量的人口涌入城市。随着城市规模的扩大和城市功能的提升，发展中国家城市成为吸引人才和投资的中心。因此，越来越多的人涌向城市，导致城市人口规模的快速增长。

这些变化也反映在世界城市的分布格局上。发达国家人口城市化已接近饱和，而发展中国家人口城市化方兴未艾。预计在未来一段时间里，世界城市的分布格局还将发生更大的变化。1999 年，全世界人口超过 100 万的大城市已达到 325 个，超过 1000 万人的超大城市有 20 个。

这些城市的发展对全球经济和社会产生了重要影响。这些城市成为经济增长和创新的中心，推动了全球经济的发展。同时，这些城市也面临许多挑战，如城市管理、环境保护和公共服务等方面需要不断创新和改进。

（二）世界城市的三个层次

1. 核心层——全球性城市

全球性城市是指在世界城市格局中处于最高层次、能发挥全球性经济、政治和文化影响的国际一流城市。目前公认的全球性城市有纽约、东京和伦敦，产业集约化程度和国际化水平都远远超出次一级的城市，集中了远远超出常规比例的世界上最重要的经济机构，发挥着全球性的战略作用与影响。例如，纽约是全美排名前 500 家大公司中的 1/3 的总部、7 家大银行中的 6 家总部、5 家最大保险公司中的 3 家总部、最大 10 家连锁店的所有总部的所在地。

2. 次核心层——区域性国际城市

区域性国际城市是指经济实力雄厚，功能相对齐全，能够在世界上几个主要地区和国家的经济、政治、文化及社会生活中发挥主导作用的城市。处于这一层次的城市往往被看作地区性国际城市中心或次全球性城市。它们既是国际资本和商品集散中心，国际经济、政治、文化、信息中心，同时也是国内经济与国际经济的结合点。如巴黎、柏林、罗马、悉尼、大阪、洛杉矶、香港等大约 20 个城市。

3. 第三层次——国家或地区中心城市

国家或地区中心城市是一些迅速发展起来的国家和地区的首要城市，经济规模和人口增长都很迅速，一般兼为各国主要海港或航空港口，多数为各国家的首都或政治、经济、文化中心，是联系外部世界的窗口，也是带动国内各类城市融入世界城市格局的前卫力量。在亚洲、拉丁美洲，这样的巨型城市正在兴起。

这三个层次构成了世界城市格局最主要的层次，也构成了世界城市格局核心的内层。进入第一与第二层次的城市通常被人们称为国际城市（International City），处于世界城市发展的领先水平。它们的影响力不断延伸，一直到边远的小城镇，由此构成了一个由世界主要城市支配的世界城市系统。

虽然发展中国家的城市规模、城市数量都有较快发展，但城市在国际经济发展中的地位还相对较低，尤其是缺少处于国际城市格局顶层的世界城市。中国在未来的发展中，中心城市的人口聚集和产业集约化、国际化水平提高还将会同步推进，但推进的方式一般不再是只集中于某个城市，而是转向在城市密集的地区发展城市群或城市带。中国和其他发展中国家提升城市功能级别的努力，将使超大中心城市乃至世界级城市的发展成为 21 世纪的一个重要趋势。

第二节　城市问题的早期探索

一、"乌托邦"与 E. 霍华德的"田园城市"

（一）E. 霍华德"田园城市"方案中单个田园城市的结构

E. 霍华德的"田园城市"规划思想源于空想社会主义者倡导的"乌托邦"思想，同时也是对当时城市环境恶化的深入调查和思考的结果。与"乌托邦"思想相比，他的"田园城市"概念具有实际操作的可能性。

E. 霍华德主张建立一种"城乡磁体"，通过控制城市的"磁性"来控制城市的膨胀，移植"磁性"以改变城市的结构和形态，摆脱城市发展所面临的困境。他的"田园城市"规划理论主要集中在他的著作《明天——一条引向真正改革的和平道路》（1898）中，并通过田园城市的规划图解方案具体阐述了其规划思想。

这个示意方案分为两个层面：单个田园城市的结构和田园城市的群体组合。通过将高效率、高度活跃的城市生活与环境清新、美丽如画的乡村田园风光结合起来，实现城乡结合、城乡一体化发展，旨在创造出更加宜居、宜人的城市环境，提升人民的生活品质。

需要注意的是，E. 霍华德的"田园城市"规划思想不仅具有理论意义，更具有实际应用价值。随着城市化进程的加速和城市问题的凸显，人们对于城乡一体化、宜居城市环境等问题的重视与呼声不断提高。因此，E. 霍华德的"田园城市"思想在当今城市规划和发展中依然具有重要的参考价值。

1. 单个田园城市的结构

E. 霍华德所设想的"田园城市"占地 400hm^2，其中 2000hm^2 为农业生产用地，作为永久性绿地。城市由一系列同心圆组成，中心至周边的半径长度为 1140m，6 条各 36m 宽的大道从圆心放射出去，将城市分为 6 个相等的部分。城市用地的构成是以 2.2hm^2 的花园为中心，围绕花园四周布置市政厅、音乐厅、剧院、图书馆、展览馆、画廊和医院等大型公共建筑。花园外围是占地 58hm^2 的公园，公园外侧是向公园开放的玻璃拱廊——水晶宫，作为商业、展览用房。住宅区位于城市的中间地带，130m 宽的环状大道从其中穿过，其中宽阔的绿化地带布置 6 块 1.6hm^2 的学校用地，其他作为儿童游戏和教堂用地。城市外环布置工厂、仓库、市场、煤场、木材场等工业用地，城市外围为环绕城市的铁路支线和 2000hm^2 永久农业用地——农田、菜园、牧场和森林。该城市规划人口为 35000 人，实际人口为 32000 人。

2. 田园城市的群体组合

单个田园城市的外围布置了环城铁路和永久绿地，限制了城市规模的扩展。E. 霍华德主张以城市联盟的形式解决城市扩展问题，以提高田园城市的公共生活水平和质量。

联盟城市的地理分布采用"行星体系"，即以一个 32000 人口规模的田园城市为基础，继续建设同样规模的城市，六个城市围绕着一个 55000 人口规模的中心城市，形成人口规模约 25 万人的城市联盟。城市间通过快速交通和瞬间即达的通信手段相连，政治上联盟，文化上紧密相连，经济上相对独立，从而享受一个大城市拥有的一切设施与便利，而避免当时大城市的种种问题。这种城市联盟的结构，通过控制单个城市的规模，把城市与乡村统一成一个相互渗透的区域综合体，是多中心的整体。

（二）E. 霍华德"田园城市"的意义

E. 霍华德的"田园城市"学说低估了大都市市中心的吸引力和重要价值，特别是高租金和交通拥挤等方面。在那个时期，工业扩张、人口扩张和土地扩张的速度已经达到了无法组织和抑制的程度。因此，当城市没有到达无法忍受的境地时，E. 霍华德的学说遭到社会拒绝也是必然的。

虽然实践证明田园城市并没有如我们所想象的那样辉煌，并且结局可能会有一些不尽如人意的地方，但是这并不能否定 E. 霍华德"田园城市"学说的伟大贡献和光辉。

1. 发展极限的概念

E. 霍华德重新将古希腊有机体生长发展的概念引入城市规划，主张通过控制人口规模、居住密度和城市面貌来控制城市的规模，实行有限度的发展。他强调应该通过配备足够数量的公共设施和公园来创造优美的城市面貌，实现城市与乡村的重新结合。限制城市规模有利于建立以人为主体的城市尺度感，其中田园城市 1140 米的设想半径有利于人以步行的方式到达城市的各个部分。此外，外围划定永久性农田绿带不仅能在城市周边保持田园风光，还能避免城市扩张导致的成片蔓延。

引入发展极限概念的目的是希望人们能够冷静地发展城市，注重城市的运行效率和环境质量。这种限制城市规模的做法有助于人们形成对城市尺度的认识，并促进城市内部的步行和自行车出行，同时保护周边自然环境。总的来说，E. 霍华德的城市规划理念提供了一个平衡城市发展与环境保护的新思路，具有重要的现实意义。

2. 有机平衡的原则

E. 霍华德的"田园城市"学说强调了城市内在的有机性，通过保持广阔的绿地，城市与乡村可以在更大范围的生物环境中取得平衡。在田园城市中，城市内部各种功能相互平衡，这使得城市可以根据规划建设新的城市，以平衡过度增长所带来的压力。因此，"田园城市"学说的重要意义不仅仅在于增加城市中的花园和绿地，更在于通过一个"组合群体"对城市复杂的情况进行恰当的处理，建立起内在的平衡机制，以协调城市的生长与发展。

田园城市的规划理念创新之处在于它关注城市内部的平衡与协调，而非简单地追求城市的扩张和增长。它提出了在城市中保持广阔的绿地和农田绿带，同时注重城市内部各种功能的协调和平衡，从而创造出一个可持续的城市生态系统。这种城市规划理念不仅能够保护环境，提高居民的生活质量，也能促进城市经济的可持续发展。

3. 动态管理的观点

E. 霍华德认为，资本主义城市中的土地私有和土地投机是引起城市灾难的根源之一。土地投机加上盲目建设必然会造成城市的混乱。在混乱没有达到极点时，没有人会考虑到城市的整体利益和环境质量，但是当城市混乱达到极点时，城市就会变得不可救药。因此，E. 霍华德主张建立一个公共的组织机构——一个代表制的公共权力机构——来管理城市的发展和运转。这个机构有权集中并占有土地，制定城市规划，决定建设的时间，提供必要的服务，以保证建立一个协调、平衡的有机整体。

城市建设的动态管理是一种对城市发展的监督机制，有利于城市把混乱消灭在萌芽状况，做到防患于未然。这种管理机制需要公共权力机构与市民之间的密切合作，以确保城市发展符合市民的利益和需求，并且考虑到城市的整体利益和环境质量。这种城市管理机制不仅有利于保护城市环境和提高市民的生活质量，还能促进城市经济的可持续发展。

（三）马塔的"带型城市"

马塔的"带型城市"是一种城市规划理念，旨在解决城市扩张和可持续发展之间的矛盾。该理念主要是通过将城市规划成带状结构，将城市的功能和用地按照不同的区域进行划分，以实现城市的可持续发展和环境保护。

马塔的"带型城市"理念包括以下几个方面：

（1）城市结构：城市规划呈带状结构，由多个环形带组成，每个带都具有不同的功能和用途，例如住宅区、商业区、工业区、绿化带等。

（2）城市交通：城市交通设计成分级系统，分为步行、自行车、公共交通和私家车等不同的模式，以减少汽车使用，降低交通拥堵和污染。

（3）城市生态：城市规划考虑生态系统的保护和改善，强调自然环境和人工环境的相互作用，建设生态景观和生态基础设施，以提高城市的生态品质。

（4）城市社区：城市规划考虑社区自治和参与，提供公共服务设施和社会服务，建立城市社区，以增强市民的参与感和凝聚力。

马塔的"带型城市"理念具有以下的意义：

首先，该理念能够缓解城市扩张所带来的问题。城市扩张不仅带来了人口密集和用地过度开发等问题，也带来了交通拥堵、环境污染等负面影响。马塔的城市规划理念能够将城市规划成不同的功能区域，从而减少城市扩张对环境和社会的负面影响。

其次，该理念可以提高城市的生态品质和可持续性。马塔的城市规划理念注重保护生态系统和改善自然环境，建设生态景观和生态基础设施，提高城市的生态品质和可持续性。这种城市规划理念有利于保护城市生态环境，改善人民生活质量。

最后，该理念可以促进城市社区自治和参与。城市规划考虑社区自治和参与，提供公共服务设施和社会服务，建立城市社区，以增强市民的参与感和凝聚力于城市社区自治和参与，能够有效提高城市的社会凝聚力和市民的幸福感。这种城市规划理念有利于建立良好的社会关系和城市文化，从而增强城市的可持续发展和竞争力。

马塔的"带型城市"理念具有重要的意义，对城市规划和可持续发展具有积极的推动作用。通过将城市规划成带状结构，将城市的功能和用地按照不同的区域进行划分，以实现城市的可持续发展和环境保护。这种城市规划理念有助于缓解城市扩张和城市化所带来的负面影响，提高城市的生态品质和社会凝聚力，为城市的可持续发展提供了新的思路和方向。

（四）赖特的"广亩城"

美国建筑大师赖特（Frank Lloyd Wright）以草原式住宅、流水别墅、纽约古根海姆博物馆和西塔里埃森馆而著名，他是一位纯粹的自然主义者，高度关注自然环境，努力实现人工环境与自然环境的有机结合。他倡导"有机建筑"，反对大城市的集聚，追求土地和资本的平民化，通过新技术如汽车和电话来使人们回归自然，让道路系统遍布广阔的田野，居住单元分散布置，每个人都能在 10 ～ 20km 范围内选择生产、消费和娱乐的方式。

在 1932 年，赖特提出了"广阔天地一英亩城市"的概念，即每家占据一块矩形土地，面积 1 ～ 3 英亩，用简单的图纸作为参考依据，自建住宅，每家变化多样，避免单调，实现自给自足的生活。每座城市大约容纳 3000 人，赖特希望借助汽车的普及来实现城市与乡村的结合，达到疏散城市人口的目的，同时让人们过上既乡村化城市又城市化乡村的新生活。

与 E. 霍华德的田园城市相比，"广亩城"在许多方面存在不同的含义。田园城市具有整体城市的概念，城市的组织表达了城市各构成功能要素的关系，是一种"自上而下"的规划，而"广亩城"则是个体城市，强调居住单元的相对独立和个体选择，是一种"自下而上"的自组织形态。

在城市特性方面，田园城市主张城市的经济、社会活力优先，结合乡村的自然幽雅环境，而"广亩城"则完全排斥城市的结构特征和属性，强调真正地融入自然乡土环境之中，实际上是一种"没有城市的城市"。

在后续影响方面，田园城市引导了西方国家卫星城理论的发展和新城运动，而"广亩城"则成为美国城市郊区化的样本，以私人汽车作为主要通勤交通方式的、美国式的低密度蔓延、极度分散的城市模式。与田园城市强调城市与乡村的重新结合不同，"广亩城"强调了人们与自然环境的有机融合，通过强调自然环境和个体选择，实现了一种自然与城市的平衡，但同时也产生了一些负面影响，如资源的浪费、交通拥堵和社会分化等问题。

建立保持城市与乡村自然景观相协调的"田园城市"理论，可以看到三种不同的模式。一种是以 E. 霍华德为代表的同心圆"行星体系"结构，具有明显的自我遏制、地方性的静态特征；另一种是以苏里亚·伊·马塔为代表的带型轴向结构，具有不定性和区域性的生长特征；还有一种是赖特的"广亩城"，强调个体的表达和自组织与自然乡土的真正融合。

或许是因为 E. 霍华德"田园城市"理论在强调城市环境的同时，对工业革命发展持有过于谨慎和有限度利用的观点，导致其理论未被广泛接受。但是，随着人们对城市环境和自然资源的重视，越来越多的城市开始采取可持续发展的方式，注重城市与乡村自然景观的协调，这也体现了"田园城市"理论的重要性和现实意义。通过探索不同的城市模式和发展路径，可以更好地解决城市化进程中出现的各种问题，实现城市与自然的和谐共生。

二、"工业城"，勒·柯布西埃的"城市集中论"

（一）"工业城"模型

类似于 E. 霍华德的"田园城市"学说，法国工程师托尼·戛涅在 1901 年提出了他的"工业城"模型，强调工业城市应该按照特定的标准进行设计和建设，以实现城市和工业的和谐发展。

戛涅的"工业城"模型人口规模约为 35000 人，城市的建设决定因素是靠近原料产地、能源供应或者交通便利。他建议在具有动力资源的水系支流处设置水坝和水电站，为工厂和城市提供电力、照明和热能。主要的工厂应该建在河流与支流汇合的平原上，而城市则应该布置在比工厂要高的台地上。城市中的医院则应该位于更高的台地上，以防止冷风直袭。这些基本要素（工厂、城镇、医院）应该互相分隔以便各自扩建。

此外，戛涅还强调对个人的物质和精神需求进行调查，以制定相应的规则和管理机制，包括道路使用、卫生等等。他认为社会秩序的某种进步将使这些规则自动得以实现，而无须法律的执行。土地的分配，以及有关水、面包、肉类、牛奶、药品的分配，乃至垃圾的重新利用等等都应该由公共部门管理。

托尼·戛涅基于"未来城市必须以工业为基础"的信念，提出了"工业城"模型。他规定了一般工业城的建设原则和布局方式，并采用钢筋混凝土建造技术的结构模式。同时，他还提出了解决城市居住问题的具体方案。最独特的是，托尼·戛涅将城市划分为不同的功能区，并采用先进的交通方式加强了城市各部分之间的联系，为城市的发展提供了广阔的空间。这种全新的城市组织形式具有极强的"现代性"，预示了 1933 年雅典宪章的分区原则。

（二）勒·柯布西埃的新建筑观

勒·柯布西埃是 20 世纪建筑设计中最重要的先驱之一，他的新建筑观提出了一种全新的建筑设计理念，强调建筑应该以人为中心，兼顾功能、美学、社会和文化因素。

勒·柯布西埃的新建筑观包括以下四个方面：

（1）"机器美学"：勒·柯布西埃主张建筑应该以机器美学为基础，充分利用现代工业技术和材料，注重机械化和标准化，追求简洁、明快、功能化和科技感。

（2）"形式即功能"：勒·柯布西埃强调形式应该直接反映功能需求，建筑的结构和装饰应该是其功能的直接表达，避免华丽、浮华、虚饰等过度的装饰，强调简洁、实用和高效。

（3）"人性化设计"：勒·柯布西埃认为建筑应该以人为本，建筑设计应该考虑人的需求和感受，创造舒适、宜居、健康的空间环境，满足人类的身体、心理、社会和文化需求。

（4）"社会性设计"：勒·柯布西埃主张建筑应该体现社会的价值观和文化传统，

建筑应该是一个反映社会和文化的象征性符号，同时也应该为社会和公众服务，承担社会责任和义务。

勒·柯布西埃的新建筑观具有以下的意义：

首先，该理念推动了现代建筑设计的发展，强调建筑应该以人为中心，兼顾功能、美学、社会和文化因素，提高了建筑设计的艺术性和人性化。

其次，该理念强调机械化、标准化和效率，对于建筑工程的发展具有深远的影响。勒·柯布西埃推崇现代科技和工业化，利用新的材料和技术，推动了建筑工程的现代化和高效化。

最后，该理念提出了建筑应该体现社会和文化价值的理念，推动了建筑设计的多元化和民族化。勒·柯布西埃主张建筑应该反映社会和文化，建筑设计应该兼顾不同的文化传统和价值观，从而丰富了建筑设计的文化内涵和多元性。

勒·柯布西埃的新建筑观是现代建筑设计的重要里程碑，对建筑设计和城市规划的发展产生了深远的影响。在其理念的指导下，建筑设计开始注重建筑的环境、景观和文化背景，建筑设计和城市规划也开始更加注重人性化、环保和可持续性，努力营造宜居、健康的城市环境。

勒·柯布西埃的新建筑观强调建筑应该以人为中心，追求功能性、效率性、文化性和社会性。这一理念不仅为建筑设计提供了新的思路和方法，也为城市规划和发展提供了重要的启示。随着现代城市的快速发展，人们对城市环境的要求越来越高，建筑设计和城市规划也需要不断创新和改进，以适应不断变化的社会需求和文化要求。

（三）"光辉城市"

勒·柯布西埃是现代建筑师中认真探索现代大城市规划问题的第一人。与回避直接改造大城市并呼吁离开大城市的 E. 霍华德不同，勒·柯布西埃看到了城市扩展的必然性和现代工程技术的巨大潜力，坚信用高度发达的技术武装起来的现代人完全能够战胜自发形成的老城市，主张对城市实施"外科手术"，有意识地干预精神上和物质上过了时的城市物质结构，在人口集中的基础上改造大城市。

勒·柯布西埃在承认大城市危机的同时认为，从根本上改造大城市的出路在于运用先进的工程技术减少城市的建筑用地，提高人口密度，改善城市的环境面貌。现代城市需要的是阳光、空间、绿地等"基本欢乐"。他认为应该以较小的用地创造高居住密度的大城市，并且具有使城市拥有阳光和空气的公园、林荫道和巨大公共广场的自由空间，根据勒·柯布西埃自己的说法，这是一场把"乡村推进城市"的战斗。

在 1920 年代至 1930 年代期间，勒·柯布西埃对城市问题进行了广泛的探索，提出了一系列大胆而富有创造性的设想。

1915 年，勒·柯布西埃提出了"架空城市"的构想。整个城市的地面用立柱升起 4～5m，犹如汽车的底盘，这些立柱就是支撑上部结构的基础。这部分空间用来布置一切水管、煤气管、电缆、电话线、压缩空气管、下水道、区域供暖管线，以便进行维修和改装；这里还可以开辟重型卡车运输通道，与城市地面层的各个点直接联系。建筑物的屋顶设计为平屋面，辟为花园和休息场地。新的布局可以用同样大小的面积容纳同样多的居民，而城市景观却发生了根本的变化：从干道后退的大型长条的房子，每一面都有向空气和阳光开敞的公寓、游戏场和大片的绿地。

1920 年，勒·柯布西埃借用美国摩天大楼的做法改造旧城市，认为可以把人口集中到几个点上，而在这些点上利用钢筋混凝土技术或钢结构建造 60 层高的大楼，在拥有极大的绿化面积的同时，建筑容量仍然比一般的城市增加 5～10 倍，每人可以有 $10m^2$ 的面积，一座 200m 高的摩天大楼可以容纳 40000 人。1922 年，勒·柯布西埃提出了一个 300 万人口的城市规划方案，城市中有适合现代交通工具的道路网，中心区为巨型摩天楼，外围是高层楼房，楼房之间有大片绿地，各种交通工具在不同的平面上行驶，交叉口采用立体交叉。这一思路曾经在 1925 年用于巴黎市中心的改造，即"伏瓦生规划"方案（Plan "Voisin" de Paris）。

在 1928 年至 1930 年间，勒·柯布西埃对苏联进行了三次访问，并与 N.A 米柳金有所接触，这大大改变了他的现代城市的观念——从集中式的城市模型转向了一种理论上"发展无限"的观念，1930 年，勒·柯布西埃提出了"光辉城市"的模型。"光辉城市"的组成既与 N.A. 米柳金的"线型城市"相像，又具有勒·柯布西埃"现代城市"的特色。它的原理是把整个城市分为若干平行带：用于教育的卫星城、商业区、交通区（包括有轨和空中运输）、旅馆和使馆区、绿化区、轻工业区、仓库和铁路货运区、重工业区。在这一模型中，勒·柯布西埃还注入了某种人文主义的、人体学的隐喻。由 16 座十字形摩天楼组成的孤立的"头颅"凌驾于文化中心的"心脏"之上，又位于两半个居住区"肺叶"之间。此外，线型城市的模型得到了严格的遵守，这样就允许这些"层次性"不强的区域各自独立地发展。"光辉城市"的出现说明勒·柯布西埃已经放弃了创造有形式感的有限城市的观念，转向促进一种区域规模、动态发展的城市模型。

虽然，勒·柯布西埃的"光辉城市"从未实现，但是，它对战后欧洲和其他地区的城市发展产生了广泛的影响。在城市改造与发展过程中，他认为，在先进的工业技术条件下，既保持人口的高密度，又形成安静、卫生的城市环境，是能够实现的，关键在于建造高层建筑和处理好交通问题。勒·柯布西埃主张城市集中，充分利用现代工程技术发展城市、改造城市、保持城市的活力，符合社会发展的趋势和社会心理的趋向。因此，勒·柯布西埃所倡导的"现代建筑运动"成为 20 世纪的主流应该是必然的结果。

三、伊利尔·沙里宁的"有机疏散"

（一）大赫尔辛基规划

伊利尔·沙里宁是分散大城市的积极倡导者，他的有机分散规划思想受到了 E 霍华德的"田园城市"、奥地利建筑师瓦格纳的维也纳中心规划和英国建筑师恩温的伦敦花园新村规划的影响。他的实践工作和经历也是有机分散规划思想的坚实基础。在大赫尔辛基规划之前，伊利尔·沙里宁对斯德哥尔摩、哥本哈根、汉堡、卡尔斯鲁厄、慕尼黑等城市进行了实地调查，发现这些城市的地理、历史条件的影响，城市结构上都具有分散发展的特点，多采用近郊分区开发的方式。在大赫尔辛基规划中，伊利尔·沙里宁广泛地研究了交通系统的组织、居住与工作的关系，建筑与自然的关系，将城市分解为一个既统一又分散的城市有机整体，各部分布置有住宅、商店、学校，以及生产车间等，形成相对独立的单元，这些单元各自拥有用绿地分开、用高速交通联系起来的中心。新城区以半径为6～9km的半圆环绕老城中心布置，相邻中心之间的距离为2～3km，区界间的最小距离为0.5km（图1-1）。这种规划方式使得城市能够实现有机分散发展，既满足了城市化进程中的经济需求，又保护了自然环境，同时也提供了舒适的居住和工作环境，使城市成为一个宜居的空间。

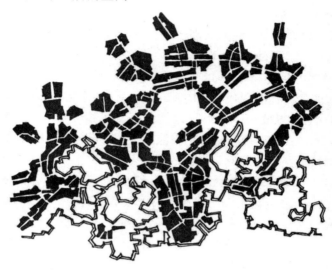

图1-1　伊利尔·沙里宁大赫尔辛基规划

与E.霍华德的田园城市相比，伊利尔·沙里宁的大赫尔辛基规划提出了一种更为紧凑的城市结构关系。他将城市分解为一个既统一又分散的有机整体，采用半独立的联盟方式，保持了原有城市各部分的完整性，减少了对旧城中心的依附和依赖。

（二）城市的生长与衰败

伊利尔·沙里宁在《城市：它的发展、衰败与未来》中对城市存在的意义做了极为简明的解释："城市的主要目的是给居民提供生活上和工作上的良好设施。这方面的工作做得越有效，每个居民在提高物质和文化水平方面从城市设施中得到的利益越多"。这表明城市的存在应该为人服务，把对人的关心放在首要位置，物质的安排应该支持人的精神文明的发展。

城市是人的物质寓所，城市也是人的精神家园。

伊利尔·沙里宁认为，城市是人类创造的一种有机体，人们应该从大自然中寻找与城市建设相类似的生物生长、变化的规律来研究城市。他从有机生命的观察中得到启示，认为所有生物的生命力都取决于个体质量的优劣以及个体相互协调得好坏。这种观点启发了他提出城镇建设的基本原则：表现的原则、相互协调的原则和有机秩序的原则。

1. 表现的原则

表现的原则指自然界任何一种形式的表现都真实地说明着掩盖在形式之下的某种含

义。伊利尔·沙里宁认为，人类的活动虽然属于创造的范畴，但也符合表现原则的规律。在人类的活动中，只要其形式是真实的，那么必然是人类生活、情感、思想和愿望的真实表达。历史上各个灿烂的文化时期都有一定的形式与特征，这些形式表现着当时人民的生活和时代精神，即使是极为细微的东西也能通过其形式表述着真实。建筑物是组成城镇的基本单位，存在着质量的优劣，应当明确地把建筑理解为一种有机的、社会的艺术形式。人们应该努力去发展能够表达自己时代特征的形式，反映社会积极的真实性。当然，如果人们经常建造各式各样毫无价值的房屋，那么必然会给城镇带来死气沉沉的恶果。因此，建筑和城镇规划应该符合表现的原则，反映城市的特点和个性，体现城市的文化、历史和环境特点，从而使城市更具有生命力和魅力。

2. 相互协调的原则

当无数个单独的"细胞"相互组合形成一个整体时，它们需要相互配合、相互协作，并表现出趋向一致的倾向，这是维持大自然和谐状态的基础原则。相互协调的原则可以被视为和谐或混乱状态的杠杆。当人们尊重这一原则时，整个活动范围，从房屋到街道、广场、村镇甚至整个城市都将会呈现出和谐的效果。在古老的城镇中，虽然有各种不同的组合部分，但它们的体量和比例能够形成有机的组合，建筑群和天际轮廓线的特征反映着时代的特征，构成城镇的每一个细节都暗示着一种"趋同"的倾向。一旦背离了这一原则，构成整体的个体因素必然会走向极端，强化个体的"特殊"将以丧失整体的协调为代价，混乱状态是必然的结果。

3. 有机秩序的原则

在大自然中，有机生命以内在的次序不断演化。当表现和相互协调的能力足以维持其秩序时，生命将得到发展。一旦表现和相互协调的能力无法阻止秩序的破坏，生命的衰退就会出现。这就是有机秩序的原则，它有效地调节着自然界的演化。对城市而言，城市建设应该建立城市的有机秩序。在城市的发展过程中，保持这种秩序的勃勃生机非常重要。因此，城市的生长与衰退取决于城市的运行状态。当城市处于"走向有机秩序"的状态时，表现和相互协调的原则将起到促进作用，城市将呈现出积极和充满活力的状态。一旦误入"无序"的歧途，表现和相互协调的原则必然丧失，城市将会出现衰败和杂乱无序的状态。

（三）有机疏散

在 19 世纪，城市呈现出衰退的趋势。伊利尔·沙里宁认为这主要是因为城市的演化走向了无序，表现和相互协调的原则被抛弃，建筑艺术逐渐退化为单纯的模仿过去时代的风格和形式，变成了肤浅的风格化装饰。一般的建筑师像选择自己的衬衣和领带的花色一样随意地选用各种建筑式样，只是把外来的、过去的风格与形式强行套在建筑物上，并不考虑它所在的地点与环境。这样的建筑物出现在哪里，就会给哪里带来不协调，城镇的整体性被肢解了，表现和相互协调的原则不复存在。

工业革命、科学革命和政治革命带来了令人满意的文化成果。然而，当这些进步引起的发展继续形成明显的运动时，人们却忽视了除经济和物质问题外的各种精神问题。

如果这些精神问题不能得到重视，无法引导运动沿着文化轨道发展，功利主义的原则就会占据突出的位置，城市会随之胡乱扩建。城市结构从原来的统一体变成了不同成分、不同利益、参差不齐的堆积物。其物质面貌必然是各种不同形式的七拼八凑，呈现出功利主义浅薄的平庸状态。

各种因素促使人口普遍涌向大城市，兴建高层建筑使城市的拥挤状况变得更加严重，城市的边缘呈爆炸状向四周农村蔓延，交通车辆在数量和种类上迅速增加。仅仅几十年的时间，许多城镇迅速扩展为大城市。城市的这种"巨变"是在没有统一安排的情况下形成的，城市中日益严重的混乱拥挤状态成为城市的特征。各种互不相关的活动彼此干扰，造成骚乱。在这种情况下，城市不可能正常地发挥作用。如果人体内部的器官像畸形发展的城市那样，乱糟糟地掺杂在一起，其结果必然是疾病和死亡。

面对大城市的危机，伊利尔·沙里宁作出了冷静而理智的分析。他指出，迅速发展的大城市是一种相对较新的现象，在不久的过去，世界上的大城市还非常少；但自从城市开始快速发展以来，我们这个时代就要面对这种发展所带来的难以预测的后果。因此，当我们说需要提出恰当的建议时，我们不能套用早期的经验和陈旧的城镇建设方式。目前和将来的工作必须建立在一个全新的基础上，以应对城市发展的挑战。

伊利尔·沙里宁认为，解决城市的危机可以从树木的生长机制中获得灵感。树木的大树枝会预留充足的空间，以便较小的分枝和细枝将来可以生长；这些分枝和细枝也会预留空间，以便嫩枝和树叶可以生长。这种生长方式具有灵活性，使得每个部分的生长不会妨碍其他部分的生长。通过借鉴树木的生长方式，城市建设也可以具有灵活性和保护性。

伊利尔·沙里宁将"灵活"和"保护"这两个概念引入了城市建设。这意味着，城市的每个区域都应该能够正常发展，而不会妨碍其他区域的发展。同时，必须采取必要的措施，保护已经建立的城市区域的使用价值。通过"灵活"的规划和设计，城市可以继续健康地发展，而通过"保护性"的措施，城市的使用价值可以稳定。这样，城市可以具有灵活性和可持续性，实现整体和细节的协调发展，从而解决城市发展中出现的危机和问题。

要解决畸形发展的城市问题，必须采取灵活和保护的措施，以确保未来的发展符合这些原则。为此，需要预先制定一个精心研究的、全盘考虑的和逐步实施的"外科手术"方案。该方案应该实现三个目标：将衰败地区的各种活动按照预定方案转移到适合这些活动的地方；按照预定方案整理上述置换出来的地区，并改为其他最适宜的用途；保护一切老的和新的使用价值。这样做的实际结果是，原来得不到保护的大块紧密城区将逐步变为若干松散的、得到保护的社区单元。

实现这一目标的方法是"对日常活动进行功能性的集中"和"对这些集中点进行有机的分散"。这种组织方式可以使目前的密集城市实行有机疏散。通过前一种方法，城市的各个部分可以获得适于生活和安静居住的条件，而通过后一种方法，整个城市可以获得功能秩序和工作效率。这种变化的最终结果是，在原来紧密核心的周围逐渐出现一群新建的或改建的、具有良好功能性秩序的社区，这些社区都是按照进步的城镇规划的最高原则建立起来的。这样，城市可以逐步实现由紧密城区向松散社区的转变，以确保城市的健康和可持续发展。

伊利尔·沙里宁的城市规划思想的核心是"有机疏散"，这是通过将城市的活动分散到适当的区域以保持城市的有机秩序。他认为城市的发展应该是一个长期的、逐步进行的演变过程，规划目标应该分解成许多小的部分，成为日常建设中的琐事，以实现城市建设的计划和目标。同时，他强调规划目标的设想应该从最终目标出发，逐步分解成若干个层次或阶段，使之与实际情况相接近，这是一个与实施过程方向相反的思考过程，也被称为"动态设计"（图1-2）。

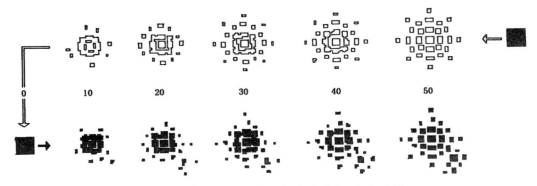

图1-2 伊利尔·沙里宁城市有机设计图解

伊利尔·沙里宁的"有机疏散"理论是一种有机城市规划理论，它关注城市内部的有机结构和相互联系，试图通过城市的重组和重建来消解城市的矛盾和危机。这一理论具有强烈的个性特征，因为它是伊利尔·沙里宁对城市规划的一种独特解读。他认为城市危机的本质是文化的衰退和功利主义的盛行，这是对城市问题的深刻分析，为城市规划提供了新的思路和方法。然而，在20世纪盛行功利主义倾向的时代，这一理论显得有些"阳春白雪"，因为实践中存在各种制约和困难。尤其是在城市发展迅猛的今天，城市规划需要更加细致周全的思考和规划，而单纯的"有机疏散"理论可能显得过于简单和单一。

至此，我们对工业革命后城市规划理论进行了广泛的讨论，包括了以E.霍华德为代表的"田园城市"、伊利尔·沙里宁的"有机疏散"和勒·柯布西埃的"城市集中论"。E.霍华德的"田园城市"虽然存在着过于理想化的"乌托邦"色彩，但是他提出了对城市区域关系、空间结构、景观面貌的独特见解，对城市规划学科的发展产生了极其重要的作用。伊利尔·沙里宁的"有机疏散"理论更加注重实践性，强调通过调整城市结构关系、重新建立"日常生活的功能性集中点"，以"外科手术"剔除城市的衰败成分，使其恢复最适宜的用途，保护城市老的和新的使用价值。其理念极为冷静和理智，富有辩证的哲理。与"田园城市""有机疏散"理论不同，勒·柯布西埃强调城市的集中，利用先进的工程技术和大规模生产的工业技术改造大城市，以高层建筑、立体交通等方式重新恢复城市的阳光、空间和绿化等"基本欢乐"，保持城市的高速运转。这些伟大的探索为现代城市规划理论的发展和实践奠定了坚实的基础。

第三节　城市规划的基础内容

城市规划是指对城市空间的组织、布局和设计进行规划和管理的过程。城市规划的基础内容涉及很多方面，包括土地利用规划、城市交通规划、城市环境规划、城市公共设施规划和城市景观规划。本书将分别从这些方面详细介绍城市规划的基础内容。

一、土地利用规划

土地利用规划是城市规划的核心内容之一。它涉及城市土地的功能和用途的规划和划分，包括住宅区、商业区、工业区、公共设施、交通枢纽等。土地利用规划需要考虑城市发展的趋势和需求，合理分配土地资源，达到最优的利用效益。土地利用规划通常包括以下几个方面的内容：

（1）用地总量：确定城市用地总量，制定城市用地总体规划和分区用地规划。

（2）功能分区：根据城市发展的需要，将城市土地分为不同的功能区，如住宅区、商业区、工业区、公共设施区、生态保护区等。

（3）地类划分：对不同用途的地块进行划分和标识，明确土地的性质、用途和限制条件。

（4）用地结构：制定城市用地结构和比例，调整城市用地结构和布局，提高土地利用效益。

（5）用地管理：制定城市土地管理规定和制度，规范土地利用行为，保障土地资源的可持续利用。

二、城市交通规划

城市交通规划是指对城市交通系统的规划和设计，包括道路、公交、地铁、自行车等交通设施的布局和建设。城市交通规划需要考虑交通需求、交通流量、交通安全和交通环保等因素，使得城市交通系统能够高效、安全地运转。城市交通规划的内容通常包括以下几个方面：

（1）道路网络：规划城市道路的路网结构和布局，设计不同类型的道路，满足不同的交通需求。

（2）公交系统：规划公交路线和公交站点，制定公交优先政策，提高公交服务水平。

（3）地铁系统：规划地铁线路和地铁站点，制定地铁建设和运营管理规定，提高地铁服务水平。

（4）自行车系统：规划自行车道和自行车停车设施，制定自行车出行政策和鼓励措施，提高自行车出行的便利性和安全性。

（5）交通管理：制定交通管理政策和措施，维护交通秩序，提高道路安全和交通流畅性。

三、城市环境规划

城市环境规划是指对城市环境质量的规划和管理，包括空气质量、水质、噪声、废物处理等方面。城市环境规划需要考虑城市化进程对环境的影响和压力，以及城市生态系统的平衡和可持续发展。城市环境规划的内容通常包括以下五个方面：

（1）空气质量：制定空气质量标准和控制措施，减少污染排放，提高空气质量。

（2）水质管理：制定水质标准和保护政策，加强水资源管理和保护，提高水质。

（3）噪声管理：制定噪声标准和控制措施，减少噪声污染，保障居民生活环境的安静。

（4）废物处理：制定废物处理标准和政策，加强废物分类、回收和处理，减少废物污染。

（5）生态保护：制定生态保护政策和措施，保护城市生态系统的平衡和可持续发展。

四、城市公共设施规划

城市公共设施规划是指对城市公共设施的规划和建设，包括公园、文化设施、学校、医院、消防、警察等。城市公共设施规划需要根据城市的发展规模和特点，科学规划、合理配置公共设施资源，提高城市居民的生活品质和福利水平。城市公共设施规划的内容通常包括以下六个方面：

（1）公园绿地：规划城市公园和绿地，提高城市绿化覆盖率，改善城市生态环境。

（2）文化设施：规划城市文化设施，包括图书馆、博物馆、剧院、艺术馆等，提高城市文化水平。

（3）学校医院：规划城市学校和医院，提供优质的教育和医疗服务，满足城市居民的基本需求。

（4）消防警察：规划城市消防和警察设施，提供安全保障，维护社会秩序。

（5）其他公共设施：根据城市需求规划其他公共设施，如垃圾处理设施、游泳池、运动场馆等。

城市公共设施规划需要考虑城市的发展规划和居民的需求，合理配置公共设施资源，提高城市居民的生活品质和福利水平。

五、城市景观规划

城市景观规划是指对城市景观和建筑物的规划和设计，包括城市形象、城市标志、公共艺术、建筑风格等。城市景观规划需要注重城市文化传承和城市形象塑造，打造美丽、宜居的城市环境。城市景观规划的内容通常包括以下五个方面：

（1）城市形象：规划城市形象和风貌，制定城市建设和管理标准，提高城市整体形象和品质。

（2）城市标志：设计城市标志和标识，提高城市的知名度和品牌价值。

（3）公共艺术：规划公共艺术和文化景观，丰富城市文化内涵和氛围。

（4）建筑风格：制定建筑设计和建设规范，提高城市建筑物的艺术和审美价值。

（5）其他景观规划：规划其他景观元素，如公共广场、雕塑、水景等，打造宜居、宜游的城市环境。

城市景观规划需要充分考虑城市的历史文化、地理环境和社会需求，打造独具特色的城市景观和城市形象，提高城市文化品位和美感价值。

综上所述，城市规划的基础内容包括土地利用规划、城市交通规划、城市环境规划、城市公共设施规划和城市景观规划等多个方面，这些内容共同构成了城市规划的核心。城市规划需要综合考虑这些因素，通过合理的规划和管理，建设宜居、宜业、宜游的城市，提高城市居民的生活品质和福利水平。

第四节　城市规划的发展历史

一、国外城市规划的产生与发展

在漫长的城市发展历史中，人类逐步认识到必须综合安排城市的各项功能与活动，必须妥善布置城市的各类用地与空间，改善自己的居住生活环境，满足生产、生活及安全的需要。因此，城市规划应运而生。

（一）国外古代的城市规划

古希腊（公元前 8 世纪—公元前 323 年）是当代欧洲文明的始祖，也是古代城市规划的发源地之一。当时的古希腊形成了以防御、宗教活动地为核心的城邦国家。最初的城市修建在一些小山丘上，以利于防御外敌的进攻，后来城市延伸至小山丘脚下的平原，形成建有神庙并具有防御功能的上部城市（卫城）和商业、行政机构所在的下城；在城市形态上，整个城市围绕市政厅、贵族议会或居民代表大会等公共建筑或公共活动空间与宗教建筑等展开，以适应奴隶制下的城市国家组织形式。城市中不存在王宫这种封闭区域，而是设有可容纳全体市民（或大部分市民）的广场或剧场。古希腊时期最负盛名的城市是公元前 5 世纪—公元前 4 世纪的雅典和斯巴达。

古罗马（公元前 10 世纪—公元 1 世纪）的城市源于希腊那样的大大小小的城邦国家。在古罗马城市中，军事强权的烙印非常明显，伴随着军事侵略带来的领土扩张和财富集中，城市建设也进入了鼎盛阶段。这一时期的建设包括与军事目的直接相关的道路、桥梁和城墙，供城市生活所需货物运输及交易的港口、交易所、法庭、公寓，并建造了公共浴室、剧场、斗兽场和宫殿等供奴隶主享乐的设施。罗马帝国时期，广场、铜像、凯旋门和纪功柱成为城市空间的核心和焦点。古罗马时期繁荣阶段的代表是古罗马城，鼎盛时期人口超过 100 万人，城市面积达 20km²，中心最为集中的体现是共和时期和帝国时期形成的广场群。

中世纪（公元 5—13 世纪）的欧洲，经济、文化，以及城市发展上出现一定的倒退，但在其中后期城市文化重新兴起，城市呈现出新的特点：一是欧洲分裂为许多小的封建领主国，封建割据和战争不断，出现了许多具有防御作用的城堡；二是城市形态多呈不规则的自然生长的态势，封建领主城堡不断扩张；三是教会势力强大，教堂占据了城市的中心位置，其庞大体积和高耸尖塔成为城市空间的主导。这一时期欧洲城市普遍规模较小，但数量较多，较具代表性的有巴黎、威尼斯、佛罗伦萨等。

14 世纪后的文艺复兴时期，欧洲资本主义出现萌芽，人文艺术、技术和科学都得到飞速发展，在建筑与城市建设的理论研究方面取得了丰硕的成果，并在许多欧洲城市建设中有一定体现。意大利的城市修建了不少古典风格和构思严谨的广场和街道，如罗马的圣彼得大教堂广场，威尼斯的圣马克广场，佛罗伦萨的西格诺里亚广场、乌菲齐大街及佛罗伦萨大教堂等。这一时期，城市规划建设将古典主义的作品与片段置于中世纪城市大背景中，提倡的理性与秩序，以及在城市设计中所采用的轴线、对称、尺度对景等城市设计的手法对此后的城市设计产生了深远的影响。

17 世纪后半叶，欧洲步入了绝对君权时期。在城市与建筑设计中，古典主义盛行，以体现秩序、组织、王权。具体表现为城市与建筑中的几何结构和数学关系，对轴线和主从关系的强调，平面上的广场和立面上的穹顶。在当时最为强盛的法国，巴黎的城市建设体现了古典主义思潮，在皇家广场、法兰西广场、胜利广场、卢浮宫、凡尔赛宫、香榭丽舍大街等的兴建（或改建）中均有体现。

（二）国外近代城市规划思想与实践

进入 19 世纪以后，欧洲一些发达国家相继出现了城市人口剧增，住房、市政设施、环境卫生状况恶化等城市问题，近代城市规划就立足于解决上述问题。近代城市规划由 1848 年的英国《公共卫生法》奠定了基础，1851 年英国颁布的《劳动者阶层住宅法》、1875 年德国颁布的《普鲁士道路建筑红线法》、1894 年英国颁布的《伦敦建筑法》、1902 年德国颁布的《土地整理法》、1909 年英国颁布的《城乡规划法》等国家和地方性法规都是近代城市规划史的重要里程碑。近代城市规划，作为源于对恶劣城市环境的改造和对劳动者阶层居住状况的改善的社会改良运动，逐渐演变为政府管理城市的重要手段。从实践结果来看，城市规划作为公共干预的手段，确实在一定程度上缓和了各阶级之间的冲突，呈现出几个特点：一是使保护私有财产与维持公众利益取得平衡；二是城市贫民阶层的生活状况受到一定的关注；三是采用人工手段弥补城市环境的不足；四是城市规划专业开始出现。

在 19 世纪，以托马斯·莫尔（Thomas More）、查尔斯·傅里叶（Charles Fourier）和罗伯特·欧文（Robert Owen）为代表的空想社会主义的思想出现，他们提出了一些建立新型生活组织与城市形态的思想，如莫尔的"乌托邦"、欧文的"新协和村"、傅里叶的"法郎吉"等。在空想社会主义思想影响下，人们建设了一些城乡结合的新型社区。但是，由于脱离当时的社会、经济等条件，这些尝试都以失败告终。

自 19 世纪中期开始，美国一些大城市开始重视总体规划，着手建设一些供居民大众使用的公园。1859 年，美国人弗雷德里克·劳·奥姆斯特（Frederick Law Olmsted）设计了纽约中央公园，后又为旧金山、芝加哥、波士顿等城市设计公园绿地。一直到 20 世纪初前，美国的城市设计热衷于修饰城市华丽壮观外表，经历了集中建设市民中心、林荫大道、喷泉广场、雕塑等公共建筑的城市美化运动。

20 世纪初，英国人埃比尼泽·霍华德（Ebenezer Howard）出版了《明日的田园城市》，对西方国家尤其是英美国家的城市规划产生了深远影响。1919 年田园城市和城市规划协会将其思想归纳为："田园城市是为安排健康的生活和工业而设计的城镇；其规模要有可能满足各种社会生活，但不能太大；被乡村带包围；全部土地归公众所有或者委托他人为社区代管。"这也成为现代城市规划思想的重要渊源之一。

1915 年，帕特里克·盖迪斯（Patrick Geddes）出版了《进化中的城市》，书中提出编制城市规划应采用调查－分析－规划的手法，必须认真研究城市与所在地区的关系，应把"自然地区"作为规划的基本框架，城市规划应起到对民众的教育作用并改善平民生活环境等。他把人文地理学与城市规划结合起来，直到今天仍然是西方城市规划的一个独特传统。盖迪斯的规划思想也成为西方近代城市规划理论与方法的基础之一。

1922 年，雷蒙德·昂温（Raymond Unwin）在《卫星城镇的建设》一书中提出了卫星城的概念，该理论在其参与大伦敦规划期间得到应用，即采用"绿带"加卫星城的办法控制中心城的扩张，疏散人口和就业岗位。在第二次世界大战之后的英国城市建设中，卫星城理论得到多次应用。

随着汽车在城市中的大量使用，如何避免汽车交通对居住环境的干扰成为一个重要问题。为此，20 世纪 20 年代末美国建筑师佩利（Perry）提出了"邻里单位"的概念。"邻里单位"的核心思想是：以一所小学所服务的范围形成组织居住社区单元的基本单位，其中设有满足居民日常生活所需的道路系统、绿化空间和公共服务设施，居民生活不受机动车交通的影响。20 世纪 30 年代美国人克拉伦斯·斯泰因（Clarence Stein）在新泽西的雷德朋新城的设计中，采用了行人与汽车分离的道路系统，诠释了"邻里单位"思想。1930 年，德国埃森市出现第一条步行街，此后很多城市采用和发展了这种分离机动和人行交通的有效形式。第二次世界大战后，"邻里单位"的概念普遍运用于居住区规划设计中。

20 世纪，西方国家的城市在工业革命的影响下出现了诸多城市问题，为解决这些问题，一些城市规划学家顺应社会现实提出了"明日城市""工业城市""带形城市"等规划思想。1922 年法国现代建筑大师勒·柯布西耶（Le Corbusier）在其论著《明日的城市》和《阳光城》中，主张充分利用新材料、新结构、新技术在城市建设中的可能性，注重建筑的功能、材料、经济性和空间集约，还倡导采用高架立体式的道路交通系统，用现代建筑理念来解决城市中心区的拥挤问题。在城市形态方面，19 世纪末西班牙人索里亚·伊·马塔（Arturo Soria Y. Mata）提出"带形城市"概念，即城市沿着一条高速、高运量的轴线无限延伸，城市用地布置在带有有轨电车的主路的两侧，"带形城市"思想打破传统城市"块状"形态的固有模式。马塔将其设想实际应用于马德里郊外，修建了一条长 4.8km 的试验段。在城市内部结构方面，法国人葛涅尔于 20 世纪初提出的"工业城市"设想，第一次把现代城市的功能在用地上作了明确的划分，并且使各种不同功能的用地通过道路交通网络有机地联系起来。这种"功能分区"的思想几十年来一直作为城市规划的基本原则和工作方法。

英国在第二次世界大战前期和后期开始了由政府主导的城市规划，并成立专门的委员会对英国的城市工业与人口问题进行调查，调查的结果——《巴罗报告》——提出了应控制工业布局并防止人口向大城市过度集中的结论。在此结果的基础上，由艾伯克隆比·帕特里克（Abercrombie Patrick）主持编制了大伦敦规划，按照由内向外的顺序规划了内圈、近郊圈、绿带、外圈四个圈层。

（三）国外现代城市规划思想与实践

20世纪60年代后，西方大城市的中心区开始衰败，社会矛盾不断加剧。以形体环境为主的现代城市规划难以缓解现实的社会和经济问题。自此英、美等国的学者对城市的社会、经济、政治、环境、交通、文化、历史、艺术等方面进行了大量研究。其中具有代表性的，如美国学者刘易斯·芒福德（Lewis Mumford）的《城市的文化》《城市发展史》等著作，系统阐述了城市发展与其政治、经济、文化等背景相联系的历史过程，提出城市规划的正确方法是调查、评估、编制规划方案和实施。芒福德的城市规划思想促使城市规划的理论和方法进行变革，使以物质形体和土地利用为主的城市规划更好地与社会经济发展相结合。

20世纪70年代后，世界性人口爆炸、资源短缺、能源浪费、环境恶化等现象，不但在发展中国家日益突出，而且在发达国家也存在。20世纪80年代环境保护的规划思想又逐步发展成为可持续发展的思想。1989年正式提出的可持续发展思想，1992年在巴西举行的全球环境与发展首脑会议上获得肯定。1996年联合国在伊斯坦布尔举行"人类住区第二次大会"，提出了"城市化进程中的可持续发展"的战略目标，如何建设"可持续发展城市"成为全球性的研究课题。

近年来，大量的城市规划实践，其设计思想的主流是人文主义的，重视人的需要、步行环境、多样性和富有人情味等，并且重视与自然的结合，历史建筑、街道、街区的保护，历史文脉的连续，以至文化品质的提高。1998年，美国波特兰开始实行一种新的城市发展计划波特兰气候行动计划（LUTRAQ计划），其主要政策有：在公共建筑中强制推广绿色建筑技术；推进激励机制的建立，鼓励私有项目采用绿色标准；积极培育绿色建筑产业群。节能减排涉及各个行业，包括建筑与能源、土地利用和可移动性、消费与固体废物、城市森林、食品与农业、社区管理等；并且设定不同的目标和行动计划，将节能减排作为一项法律推行，如在市区建设供步行和自行车行驶的绿道，优化交通信号系统以降低汽车能耗，运用LED交通信号灯等。泰勒（Taylor）经过研究后，精辟地将20世纪末期到21世纪初期西方城市规划领域关注的重要议题列为五个方面：①城市经济的衰退和复苏；②超出传统解决视野并在更广范围内讨论社会的公平；③应对全球生态危机和相应可持续发展要求；④回归对城市环境美学质量及文化发展的需要；⑤地方的民主控制和公众参与要求。

在规划方法上，随着系统论、控制论、信息论等新的理论方法，以及网络技术在城市规划领域应用，城市规划在信息收集、分析、建模、模拟、制图、传播等方面都实现了很大的飞跃。与此同时，在民主化潮流日益发展的情况下，公众参与城市规划的论证、咨询和决策，已经越来越广泛和深入，成为城市规划的一种重要方法。

二、中国城市规划的产生与发展

(一) 中国古代的城市规划

中国最早的具有一定规划格局的城市雏形大约出现在 4000 多年前。进入夏朝后，史料已有建城的记述。商朝是中国古代城市规划体系的萌芽阶段，这一时期的城市建设和规划出现了一次空前的繁荣，从目前掌握的考古资料可以看出，商西亳的规划布局采取了以宫城为中心的分区布局模式，而殷则开创了开敞性布局的先河，并且强调与周边区域的统一规划。周朝是中国奴隶社会的鼎盛时期，也是中国古代城市规划思想最早形成的时期。周人在总结前人建城经验的基础上，制定了一套营国制度，包括都邑建设理论、建设体制、礼制营建制度、都邑规划制度和井田方格网系统。如《周礼·考工记》记载"匠人营国，方九里，旁三门，国中九经九纬，经涂九轨，左祖右社，面朝后市，市朝一夫"，充分体现了周朝都城形制中的社会等级和宗法礼制。

秦汉时期，严格的功能分区体制达到新的高度，这一时期城市数量也有大幅增长。秦始皇统一中国后，将全国划分为四大经济区，强调了区域规划，同时在咸阳附近大搞城市建设，在渭水北岸修建宫殿群。例如统一六国后，在渭水南岸兴建著名的阿房宫。阿房宫规模宏大，与渭水北岸宫殿群及咸阳城有大桥联系，还有架空栈道连接各个宫殿。从阿房宫直至南面的终南山均为皇帝专用禁苑，其中尚分布有不少离宫。西汉则进一步强化了区域内城镇网络的作用。

隋唐时期十分注重城市规划。唐代城市总体布局严整划一，都城规模宏大，衙署布置在宫前，居民区与宫殿严格分开，城市布局中的政治色彩极浓。首都大兴城（唐长安城）是一座平地新建的都城，事先制定规划，随后筑城墙，开辟道路，再逐步建坊里，有严密的计划。因而，唐长安城是中国古代最为严整的都城，主要特点是中轴线对称格局，方格式路网，城市核心是皇城，三面为居住里坊所包围。隋唐时期城市在建筑技术和艺术方面也有较大的发展，其特点有：①强调规模的宏大、城郭的方整、街道格局的严谨和坊里制度；②建筑群处理愈趋成熟，不仅加强了城市总体规划，宫殿、陵墓等建筑也加强了突出主体建筑的空间组合，强调了纵轴方向的陪衬手法；③木建筑解决了大面积、大体量的技术问题，砖石建筑也有了一定发展；④设计与施工水平提高，掌握设计与施工的技术人员职业化。

宋元时期，城市建设中突破了旧的坊里体制约束，城市的功能从奴隶社会的政治职能为主变成了经济职能占主导地位。这一探索在北宋的东京、南宋的临安得以充分实现。东京在城市建设中突出了经济职能和军事防御两方面的作用。道路系统或呈井字形方格网，路边分布很多商铺、作坊、酒楼，街道的等级色彩已被淡化。临安的城市布局更加灵活、紧凑，其宫室建筑规模趋小，简单朴素。总体上说，两宋城市布局已能反映商业城市规划特点：按经济活动来布置城市建筑，经济区及商业街市越来越密集发达，罗城（即外城）面积大大超过皇城、宫城（或行政机关地），反映出城市经济职能与政治职能间的此消彼长。元大都继承了《考工记》的传统，汲取了魏晋唐宋以来都城规划的经验。元大都选址地势平坦，布局规矩齐整，外城、皇城、宫城重重相套，皇城居于全城中心偏南，中轴线南起丽正门，穿过皇城、宫城的重重大门。

封建社会晚期，中国历代都城的规划从不同的侧面继承了业已形成的规划传统，结合当时的政治、经济形势加以变革和调整，城市化的进程加速，城市的防御功能提高到一个新的水平。城市布局的整体性进一步突出，关注环境、道路水系等的改善，以及市政设施的完善等。明清时期北京城秉承了元大都的布局结构。

从以上简单的回顾可以看出，中国早在大约 3100 年前就已经形成了一套较为完备的城市规划体系，其中包括城市规划的基本理论、建设体制、规划制度和规划方法。在漫长的封建社会，这一体系得到不断补充、变革和发展，由此造就了中华大地上一批历史名城，如商都殷、西周涪邑、汉长安、隋唐长安、宋东京和临安、元大都、明清北京城等，这些都是当时闻名于世的大城市，它们宏大的规模、先进的规划、壮观的建筑都为世人所称道。中国古代的城市规划体系在相当长的一段时间内都走在世界前列，有些成就甚至领先于西方数百年的时间。概括起来，中国古代城市规划体系最核心的内容，就是"辨方正位""体国经野"和"天人合一"，即三个基本观念——整体观念、区域观念及自然观念。

（二）中国近现代的城市规划

中国的近现代历史与西方发达国家有很大的不同，由于没有发生工业革命，所以，城市缺少发展与变革的原动力，再加上中国近代内战与外侵的影响，中国近代城市的发展是被动的、局部的和畸形的。从近代城市产生的原因及其变化程度来看，中国近代城市可以分为新兴城市和既有的传统封建城市。近代的城市规划发端于殖民侵略者直接对其控制的殖民地城市或租界所进行的规划，在此过程中及以后，国外城市规划思想、理念、技术逐渐传播。此后，中国政府主导、留学人员参与的城市规划开始出现。

早期规划包括上海、天津、武汉等地租界的规划，其中上海市是早期租界规划的典型。1845 年，清政府在上海首先设立租界，70 年后上海的租界总面积达 46.63 平方公里。英、美、法殖民者进行了拓宽道路、建设给排水和煤气设施、疏浚河道、修建铁路等一系列城市基础设施建设。上海租界中的城市规划明显带有同时代西方工业化国家的特征，如各类基础设施规划、1855 年颁布的《上海洋泾浜以北外国居留地（租界）平面图》、1879 年荷兰工程师编制的黄浦江整治规划方案、1926 年公共租界的《上海地区发展规划》、1938 年的《法租界市容管理图》等。其中，《上海地区发展规划》包括功能分区布局、道路系统规划与道路交通改善措施、区划条例与建筑法规、交通管理与公共交通线路规划等。

早期的城市规划也有一些是某一帝国主义国家独占城市的规划，如青岛、大连、长春、哈尔滨等。以青岛为例，该地于 1898 年被德国强行租用，期限是 90 年，并有了德国编制的完整的城市规划。最早的城市规划编制于 1900 年，1910 年再次编制"城乡扩张规划"并大幅度扩展了规划范围。德国所编制的城市规划一方面体现出对华人居住地区的歧视，如规划中分别划出德国区和中国区，并采用不同的道路、绿化和基础设施标准等；但在另一方面，德国对青岛的规划体现了当时的先进规划技术和方法，在港口及其与其他路网的关系、教堂等标志性建筑与城市景观的结合等处都有合理的设计。1914年与1937年日本曾两度占领青岛，也编制过一些规划。

20世纪20年代以后，出现了由政府主导的城市规划。其中，"大上海计划""上海都市计划一、二、三稿"、南京的"首都计划"，以及汕头的"市政改造计划"等是这一类城市规划的代表。1929—1931年，南京国民政府编制了《大上海计划图》及其相关的专项规划图及其说明，规划包括市中心区的道路系统规划、详细分区规划、政治区规划与建设，以及包含租界地区在内的全市分区规划（含商业区、工业区、商港区、住宅区）、交通规划（含水道航运、铁路运输、干道系统规划）等。其中，中心区规划使西方巴洛克式的城市设计手法与中国传统讲究对称的传统布局形态有机结合在一起。抗战胜利后，一些从欧美留学归来的建筑师、工程师和在华外籍学者参与了规划的编制工作，将"区域规划""有机疏散""快速干道"等当时较为先进的城市规划理论运用到规划中。

（三）中华人民共和国成立后的城市规划

大致说来，中华人民共和国的城市规划工作可分为20世纪50年代的引进、创建时期，20世纪60—70年代的混乱时期，以及20世纪80年代以来的改革、发展时期。

20世纪50年代，城市规划工作是在配合重点工程建设中得到发展的。城市规划的编制原则、技术分析、构图的手法，乃至编制的程序，基本上是照搬苏联的做法，以配合苏联援建的156个重点建设项目。1953年3月，建工部城市建设局设立了城市规划处，从沿海大城市和大专院校的毕业生中调集规划技术人员，并聘请苏联城市规划专家来华指导。随后，北京和全国省会一级的城市也逐步建立了城市规划机构，参照重点城市的做法开展城市规划工作。这一时期，全国有150多个城市先后编制了城市总体规划，中华人民共和国国家基本建设委员会（简称"国家建委"）、中华人民共和国城市建设部（简称"城市建设部"）分别审批了太原、兰州、西安、洛阳、包头等重点工业项目集中的15个城市的总体规划。"一五"末期，全国从事城市规划工作的人员达5000余人。

20世纪60年代，城市规划步入徘徊停滞期，在1960年11月的全国计划工作会议上提出"三年不搞城市规划"，导致各地城市规划机构被撤销，城市建设失去规划的指导，造成了难以弥补的损失。1964年，在大小"三线"建设中，先是实行"靠山、分散、隐蔽"的方针，后来又改为"靠山、分散、进洞"，形成了"不建集中城市"的思想，其影响不仅在"三线"建设，而且波及全国城市。该时期，各地城市规划机构被撤销，规划队伍被解散，全国城市规划工作被严重废弃，导致乱拆乱建成风，园林文物遭破坏，城市建设陷入混乱状态。1973年，全国城市规划工作人员仅有700人左右，而且几乎不能正常开展工作。

1976年之后，中国的城市规划事业步入了发展和改革的新阶段。1978年3月，国家召开第二次城市工作会议，强调要"认真抓好城市规划工作"。要求全国各城市，要根据国民经济发展计划和各地区具体条件，认真编制和修订城市总体规划、近期规划和详细规划。1980年10月，国务院重申了城市规划的重要地位与作用，并首次提出城市的综合开发和土地有偿使用。1984年1月，中国第一部城市规划法规《城市规划条例》颁布实施，使城市规划和管理开始走向法治化的轨道。1989年年末，全国人大常委会通过了《中华人民共和国城市规划法》，完整地提出了城市发展方针、城市规划的基本原则、城市规划制定和实施的体制，以及法律责任等。这一时期，中国开展了新一轮城市总体规划，开展了全国城镇布局规划和上海经济区、长江流域沿岸、陇海兰新沿线地区等跨省区的城镇布局规划，还编写了一大批城市规划教材，城市规划逐步成为一个独立学科和工作体系。

20世纪90年代至今是中国城市规划的快速发展期。1992—1993年，为解决城市"房地产热"和"开发区热"等问题，在全国推行了控制性详细规划的编制与实践，对城市房地产开发发挥了一定调控作用。1996年5月，《国务院关于加强城市规划工作的通知》发布，指出"城市规划工作的基本任务，是统筹安排城市各类用地及空间资源，综合部署各项建设，实现经济和社会的可持续发展"。这是在社会主义市场经济条件下国家给城市规划的新的定位。随着市场经济的发展，国有土地使用权出让转让制度开始实施，中国开始第二轮总体规划编制，省区、市域、县域城镇体系规划全面展开。城市规划开始注重控制性详细规划对土地开发的引导和规划控制，计算机、网络、遥感等新技术在城市规划编制和管理中得到普遍应用，自然科学与社会科学结合、国内与国外理念融合、城市与区域发展协调等观念在城市规划实践中均有体现，城市规划被作为法定文件贯彻实施以指导城市发展。1999年12月，建设部召开全国城乡规划工作会议，强调"城乡规划要围绕经济和社会发展规划，科学地确定城乡建设的布局和发展规模、合理配置资源"。这一时期代表性的城市规划有北京、上海、深圳、苏州、南京、西安等各大城市的总体与详细规划。

21世纪是城市规划向社会经济事业逐步深入、城市规划日益成熟的时期。2000年通过的《国民经济和社会发展第十个五年计划纲要》明确提出"实施城镇化战略，促进城乡共同进步""加强城镇规划、设计、建设及综合管理"。2006年通过的《国民经济和社会发展第十一个五年规划纲要》提出"必须促进城乡区域协调发展""做好乡村建设规划""要加强城市规划建设管理，规划城市规模与布局，要符合当地水土资源、环境容量、地质构造等自然承载力，并与当地经济发展、就业空间、基础设施和公共服务供给能力相适应"。这一时期的一个重大事件是2007年《中华人民共和国城乡规划法》颁布，城市规划与村镇规划的协调、城市规划的体系性得到重视。2011年通过的"十二五"规划再次强调了中小城市、小城镇、生态城市发展理念。这一时期，国务院批复了一批大城市的总体规划，如武汉、西安等。

中华人民共和国成立以来，中国城市规划走过了一条不平凡的道路，早期借鉴苏联经验，取得了计划经济体制下的城市规划经验。在改革开放后，随着经济增长和城市化的迅速发展，城市建设的规模和速度都是空前的，在建设新城市和改造老城市以至村镇建设都取得了很大的成绩，从实践中看，取得了规划设计的新经验。这些经验也推动着城市规划学科在中国的传播与发展，未来中国的城市规划工作将更加注重资源与环境问题、更加注重城乡的协调发展问题。

第二章　城市规划设计详析

第一节　城市规划设计的影响因素

一、生态与环境要素

（一）生态与环境中的问题思考

1. 自然与人类文明

生态与环境要素，首先要明确四个方面的问题：自然与人类文明、人口与资源、资源与环境，以及城市化后的资源与环境。

自然与人类文明是指自然环境和人类社会之间的关系。人类文明的发展离不开自然资源的支持，而自然环境也受到人类社会活动的影响。人类文明的起源可以追溯到几千年前，人类开始使用自然资源，如水、土地和动物，为自己的生存提供支持。随着时间的推移，人类社会越来越依赖自然资源，同时也对自然环境造成了越来越大的影响。

在现代工业化社会中，人类对自然资源的需求和利用不断增加，但也带来了严重的环境问题，如气候变化、环境污染和生物多样性丧失等。为了解决这些问题，人们逐渐认识到了保护自然环境的重要性，并采取了一系列措施来减少对自然环境的负面影响，如资源的可持续利用、环境保护和可持续发展等。

自然与人类文明是一种相互依存、相互作用的关系。保护自然环境是维护人类文明可持续发展的必要条件，同时也需要人类社会采取行动来减少对自然环境的负面影响，促进生态系统和人类社会的和谐共存。

2. 人口与资源

（1）人口与资源的关系

人口与资源的关系是指人类社会对自然资源的需求与利用之间的互动关系。人口的增长和经济的发展对自然资源的需求也不断增加，因此资源的利用与保护问题成为人类社会发展中的重要议题。

随着世界人口的不断增长，对自然资源的需求也在不断增加。这包括食物、水、土地、能源等。而这些资源并非无限供应，因此人类需要努力寻求更加高效的利用方式，减少浪费，并开发新的资源来源。

同时，人类社会对自然资源的需求也带来了一系列环境问题。例如，过度开采自然资源可能导致资源枯竭、生态系统崩溃、环境污染等。这些问题可能会给人类社会带来很大的经济和社会成本，也会对人类社会的可持续发展带来巨大挑战。

因此，保护自然资源、提高资源利用效率、加强环境保护都是解决人口与资源问题的重要手段。这需要全球合作，加强科技创新和技术转让，制定有效的政策措施，促进经济发展和资源环境的可持续协调发展。

（2）人口与土地资源

人口与土地资源的关系是指人类社会对土地资源的需求与利用之间的互动关系。随着人口的不断增长和城市化的发展，对土地资源的需求也在不断增加，土地资源也越来越成为人类社会发展的关键要素。

人类社会对土地资源的需求主要包括食物、住房、交通、工业和商业等方面。农业和林业是土地利用的两个主要方面，这些领域对土地资源的需求最大。同时，城市化和工业化的发展也导致了土地的大量使用和占用。

然而，随着人口的不断增长，土地资源也变得越来越紧张。过度利用土地资源可能导致土地退化、土地污染等问题。此外，全球气候变化等因素也会对土地资源的可持续利用带来威胁。

因此，保护土地资源、提高土地利用效率、加强土地保护和土地管理等措施显得非常重要。这需要政府、企业和个人共同努力，制定有效的土地政策、加强土地管理、开发可持续的土地利用模式，促进土地资源的可持续利用，为人类社会的可持续发展提供坚实的基础。

（3）人口与水资源

人口与水资源的关系是指人类社会对水资源的需求与利用之间的互动关系。水是人类社会生存和发展的基本要素，是农业、工业和城市化的重要支持。但随着人口的不断增长和经济的发展，水资源的需求也在不断增加，水资源的利用和保护问题也日益突出。

首先，随着人口的增加，人类对水资源的需求也不断增加。饮用水、灌溉水和工业用水是人类对水资源的主要需求。然而，由于水资源的分布不均，以及全球气候变化等因素的影响，水资源的供应短缺也成为一种普遍的现象。

其次，人类对水资源的过度利用和污染也使水资源的供应变得更加紧张。随着经济的发展和城市化进程的加速，水污染、水土流失和生态系统破坏等问题也逐渐加剧。这些问题可能会对水资源的供应和可持续利用带来严重的影响，进而威胁到人类社会的发展和生存。

因此，为了解决人口与水资源问题，需要采取一系列有效的措施。这包括提高水资源的利用效率、加强水资源的管理和保护、推广可持续水资源的利用和开发、减少水污染和浪费等。此外，政府、企业和个人都需要共同努力，制定更加科学的水资源管理政策，以确保水资源的可持续供应和利用，为人类社会的可持续发展提供坚实的基础。

（4）人口与其他资源

森林和湿地是地球上自然界发挥自净功能的重要组成部分，它们对于地球的生态平衡和维持人类社会的生存和发展有着重要作用。然而，随着荒漠化和人类活动的加剧，森林和湿地面积不断减少，生物多样性也面临严重的威胁。

人类的大规模生产和生活活动对生态系统的影响越来越明显，导致许多物种数量不断减少。据世界自然保护基金会（WWF）发布的《地球资源状况报告》，过去30年间全球生物种类减少了 35%，这说明生物多样性面临着严峻的挑战。此外，全球可供生物生长的土地和海洋面积总共为 114 亿 hm^2，而全球人口数量不断增长，人均仅有 $1.9hm^2$ 的土地或海洋可供利用。

这种情况对于人类社会的可持续发展带来了严重的影响。为了解决这些问题，我们需要采取一系列措施来保护和恢复森林和湿地生态系统。例如，加强生态系统保护、推广可持续利用、减少污染和破坏等。同时，我们也需要采取有效的措施来保护生物多样性，防止物种灭绝和生态系统崩溃。只有这样，才能保证地球的可持续发展，为人类的未来提供坚实的基础。

3. 资源与环境

资源是指用于人类生存、发展和享受的物质和非物质要素的总称。它包括自然资源和社会资源两种类型。自然资源是指具有社会有效性和相对稀缺性的自然物质或自然环境的总称，包括土地资源、气候资源、水资源、生物资源、矿产资源等。社会资源是指自然资源以外的其他所有资源的总称，是人类劳动的产物，包括人力、智力、信息、技术和管理等资源。

人类为了生存和发展，需要不断地从自然界中获取所需的资源。然而，在掠夺式的资源开发过程中，人类对自然环境造成了严重的破坏。不可再生资源的大规模消耗和生产、消费过程中产生的废弃物排放，加剧了自然资源的枯竭和生态环境的日益恶化，使得人与自然的关系越来越对立。全球性环境问题如气候变暖、海平面上升、大气污染、臭氧层损耗、酸雨蔓延等，都与大量的资源消耗和线性模式的资源开采、运输、生产、消费和废弃相关。

据专家预测，到 21 世纪中叶，全球能源消耗量将会达到目前水平的两倍以上。同时，按照目前全球人口增长和城市化发展的速度以及对自然资源消耗的速度来推算，未来人类对自然资源的透支程度每年将增加 20%。这说明到 21 世纪中叶，人类对自然资源的需求量将是地球资源潜力的 1.8 倍至 2.2 倍。也就是说，到那时需要两个地球才能满足人类对自然资源的需求。

4. 城市化后的资源和环境

城市是人类文明的产物，同时也是人类对自然资源利用和改造的集中体现。自 18 世纪的工业革命开始以来，大规模的生产和消费活动加速了人口的聚集，现代化的交通和基础设施建设也推动了城市化的进程，城市数量和规模开始快速发展。

城镇化和城市人口规模的增加与资源消耗密切相关。目前，城市集中了全球 50% 以上的人口，大量的能源和资源被输送到城市地区，城市已成为地球资源主要的消费地。据统计，城市消耗的能源占全球能源总消耗的 75%，城市消耗的资源占全球资源总消耗的 80%。此外，城镇化对能源消耗的影响也巨大。世界银行 2003 年的一份分析报告表明，人均国内生产总值（GNP）每增加 1%，能源消耗就会增加 1.03%。城市人口每增加 1%，能源消耗就会增加 2.2%。也就是说，城镇化过程中的能源消耗变化速度是人口变化速度的两倍。

从人类文明历程来看，工业化和城镇化过程是社会财富积累加快、人民生活水平迅速提高的过程，同时也是人类大量消耗自然资源的过程。根据经济地理学界的城镇化理论，当城镇化率超过 30% 时，就进入了城镇化的快速发展时期。中国的城镇化正处在这个快速发展的关键时期，对能源和资源的需求急剧上升，绝大部分能源和资源被用于制造业、交通和建设等方面。

城镇化可以促进经济的繁荣和社会的进步，集约利用土地，提高能源利用效率，促进教育、就业、健康和社会各项事业的发展。然而，城镇化不可避免地对自然生态环境造成影响，导致土地面积和天然矿产物减少，在大范围内引发持续变化，乃至消失，使自然环境向人工环境转变，生物种群减少、结构单一，生态平衡破坏，自然修复能力下降，生态服务功能衰退。

城市的自身发展也受到影响。由于人口密集和资源的大量消耗，城市生活环境恶化，使城市的生活成本大大提高，同时也使城市自身发展失去活力。城市产生和排放的大量有害气体、污水、废弃物，加剧了城市地区微气候的变化和热岛效应，使城市的自然生态系统受损，危及人类健康，人为地加大了改善环境的投资和医疗费用等。此外，大量的物质消耗造成各种自然资源的短缺，加重了城市的负担，加剧了城市的生态风险，对城市的永续发展形成了制约。

（二）城市生态系统要素

1. 生态系统与城市生态系统

生态系统与城市生态系统之间存在密切的关系，城市生态系统是一个由自然环境和人类社会共同构成的复杂系统。

首先，城市生态系统依赖于周边的自然生态系统，如水源、气候、土壤、植被等。城市需要大量的自然资源和生态服务，如水、空气、土壤、能源、食品和防灾等。城市在消耗自然资源和生态服务的同时，也会对自然生态系统造成破坏和影响，例如，水污染、空气污染、土地破坏、生物多样性丧失等。

其次，城市生态系统与自然生态系统之间存在相互影响和相互制约的关系。城市生态系统的发展和运行，会对周边的自然生态系统产生一定的影响，例如，城市的污染物和废弃物会对自然环境造成污染，城市的用水和用电需求会加大自然资源的压力。另一方面，自然生态系统的状况也会直接或间接地影响城市生态系统的健康和稳定。例如，自然灾害和气候变化会给城市带来灾害和风险，生物多样性的减少会影响城市生态系统的稳定性和适应性。

最后，城市生态系统的发展也会对自然生态系统产生反作用。城市生态系统不仅仅是消耗自然资源和生态服务，还可以为自然生态系统提供一些保护和恢复的作用。例如，城市绿化和园林建设可以增加植被覆盖率和生物多样性，减缓城市热岛效应和气候变化的影响。此外，城市的生态管理和规划也可以为自然生态系统的保护和恢复提供一定的支持和帮助。

因此，城市生态系统与自然生态系统之间的关系是相互依存和相互作用的，城市生态系统的健康和可持续发展需要保护和恢复周边的自然生态系统，而自然生态系统的稳定和发展也需要城市生态系统的支持和合理规划。

2. 城市生态系统的运行

城市生态系统是指由各种生物和非生物组成的复杂生态系统，它的运行涉及以下四个方面：

（1）能量流动：城市生态系统的能量主要来自太阳能，并通过植物、动物等生物的消耗和代谢传递。与此同时，人类活动如建筑物、交通运输也为城市内的能量流动作出了贡献。

（2）物质循环：城市生态系统中各种物质的循环包括水、碳、氮、磷等元素的循环。人类活动如废水、废气、废弃物等也对城市内的物质循环作出了贡献，这些废弃物需要经过处理后才能再次被利用。

（3）生物多样性：城市生态系统中存在着大量的植物和动物，它们通过各种关系相互作用。城市化对生物多样性产生了影响，因此城市内的绿地、湖泊、森林等自然环境的保护尤为重要。

（4）生态服务：城市生态系统不仅提供生态产品（如食物、水、木材等），还提供一系列生态服务（如空气净化、调节气候等）。这些生态服务对城市居民的生活质量和健康非常重要。

城市生态系统的运行是一个复杂的过程，它需要人类积极管理和保护，以维持生态系统的稳定和生态服务的持续供应。因此，城市规划需要考虑生态系统的因素，通过各种手段如绿化、雨水收集等来促进生态系统的健康发展，从而提高城市居民的生活质量和环境质量。

（三）城市环境要素

1. 城市环境的含义

城市环境是指城市内部和周围的自然和人工环境，包括空气、水、土壤、植被、野生动物、人工建筑、交通系统等方面的因素。它是由城市内部和周围的人类活动所形成和影响的，同时也反过来影响着城市内部和周围的人类活动。

城市环境的含义可以从以下几个方面解释：

（1）城市内部自然环境：城市内部的自然环境包括空气、水、土壤、植被、野生动物等因素。这些因素对城市居民的生活和健康具有直接影响。

（2）城市内部人工环境：城市内部的人工环境包括建筑、道路、交通系统等。这些因素不仅为城市居民提供了基本的生活和工作场所，同时也影响了城市居民的生活和健康。

（3）城市周围自然环境：城市周围的自然环境包括山水、河流、湖泊等自然景观，它们为城市居民提供了休闲和旅游的场所。

（4）城市周围人工环境：城市周围的人工环境包括农田、工业区等。这些因素对城市周围的环境质量和生态平衡产生了影响。

2. 城市环境的构成

城市环境是由多个部分构成的，可以概括为以下五个方面：

（1）自然环境：城市的自然环境包括大气、水体、土地和生物等自然要素。它们在城市环境中扮演着重要的角色，如城市的气候、水资源、空气质量、植被、动物等都直接影响着城市居民的生活质量。

（2）建筑环境：城市的建筑环境包括建筑物、道路、交通设施、公共空间等。这些要素对城市的景观、交通、社交等方面产生影响，同时也是城市居民日常生活的基础。

（3）社会文化环境：城市的社会文化环境包括城市的历史文化遗产、人文景观、社会组织等。这些要素不仅体现了城市的文化底蕴和传统，也直接影响着城市居民的思想、行为和价值观念等方面。

（4）经济环境：城市的经济环境包括城市的产业结构、就业机会、商业活动等。这些要素不仅体现了城市的经济实力和发展潜力，也直接影响着城市居民的生产、消费和创业等方面。

（5）政治环境：城市的政治环境包括城市的政治结构、行政管理、法律法规等。这些要素对城市的公共安全、社会秩序和居民权益保障等方面产生影响。

城市环境是由自然、建筑、社会文化、经济和政治等多个方面组成的，它们互相联系、相互作用，共同构成了城市生态系统。因此，为了实现城市的可持续发展和提高居民生活质量，城市规划、设计和管理需要综合考虑这些方面的要素。

3. 城市环境的特点

城市环境具有以下特点：

（1）高密度：城市人口密集、建筑密集、道路密集、设施密集。高密度使得城市内的各种资源更加紧缺，同时也容易引发交通拥堵、噪声污染等问题。

（2）复杂性：城市内的各种要素交织复杂，例如建筑、交通、水电气等设施，以及多样化的人口、文化、产业等因素。城市环境的复杂性带来了很多机会，但也需要进行综合考虑和管理。

（3）多样性：城市环境是多元化的，包括自然环境、建筑环境、社会文化环境、经济环境等多个方面。城市内不同地区和社区之间也有明显的差异。

（4）动态性：城市环境处于不断变化的过程中，它随着城市的发展而不断演化，因此需要动态地进行规划和管理。

（5）脆弱性：城市环境受到各种因素的影响，例如气候变化、自然灾害、环境污染等。这些因素容易使城市环境变得脆弱，需要采取有效的预防和保护措施。

（6）互动性：城市环境的各种要素之间相互影响、相互依存。例如，城市内的建筑和交通设施对空气质量和噪声污染等方面都会产生影响，而社会文化环境也会影响城市的经济和政治发展。

（7）可持续性：城市环境需要考虑可持续发展，即在满足当前需要的同时，也要保护和维护环境质量，以满足未来世代的需求。

城市环境的特点是多方面的，它们相互关联、相互作用，共同构成了城市环境的特征和品质。城市规划和管理需要充分考虑这些特点，从而更好地促进城市的可持续发展和提高居民的生活质量。

4. 城市环境的效应

环境与人类活动之间存在着相互作用的关系，而城市环境效应是指城市人类活动对自然环境产生的综合影响，它既包括积极的影响，也包括消极的影响。城市环境效应可以从以下五个方面进行描述：

第一种效应是污染效应，它指的是城市中人类活动所导致的污染对城市自然环境的影响和效果。这种污染效应可以分为多种类型，如大气污染、臭氧层破坏、水体质量下降、噪声、恶臭、固体废弃物、辐射、有毒物质污染等。

第二种效应是生物效应，它指的是城市中人类活动对除了人类以外的其他生物的生命活动所带来的影响。在城市环境中，除了人类以外的生物大量减少、退缩或消失，这是城市环境生物效应的主要表现。但是，如果采取有效措施，各种生物就可以与城市人类共存共生。

第三种效应是地学效应，它指的是城市人类活动对自然环境（特别是与地表环境相关的方面）所造成的影响。这些影响包括土壤、地质、气候、水文的变化和自然灾害等。城市热岛效应、城市地面沉降、城市地下水污染等都属于城市环境的地学效应。

第四种效应是资源效应，它指的是城市人类活动对自然环境中的资源，如能源、水资源、矿产和森林等的消耗作用及其程度。城市环境的资源效应反映出人类利用资源的方式，以及对自然资源的极大消耗能力和消耗强度。这不仅影响城市经济和社会生活，而且对城市以外的其他人群也产生深远的影响和作用。

第五种效应是美学效应，它指的是城市物理环境和人工环境综合作用的结果。这些景观在美感、视野、艺术和娱乐价值方面具有不同的特点，对人的心理和行为产生了潜在的作用和影响。同时，城市人类如何利用城市的物理环境，按何种总体构思和美学思想进行城市景观体系的构建，也会对城市环境的美学效应产生影响。我们可以看到，城市人类对城市环境的美学效应具有积极的作用。

二、人口与经济要素

（一）人口要素

1. 何为城市人口

从城市规划的角度来看，城市人口应该是指那些与城市活动有密切关系的人群，他们常年居住生活在城市的范围内，构成了该城市的社会主体，是城市经济发展的动力、建设的参与者，又是城市服务的对象；他们依赖城市生存，又是城市的主人。城市人口规模与城镇地区的界定及人口统计口径具有直接的联系。

2. 人口与社会要素的影响

人口和社会要素对城市规划的各种需求测定非常重要。人口预测可以用来测算居住用地、公共事业用地，以及零售业用地的需求；就业岗位预测可以用来测算包括商业在内的各种经济部门的用地需求。居住、商业、行政办公，以及工业用地的需求又是计算交通和其他基础设施用地需求的基础，所以说，人口和社会预测在很大程度上决定了城市发展对土地、基础设施、城镇设施和城镇服务设施的需求。此外，它们也构成城市发展对自然资源需求的基础，是造成环境压力的根源。

（1）人口要素对于城市规划的影响

人口有三个维度的要素与城市规划关系特别密切：规模、结构和就业的空间分布。

①人口规模

人口规模是决定未来城镇化发展的最基本标杆，是估算未来居住、零售、办公空间需求，同时也是工业生产空间需求，以及城镇设施空间需求，甚至一些类型的开放空间（如公园）需求的基础。

②人口结构

人口结构同样具有高度的相关性。这里的结构指的是整体规模中特定组群的比重。人口结构可以按照年龄、性别、家庭类型（如单身、有子女）、文化、社会经济水平，以及健康状况等进行分组。年龄对规划师而言可能是最重要的一个在城市规划中需要考虑的因素，因为它们隐含了服务的需求。例如儿童对学校的需求、老人对健康设施和特殊住宅的需求。与土地使用规划中的一般研究相比，人口结构的预测与评估需要更详细的分析。人口结构的变化源自人口老龄化，以及人口迁移、成活率和出生率在不同人群中的差异。所以，需要对这些变化的成分进行模拟，使土地使用规划可以反映城乡人口中诸多不同群体的需求。

③人口和就业的空间分布

人口分布是评价公共服务设施的配置、工作地点、商业，以及其他设施可达性的必要依据。与此同时，它还可用来揭示城乡面临的各种问题（如防洪等）并区分对不同人群的影响。可以说，空间分析是运用土地使用模型对人口统计和经济模型所预测的人口和就业增长在空间上的分布进行研究。然而在编制城市规划时，应把未来人口的水平与结构作为输入项，通过规划在空间上进行分配，而不是仅仅进行空间分布的推测。

（2）社会要素对于城市规划的影响

城市规划作为一种公共政策，其根本目的在于实现社会公共利益的最大化。因此，社会要素对于城市规划最本质的影响，在于城市发展中多方利益的互动和协调，以此保障社会公平，推动社会整体生活品质的提高。

（二）经济要素

1. 以经济为视角的城市

（1）城市的经济特征表述

"城市"作为对象物看似十分清晰，却十分难以定义。这是由于，城市中不仅包含了经济活动，也包含了政治、社会、文化等各种活动，它是人类各种活动的复杂有机体。从经济产业角度看，城市有着区别于乡村的三个方面的特征。

①城市是人口和经济活动的高度密集区

在城市建成区的相对较小的面积里集聚了大量人口和经济活动，且其人口密度和经济活动密度要高于周边其他地区。这是从小城镇到大城市等不同规模的城市有别于乡村的本质属性和特征。

②城市以农业剩余为存在前提，以第二产业和第三产业为发展基础

虽然城市最初的产生也有宗教、军事、管制等因素，但自工业革命以来，第二产业和第三产业已经成为大部分城市存在和发展的最主要驱动力。

③城市是专业化分工网络的市场交易中心

经济分工除了存在于城市内部之外，还发生在城乡之间及城市之间。大量厂商和居民集中在城市内，通过分工协作而生产产品或提供服务；在换取农民种植的粮食的同时，更多的是城市内和城市间的相互交换。

（2）城市的空间范围分析

在行政意义上有"建制市"和"建制镇"，但从经济角度方面来分析，一个城市的影响力并不局限在其行政边界内。行政边界只是基于历史渊源、文化习俗，以及行政管理的需要而划定的空间范围。在现实中，为了方便，往往将行政边界作为城市的空间界限，如人口、土地、国内生产总值等均以行政边界为统计单元。并且，由于城市经济辐射能力会随着自身的产业波动而发生动态调整，现实中对城市"经济区"的界定是有一定的难度的。但辨识"经济区"与"行政区"这两个不同概念，对于理解区域之中的"城市"和"城镇体系"是十分必要的。

2. 城市和经济的关系

城市和经济有着四个方面的关系：城市是经济发展的载体、城市的发展离不开经济增长、把握城市发展需要了解经济活动、城市规划机制与市场失灵有关。

（1）城市是经济发展的载体

在现代社会，经济变迁对城市开发、城市增长，以及生产空间变化等方面的兴衰起着举足轻重的作用。制造业、服务业这些决定现代经济增长的部门主要集中在城镇，它们是城镇发展最主要的动力源。"工业化－城镇化""服务化－城镇化"的关系已经密不可分。

城市是国民经济增长的根源所在。对于一个大国而言，如果没有工业化和城市化，没有城市的增长，没有朝气蓬勃的城市，想要得到长足发展几乎是不可能的事，也难以跨入高收入国家之列。国家日益繁盛，经济活动也就日趋集中到城市和大都市区域里。鉴于城镇化所伴随的经济活动的密度增加与农业经济向工业经济，再向后工业经济的转变密切相关，城镇化的推进在所难免。

（2）城市发展离不开经济增长

城市经济增长可以从多个方面来衡量：首先，可以用地区生产总值（GDP）来衡量；其次，增长也反映在城市平均工资的增长或人均收入的增长上；最后，经济增长也表现在城市总就业人数的增长和福利水平的提高。除此之外，传统的、非地理意义上的经济增长来源主要包括：资本构成深化、人力资本增长和技术流程。

（3）把握城市发展需要了解经济活动

推动和塑造城镇化的核心动力是经济活动。从经济角度，认识和了解城市运行背后的经济动力，认识市场机制在城市建设发展中是怎样发挥作用的，将有助于理解城市的运行规律，进而科学把握经济发展对城市空间的需求，以及制定合理的城市政策。

城市规划以土地使用规划为核心。传统的土地利用规划机制仅仅能够有效防止不合

需要的发展不会发生，但不能保证真正需要的发展在它们所需要的地方和时间发生。在城市规划实践中，从总体筹划到具体地块的操作性规划，都不应该只是停留在物质形态规划和蓝图设计。脱离了人类活动的真实社会经济背景，各种先验性的规划或构想都不会真正奏效。

（4）城市规划机制与市场失灵有关

一般认为，市场机制是社会资源配置的最具效率的机制，所以市场机制要在资源配置中起基础性作用。但不完善的市场及现实中的多种因素均会导致市场失灵。市场失灵证实了包括城市规划在内的公共政策干预的必要性。

市场运行的基本机制是竞争，但由于垄断行为存在，竞争会失效。造成垄断行为的原因，包括规模经济造成的自然垄断，或者政策管制引起的垄断。自然垄断一般情况下指的是"企业生产的规模经济需要在一个很大的产量范围和相应的巨大的资本设备的生产运行水平上才能得到充分的体现，以至于整个行业的产量由一个企业来生产"。所以在成熟的市场经济体中，政府对一些具有自然垄断特征的经济部门和行业均会施以一定的管制措施。

市场失灵还涉及公共物品的提供。一般情况下，不具备"排他性"的物品会存在如何提供的问题，对某些"公共物品"采用公共提供的方式会比市场更有效率。例如，城市公园等开放空间不仅可给市民提供休憩的去处，也会给周边房地产带来增值的正外部性，但对开放空间的投资难以获得直接经济回报，所以一般也只能由城市政府来投资建设。

3. 全球化背景下的城市与产业发展

（1）经济空间组织的模式转型分析

①经济全球化与全球城市

跨国界的经济活动由来已久——包括资本、劳动力、货物、原材料、旅行者的活动等因素。随着全球化的深入，越来越多的国家和地区融入全球市场中。全球化对城市产生了很多深远的影响。最为显著的是导致了全球城市（global cities）的出现，公认的中心有纽约、伦敦和东京。

②全球生产网络

全球化是一个过程，在这一过程中，跨国公司在生产领域和市场领域的运作日益兴盛，致使产品在多个区位由多个不同地方的零部件制造厂所生产。除此之外，尽管产品（如汽车）需要考虑当地市场的状况，但仍有可分享的共同要素（如发动机和脚踏板），这样就可通过规模经济而减少成本。

（2）生产组织的产业集群发展趋势探究

被广泛认知的企业区位选择的行为特征是，绝大多数的行业活动在空间上都趋向于产业集聚。诸如工业园、小城镇或者大城市等形式的产业集聚证明了这一特征是存在的，同时许多生产和商业活动都出现在这些行业活动的紧密毗邻区。在这些事实的基础上，我们需要思考为什么这些经济活动会在地理位置上趋于集中。同时，并不是所有的经济活动都发生在同一个地区。有些经济活动分散在广阔的区域里，这些企业通常要远距离运输它们的产品。尽管如此，普遍的观察依然认为经济活动在空间上趋于集聚。根据迈克尔·波特（1998）的定义，产业集群的含义指的是在某特定领域中，一群在地理上邻近、有交互关联性的企业和相关法人机构，以彼此的共通性和互补性相联结的一种创新协作网络。

①产业集群现象

产业集群的含义指的是在经济、技术、组织、社会等一系列结构变化的背景下应运而生的。

20世纪70—80年代，以英国为代表的西方发达国家的传统产业开始出现衰弱的迹象，意大利中部和东北部地区（通常被称为"第三意大利"）的许多传统产业却因为"柔性专业化"的中小企业集群而表现出强大的产业竞争优势和惊人的增长势头。之后，以高技术企业为主的美国硅谷地区更是创造了经济神话，成为世界高技术产业发展的成功典范；在其他国家（尤其在欧洲）也可见到大量的产业集群。产业集群的出现，以及其令人瞩目的经济绩效逐渐引起学术界的普遍关注。在实践探索的促使和诱导下，对产业集群理论的系统整理，以及进一步多学科的深入研究也终于崭露头角。

②四种典型的产业集群

有关研究发现，存在着四种典型的产业集群，分别为马歇尔式产业区、轮轴式产业区、卫星平台式产业区和国家力量依赖型产业区四个类型。现实的产业区可能是这几种类型的混合形式，或现在是其中一种，经过一段时间会转变为另一种。在不同地区，主导的产业区类型也不一样。例如在美国，一般认为轮轴式和卫星平台式产业区与另外两种相比重要得多。

三、历史与文化要素

（一）城市历史要素

1. 城市历史的含义及意义

历史学是一门关于人类发展的科学，是对人类已掌握的自然知识与社会知识的总和进行记录、归纳和研究的学问。其主要任务包括三个方面：记述与编纂（文献、分类与年代记）；考证与诠释（传统文字、实物的考察方法，结合运用当代的科技手段）；评估与设想（对已经实践过的部分进行综合或跨学科的研究，并在汲取经验教训的基础上提出创新思维的未来构想）等。而城市史的研究只是其中的一个专业门类。

近年来，随着中国学术界对研究领域的清晰划分和研究内容的不断深化，历史地理学、古都学和城市史学已经逐渐发展成为城市史研究中的核心组成。当然再进一步划分，还可以有城市规划史、城市社会史、城市建筑史、城市人口史等研究领域，简而言之，城市历史是以一个城市、区域城市、城市群、城市类型为对象，包含了它们的结构和功能，城市作用、地位和发展过程，各城市之间、城乡之间的关系及变化，以及城市发展的规律等。

2. 城市历史研究的内容表达

每个学科都有其明确的研究范围和与之相关的领域。对于城市史研究而言，其范围并不仅限于城市的地理区域内。从广义的角度来看，城市历史在纵向上主要表现为城市形成、发展、演变的阶段，比如原始社会、农业社会、工业社会、后工业社会等时期中的城市形态和发展特征；在横向上则涵盖城市环境、城市生活、城市人口、城市阶级和阶层等方面。这些领域相互关联，共同构成了城市历史的多元复杂性。

从城市规划的角度出发，城市历史的研究主要有以下几个方面的内容。

（1）城市的起源与发展机制问题

城市的起源是一个复杂的历史和社会过程，随着人类社会的发展，城市在不同的历史时期和地理区域中出现并发展。城市的起源涉及多种因素，包括经济、政治、文化、环境等方面。有些城市的起源可以追溯到古代文明，如古代希腊、罗马、中国等文明古国的城市；而有些城市则是近代工业化进程中出现的新型城市。

城市的发展机制是指城市在发展过程中所遵循的规律和机制。城市的发展机制包括内在因素和外部环境的影响，涉及城市经济、社会、文化、政治等多个方面。城市的发展机制是一个复杂的系统工程，需要从多个维度来考虑和分析。

城市的起源和发展机制是一个相互联系、相互影响的过程。对于城市的起源和发展机制的深入研究，有助于理解城市的演化规律、探索城市的发展趋势和方向，并为制定城市规划和城市管理提供理论和实践支持。

（2）城市发展过程中的社会问题

每个国家的城市都面临着社会问题，包括社会构成（如身份制度、阶层和阶级）以及政治、经济和宗教活动等方面。城市的空间位置和时代背景的变化，以及历史过程中形成的城市制度、法规和习俗等，都影响了城市的尺度、空间结构、人口规模、政治取向和经济特征等方面。城市规划思想的变迁也与城市的社会发展、权力分布和经济基础等因素有关。

（3）城市体系与城市文化特征问题

城市体系与城市文化特征是一个复杂的问题。每个城市的文化特征都反映了其独特的历史、社会和地理背景。城市体系的结构、规模和功能分配也对城市文化的形成和演变产生了深远的影响。城市体系的演化历程中，城市之间的相互作用、文化交流和经济联系也对城市文化产生了重要的影响。因此，城市体系与城市文化特征是相互依存的，它们共同塑造了一个城市的面貌和特色。

（4）城市历史遗产保护问题

城市历史遗产保护问题需要先对某个历史阶段内的城市空间、建筑、街道机理或社会活动进行界定，以确定保护范围和内容。这个研究门类需要基于城市史的基础知识展开分析。在这个过程中，还需要运用历史学的研究方法，如对史料的鉴别和筛选、提出疑问和假设、建立推理模型、综合考证等，以寻求客观的解答。但要避免对有限资料夸大或断章取义，包括城市的地理位置、建筑规模、人口结构和经济特点等，不应将其作为当前规划的唯一依据。

3. 东西方城市历史的差异研究

城市的形成和发展具有其独特的个性，这种个性往往受到城市所处时代和地理位置的影响。在较大的范围内看，世界各大文化圈（如儒教文化圈、阿拉伯文化圈、西方发达工业国文化圈等）为这些城市个性提供了基础平台。同时，地理环境因素、宗教民族因素、社会结构因素、城市文明之间的冲突与融合因素等，又是这些文化圈内在的构成要素。城市本身是历史的积累，有其最初的源头，因此研究城市历史不能脱离其本源。今天世界各国的城市发展都与当地最早形成的哲学思想体系密切相关。因此，以中国为代表的东方城市和以希腊为代表的西方城市之间存在很多差异。

（1）古代中国的哲学思想与城市发展

①古代中国的哲学思想体系简析

培育古代中国哲学的基础是大农业社会，因此，哲学研究的对象与自然，包括季节与土地有着割不断的关联，当然，更重要的还是人类自身的生存活动原理。概括而言，古代中国哲学的研究范畴包括四个方面：

"天"（对天象与人类社会的认知和解释，所以既是物质的，也是精神的）。

"道"（按照宇宙运行的规律制定的人为准则与最高社会行动规范）。

"气"（本指一种自然存在的极细微的物质，是宇宙万物的本原。对气的研究在一定程度上就是探知自然界物质的形态与结构，特别是运用于医学领域，与城市建设的风水观也有一定的联系）。

"数"（研究自然万物与人文社会的规律，并把社会等级、文化价值的概念渗透其中，既有唯物的观点，也有唯心的成分）。后来还发展了"理"等，主要研究物类形体之间彼此不同的形式与性质，以及内在的运行规律。

虽然古代中国的哲学思想主要与天文、历法相关，并直接和农业生产及万物更新相结合，但作为一种精神文化的产物，它的形象必然会直接反映在城市这个物质的载体之上（比如关系到城市建设的天人合一、阴阳八卦、堪舆风水理论）等。还有，"数"直接用于卦象、计算、组合与建筑的规则制定，"气"则力求探索城市发展的内在规律，并结合了化学、物理、医学、人文等各个领域的成果，带动了古代的社会进步（如四大发明、《天工开物》《本草纲目》《营造法式》等），也促进了城市的繁荣与发展。

②古代中国的哲学思想与城市发展关系论断

古代中国文明的基础是高度发达的农耕经济，并以强大的集权制度统一了黄河和长江流域的广大地区。在此基础上，古代中国创造出了独特的社会制度和法律，同时在科学技术的发展方面也攀登上了当时世界的顶峰。这些成就的集大成之作就是古代中国的城市，它们体现了典型的东方宇宙观（天圆地方：人法地、地法天、天法道、道法自然），并表现出极强的社会等级观念（为政之道，以礼为先：遵循礼制的城市空间、建筑规格、排列与形态）。此外，中国还有特有的华夷世界划分标准，即所有城市的尺度、建筑形态都取决于其在华夷秩序（《礼记王制》："东曰夷、西曰戎、南曰蛮、北曰狄"）和五服文化圈（《禹贡》与《国语·周语》）中的位置。

古人观测天象，发现北半球的星座都围绕着北极星而转动，因此认为北极星是天极和天帝的居所，代表至高无上的权威；其星微紫，因此紫色也代表最神圣的地方（如故宫称为紫禁城）。与天对应的是人工建筑的城市，遵循天圆地方的概念，一般规划为方形或长方形，其中南北轴线的北端与北极星相呼应，是尊位，也就是皇宫和官衙的所在地。随后，按照礼的秩序来确定不同等级和不同功能的城市建筑及设施的位置。城市的大小和建筑的规格，甚至包括色彩和材料，都必须根据五服的概念来确定。因此，一个尊卑有序、符合天意的城市规划理论便诞生了。

（2）古代西方的哲学思想与城市发展

古希腊人也注重观察自然，热心于对世界本源的探索。与古代中国相比，希腊哲学中蕴含更多科学成分，因此为现代科学和哲学奠定了基础。恩格斯曾指出，希腊人对世界的认识和描述相对正确且深刻，但也不能排除他们在思维方面的缺陷。

古希腊人的宇宙观与古代中国不同，他们认为地球是宇宙的中心，是永远静止不动的，太阳、月亮、各种行星和恒星在天球上都是围绕着地球运转。亚里士多德的哲学思想支持这种地心说，他把这种不变和永恒视为最高的价值体现。这种思想也反映在城市的规划和建设中，如柏拉图的《理想国》、亚里士多德的《政治学》、小国寡民和乌托邦等。

同时，古希腊人也通过对自然现象的观察和总结，将物体的形状和大小抽象为一种空间形象，即无论物体的质量、重量或材料如何，古希腊人只关注它的"空间形象"，或者说是几何特征。这样便形成了"几何空间"和"几何图形"的概念。因此，将数学和哲学完美地结合起来是古希腊人的重要贡献。数学不仅是哲学家进行思维和创造的工具，也是追求真理的手段和方式。几何学特别被认为代表了美的本质。

希腊半岛的地理环境与东方国家迥异，山峦和海湾将其分割成许多狭小的地块，海岸线陡峭、破碎，几乎没有大片平原，因此政治上的统一极为困难，无法像东方国家那样形成集权政府。这种地理环境造就了希腊人独特的意识形态。尽管他们的生产力相对落后，但面对大海和早已存在的高度发达的东方城市文明，又有像克里特岛这样的跳板，希腊人的知识摄取源非常丰富。他们的城市与东方城市迥然不同：由于相对稳定的奴隶制度，古希腊人能相对安心于自给自足的生活，加之人口流动缓慢，因此形成了以城邦为中心的、比较强烈的共同体概念。城邦充分利用了崎岖破碎的海岸线，也为古希腊城市保护神的出现创造了条件（如卫城及神庙的建设）；此外，还培育了尊重市民权利和私有财产的传统，推崇小国寡民的城邦模式和贵族化的民主制度。

在城市建设方面，古希腊人提倡合理主义，即遵从自然规律与理性（阳光、和平、健康），强调人本主义思想；城市的形态不一定公式化，但一定要体现出和谐与美感，要给市民带来精神上的抚慰与幸福感。古希腊城市外在表现及内涵可以用一个直观的公式来表达：哲学思想＋几何与数学＋城市的公共空间（文化核心）。

希腊城市的空间形态与构成要素主要有：符合人的尺度的建筑形态，截然划分的公共空间与私密空间，前者如广场、圣殿、卫城、街道、养老院等。民主政治与城市的文化核心就是广场，这个传统被后来的罗马人所继承并一直延续到今天。罗马人在希腊城市的基础上继续发展，并作出了更加卓越的贡献，加入了许多新的设计元素，如引水渠、公共浴室、公共娱乐场（角斗场和剧院）等城市基础设施，以及连接城市的道路体系和罗马法等。

到了希腊化时代，帝国的概念打破了小城邦的封闭意识，形成规模更大、集权力量更强大的城市，并且把这种模式推广到古代的地中海世界及东方各国。这个时代城市的规划尤其注重人的要素，它的历史非常悠久，渊源则可追溯到希波达姆斯。

4. 以城市历史为基础的规划分析内容探讨

城市历史对城市规划的影响涉及方方面面，最直接的规划手段反映在城市历史文化遗产保护规划和城市复兴的过程中，其基本方法包括历史文化名城的保护规划、历史文化街区保护规划和历史建筑的保护利用等。

城市历史是城市规划的重要基础，正确理解和分析城市历史对于指导城市的发展建设具有举足轻重的作用。城市历史对城市规划的影响需要规划师和决策者建立对城市结构和功能发展演变的认识作为基本内容。在对城市历史环境条件的分析中，需要同时关注城市发展演变的自然条件和历史背景，以及在此基础上形成的城市空间格局和文化遗产。

城市历史对城市规划的影响主要涵盖以下三个方面的内容：

（1）对城市历史沿革的认识和分析。这包括城市历史的发展、演进以及城市发展的脉络。规划师和决策者需要了解城市历史的背景和演变过程，以便更好地理解城市的特点和发展趋势。

（2）分析城市格局的演变。这包括城市的整体形态、功能布局、空间要素（如道路街巷、城市轴线）等。规划师和决策者需要了解城市的发展历程和城市空间格局的形成过程，以便在规划中合理地利用和保护城市的历史遗产。

（3）分析城市历史发展中的自然与社会条件。这包括政治、经济、文化、交通、气候、景观等内容。规划师和决策者需要了解这些条件对城市发展的影响和作用，以便在规划中合理利用和发挥城市的历史文化资源。

城市历史的物质性和非物质性要素都应该在规划中得到充分考虑。物质性的历史要素包括文物古迹、革命史迹、传统街区、名胜古寺、古井、古木等；非物质性的历史要素包括历史人物、历史事件、体现地方特色的岁时节庆、地方语言、传统风俗、文化艺术等。这些历史遗产都是城市发展的重要组成部分，应该得到保护和利用。

具体可采用的工作方法包括：历史与文献资料研究、历史资源调查、自然资源调查和面向市民的社会调查等多个方面。

（二）城市文化要素

1. 城市文化结构

不同学科基于不同的视角对文化的释义有所不同，但基本上可以概括为两种类型：

（1）广义的文化，指人类社会的物质生产、社会关系与精神生活，包括经济活动、社会活动、思维活动、大众化价值观以及个人修养等多个方面。这种文化概念几乎囊括了人类整个社会生活。

（2）狭义的文化，指意识形态及与之相适应的制度和组织结构，具有鲜明的时空特点。其含义可以从以下几个角度进行解释：时代的产物（如石器时代、青铜器时代、十月革命后的政治版图、改革开放等）；地区性表现（如楚文化、沿海城市、金砖四国）；国家／民族文化（如图腾崇拜、唐人街、美式快餐、欧洲的慢城组织）；社会制度（如封建制、移民法、城乡规划法）等。

城市作为人类文明的结晶，是城市人类文化的重要物质载体。在城市规划和建设中，涉及的城市文化可以根据其功能目的和实施手段，分为三个不同的层次，包括：

（1）物质文化，指人类利用和创造的一切物质产品，包括建筑、街道、广场、公园等。这些物质文化构成了城市的物质环境，直接影响人们的生活品质和城市形象。

（2）制度文化（或行为文化），指人们的理论创建、制度规范和行为约束，包括政治制度、经济制度、法律制度、教育制度等。这些制度文化构成了城市的制度环境，对城市的运行和发展起着重要的作用。

（3）精神文化，指人类的思想活动、意识形态、价值观和传统习俗等。这些精神文化构成了城市的人文环境，反映了城市的文化特点和历史传统。

这三个层次相互关联、相互制约，有着相辅相成的关系。比如，精神文化是行为文化的内化产物，反过来又指导、支配、升华和约束人类的行为；物质文化是行为文化的外化产物，反过来又对行为文化提出要求，以便与其发展阶段相适应。这三种文化的相互影响与制约就形成了文化发展的内在机制。具体体现在以下三个方面：

（1）物质环境。城市文化的物质环境是城市规划和建设中重要的考虑因素之一。它包括城市空间布局、自然景观、建筑风格、街道肌理、城市标志物等多种物质元素，这些都是可以直接观察到和触摸到的部分。城市文化的物质载体不仅为人类的行为活动提供了物质支撑，而且影响和制约着人们在城市空间的行为活动。

（2）制度环境。城市文化的制度环境是城市规划和建设中不可或缺的一个方面。制度环境包括各种法律法规、规章制度以及相关实施政策等，这些都是用来约束人类行为的保障体系。

城市规划建设法律法规是制度环境的重要组成部分。《城乡规划法土地管理法》《文物保护法》等法律法规规范了城市规划建设的各项活动，保障了城市规划建设的合法性和规范性。地方性的城市管理规章制度也是制度环境的重要组成部分，它们为城市的日常管理提供了规范和保障。同时，城市规划中制定的相关实施政策也是制度环境的重要体现，它们为城市规划建设提供了具体的指导和实施方案。

制度环境是在人文环境指导下建立的、用来约束人类行为的保障体系。它的目的是促进城市文化的有序和稳定发展，保障人们在城市中的权益和利益。制度环境虽然是一种隐性手段，但是它对城市的规范和发展起着至关重要的作用。只有依法依规、规范有序地进行城市规划和建设，才能真正实现城市文化的可持续发展。

（3）人文环境。城市文化的人文环境是城市规划和建设中至关重要的一部分。人文环境主要围绕着人展开，包括个人自身的基本活动、社会活动和精神活动三个方面。

个人自身的基本活动是城市文化的基础，它围绕着生产和生活方式展开，包括衣食住行的各个方面。社会活动包括显性和隐性两部分。显性的社会活动包括各种公共社区活动、从属团体的社群活动等；隐性的社会活动包括家庭和家族关系、政治倾向和阶层分化等。这些都需要进行分析研究才能够深入了解。

精神活动是城市文化的主体和功能目标系统。它包括道德观念、思想意识、宗教信仰、职业伦理等多个方面。精神活动的发展和完善是城市文化的重要目标之一。

社会活动是人的基本需求和存在方式，与物质环境有着密切的联系。同时，行为活动也需要制度环境的保障和约束，因此，物质环境和制度环境的建设都是直接服务于行为活动的目的。

在城市文化中，人文环境处于支配地位，物质环境和制度环境的建设是为了满足人文环境的功能目的而实施的手段和途径。但是，由于物质环境和制度环境的建设往往不能随着人文环境的变化而及时变化，它们的滞后性会对人文环境形成一定的制约和影响。城市空间作为人类精神的物质产物和行为活动的空间载体，既为人类行为活动提供物质支撑，又影响和制约着人在城市空间的行为活动。城市空间具有其自身的特殊性，即一旦形成后在很长的时间内将难以改变，因此，规划师需要全面、细致地研究物质环境对人的行为活动，特别是对城市的人文精神所产生的长期而深刻的影响。三者之间是相辅相成、相互制约，并行不悖的。城市文化的最终使命是实现物质、制度、人文共同协调的可持续发展。只有在这种平衡的基础上，城市文化才能发挥最大的作用，为城市的发展和人们的生活提供有力的支撑和保障。

2. 城市文化对城市规划的意义

城市文化是城市发展的重要组成部分，对城市规划有着深远的影响和意义。在城市规划中，城市文化的作用和意义可以从以下三个方面进行详细阐述。

（1）城市文化是城市特色的重要体现

城市文化是城市的特色所在，是城市的核心竞争力。每座城市都有其独特的历史、文化和地理环境，这些元素共同构成了城市的独特风貌和特色，反映了城市的文化内涵和特定的地域文化特点。例如，北京的四合院和北京烤鸭、上海的滩区建筑和鲜花市场、广州的老街区和广式早茶，都是这些城市不可或缺的文化符号和特色，代表了城市的文化底蕴和历史积淀。因此，城市规划要注重挖掘和保护城市文化，以此来提升城市的品位和特色，促进城市的可持续发展。

（2）城市文化是城市形象的重要组成部分

城市形象是城市对外宣传和交流的重要窗口，是城市吸引人才、资本和旅游业的重要因素。城市文化是城市形象的重要组成部分。在城市规划中，要注重塑造城市的文化形象，体现城市的文化特色和传统文化，进而打造城市品牌，提升城市知名度和美誉度。例如，意大利威尼斯的水城形象、法国巴黎的浪漫形象、德国慕尼黑的啤酒节形象等，都是这些城市在全球范围内广为人知的文化形象。城市规划要注重挖掘和利用城市文化，打造独特的城市形象，从而吸引更多的人才和资本来到城市发展。

（3）城市文化是城市发展的重要引擎

城市文化是城市发展的重要引擎，是城市经济、社会和文化发展的重要动力。城市规划要注重挖掘和利用城市文化，将其转化为城市发展的动力和优势，推动城市的经济、社会和文化的发展。例如，纽约的百老汇剧院和音乐会、伦敦的戏剧和博物馆、东京的时尚和娱乐、上海的城市文化还对城市规划产生了很大的影响。在城市规划过程中，需要考虑城市文化所呈现的独特性以及历史价值，并在城市规划中尽可能地保留和弘扬这些价值。城市文化作为城市的精神支撑和文化底蕴，不仅仅是城市繁荣发展的历史遗产，更是城市未来发展的重要资源和核心竞争力。

3. 以城市文化为基础的规划设计方法研究

城市文化的改变不是一个孤立、抽象的概念，而是必须通过城市各项建设来实现和培育。城市的建筑、桥梁和道路等都是城市文化的载体，因此，在城市规划和设计时，必须将城市文化融入到城市形态的各个方面中，以便让城市的形态反映出城市文化的精神和内涵。

城市规划的不同阶段对城市空间的影响也是不同的，并且是分层次的。具体的规划设计方法可以从以下六个方面出发：

（1）在城市总体规划阶段，通过城市定位来诠释城市文化形象，以确定城市的发展方向和目标。

（2）根据城市文化特征，安排城市的空间布局，使城市的各个区域和建筑物都能够体现出城市文化的特点和风貌。

（3）根据城市文化，选择城市产业的发展方向和内容，以使城市的产业结构与城市文化相适应。

（4）在城市设计阶段,通过对城市肌理的分析,诠释城市文化历史,以使城市的建筑、道路等能够符合城市文化的历史背景和传统。

（5）根据城市文化，指导城市景观设计，以使城市的公共空间、绿地等能够体现城市文化的精神和内涵。

（6）通过城市环境要素的诠释，表达城市文化的基调，以使城市的气氛和环境能够符合城市文化的特点和风格。

四、技术与信息要素

（一）技术要素

技术进步对城市规划学科的发展具有重要的影响力，是推动城市规划发展的重要力量之一。近年来，越来越多的新技术在城市规划中得到了广泛应用，对城市规划领域的促进主要表现在以下三个方面：

（1）计量模型的应用：城市规划中的计量模型得到了广泛应用，包括经济模型、土地利用模型、交通模型等。这些模型可以帮助规划师进行决策和评估，更准确地预测城市发展趋势，并制定更具可行性和有效性的规划方案。计量模型的应用还可以提高规划师的专业素养和技术水平，促进城市规划学科的发展。

（2）成果表现与沟通交流方法的改善：新技术的应用使城市规划的成果更具表现力和沟通性，包括三维可视化技术、虚拟现实技术、互动式设计等。这些技术可以将规划成果以更直观、生动、逼真的方式呈现给政府、企业和市民，更好地促进规划的实施和落地。

（3）城市规划管理能力的提高：新技术的应用可以提高城市规划管理的效率和效果，包括地理信息系统、数据分析技术、智能决策系统等。这些技术可以帮助规划师更好地管理城市规划信息和数据，加快规划进程，提高规划实施效果，促进城市可持续发展。

1. 城市规划技术的发展演变

（1）规划编制与系统规划理论

在早期，现代城市规划被认为是一种物质空间形态的规划和设计行为，更多地依赖于思想和理念。城市规划的编制过程缺乏足够的技术层面的理性分析工具，这主要是由于对城市系统认识的不足以及缺乏对导致城市变化的各种机制的了解。

然而，20世纪60年代以后，城市规划引入了系统规划理论，这种思想的出现带来了规划技术的重大变化。城市被视为一个复杂的系统，需要了解它的运行方式，认识到城市是处于不断变化的过程中的，规划被视为一个持续地监视、分析和干预的过程，而且城市规划需要处理的范围更广，影响更深远。

在这种认识的基础上，大量相关学科和技术被引入城市规划学科，极大地丰富了城市规划编制的技术手段。同时，计算机技术的快速发展也使得大规模的数据处理成为可能。在这样的双重背景下，许多可以用于城市规划分析的计量模型被开发出来，从而实现了城市规划的科学化和理性化。这些模型可以帮助规划师更好地了解城市的特征、问题和发展趋势，制定更合理和有效的规划方案。

（2）城市规划模型技术

目前，城市规划中的模型技术主要包括宏观模型、微观模型和基于GIS模型三类。这些模型覆盖了城市规划的社会经济、土地使用和公共设施等三个方面。

社会经济规划是决定城市性质、发展方向和水平的重要规划内容，它可以借助宏观模型技术进行分析和预测。宏观模型包括经济模型、人口模型、交通模型等，可以帮助规划师更好地理解城市的经济、人口和交通特征，制定合理的发展战略和规划方案。

土地使用规划是将社会经济规划在空间上的投影，主要依靠微观模型进行分析和规划。微观模型包括城市形态模型、用地模型、景观模型等，可以帮助规划师更好地掌握城市土地的利用状况和空间结构，合理安排土地用途和空间布局。

公共设施规划包括交通等基础设施的配置，也可以借助基于GIS模型的技术进行规划和管理。GIS模型可以帮助规划师更好地掌握城市基础设施的分布和供需情况，制定合理的设施配置方案，提高城市设施的效率和利用率。

（3）GIS与城乡发展监测技术

进入20世纪90年代后期，各种城市模型往往将地理信息系统作为自己建立与运行的平台，使得空间相关问题的处理和分析更为方便、简洁和精确。GIS的自身发展和城市规划的计量方法相结合，使得传统城市模型与GIS的结合成为当前发展的热点。

同时，遥感影像的获取成本持续下降，质量不断提高，遥感影像处理也和GIS相互结合，取长补短。社会经济统计资料的涉及范围日益扩大，内容不断公开。这两个趋势为城乡发展监测提供了便利条件。

从目前的形势来看，一方面，大规模连续数据和实时数据的监测准确反映城市的动态变化，城市规划分析功能也越来越强、越来越精确。城市规划对城市系统的调控功能也越来越具有可行性。另一方面，城市规划学科发展越来越强调信息的交互与沟通，可视化技术和互联网技术的发展改善了规划师与决策者、不同行业专家，以及公众之间的沟通途径。这两大方向构成了城市规划自身技术发展的方向。

2. 城市规划技术的方法

（1）收集资料的方法

收集资料法主要有现场调查法、访谈法和问卷法三种。

①现场调查法

现场调查法是城市规划中最基本的调查手段和工作方法之一，它指的是观察者带着明确目的，用自己的感觉器官及辅助工具直接地、有针对性地收集资料的调查研究方法。这种方法的主要优点是能够直接获取及时生动的资料，并直接观察调查对象，从而建立对城市的感性认识。这种直观性的了解对规划师识别现状特征、挖掘核心问题、提出切合实际的解决方法具有重要意义。然而，现场调查法也存在一定的限制。首先，它受调查者自身的限制，调查者很难完全避免主观意识和偏见。其次，它还受时间和空间条件的限制，以及调查对象（如调查期间并未发生预想的事件）的限制等。因此，现场调查法必须结合其他调查方法，如问卷调查、统计资料收集等，才能对城市进行全面深入的研究。

②访谈法

访谈法是一种城市规划研究中常用的调查方法，它指的是调查者和被调查者通过有目的的谈话收集研究资料的方法。访谈法主要分为直接访谈和间接访谈两种方式，其中直接访谈是访谈法的主要方式，包括访问和座谈。

使用访谈法收集资料有很多优势，如调查者可以及时掌握被访者的情绪反应，从而判断其回答的可靠程度；访谈可以深入了解调查对象，如访谈相关领导可以了解领导人的想法和意见，访谈群众可以了解群众意愿等；总体回答的比率高，资料也较充实；可以调查一些比较复杂的问题等。

然而，访谈法也存在一些缺点。使用访谈法需要花费较多的人力、物力和时间；对于敏感问题，面对面的交谈可能会影响被访者的回答，保密性较差；另外，访谈法也需要调查者具有一定的技巧和经验，才能获得更准确、客观的信息。

为了有效地使用访谈法，调查者需要注意保持价值中立，遵循一个既定的、较详细的提纲或调查表，在实施访谈时需要注意与被访者建立良好的关系，尽可能地引导被访者逐步深入地回答问题，以获取更准确、客观的信息。

用访谈法收集资料的过程实际是调查者与被调查者相互交往的过程，访谈的成败取决于交往是否成功，为了顺利地进行交往以获得需要的资料，调查者应该注意做到如下几点：

第一，在访谈之前，调查者应该熟悉和掌握所要问及的问题，并对被访问者的身份、他与该问题的利害关系有尽量深入的了解。

第二，在访谈过程中，要尽量保持活跃的气氛，又不脱离所要了解的中心问题。

第三，调查者应该对所问问题持中立态度，不能做引导性提问。

第四，对不清楚的问题和关键问题要追问。

第五，应随时注意被调查者的情绪、态度的变化，在整个谈话过程中调查者必须抱着虚心求教的态度，尊敬被调查者，始终表示出对对方谈话的兴趣，这是保证访谈取得成功的重要条件之一。

③问卷法

问卷法是一种收集资料的常用方法，它具有标准化、定量化、节省人力、物力和时间等优点，适用于大规模调查。但是，该方法也存在一些缺点，比如获取的资料可能不够深入细致，不能了解问题的复杂性，对于不识字或文化程度较低者存在使用困难等问题。因此，建议在实际调查研究中，可以结合使用访谈法与问卷法，从而达到更好的效果。访谈法可以深入了解被访者的思想、感受和体验，帮助揭示问题的本质和来龙去脉，同时可以通过访谈记录进行定量分析，更加客观准确地得出结论。因此，在调查研究中，应该根据研究的目的和对象，选择合适的调查方法，综合运用各种方法，以获得更加全面、深入、准确的调查结果。

（2）数据描述与分析的方法

①频数和频率

频数是用来表示某种事物在总体中出现的次数的统计量，它反映了该类事物的绝对量大小。而频率则是指某种事物在总体中所占的比例，是相对于总数的一种统计量。频数和频率是用来描述不同类别事物在总体中的分布状况的基本指标，它们可以通过数字、图表等方式来呈现。其中，条形图、直方图、圆形结构图和统计表等是常用的展示频数和频率的工具。频数和频率是最简单、最基本、最粗略的社会现象特征描述方法之一，适用于各种尺度测量所获得的资料的分析。通过对数据的频数和频率进行分析，可以更加深入地了解数据的分布情况，为进一步的数据分析提供基础和参考。

②众数值

众数是指在一组数据中出现频率最高的变量值，是描述数据集中趋势的一种重要统计量。由于众数是总体中某一特征出现最多的变量值，因此它具有一定的代表性，能够反映总体的某种特征。在名称等级的变量中，众数通常是最合适的选择，因为这种类型的变量无法进行数量上的比较和计算，只能通过频数和频率等方式进行描述和分析。例如，在调查一个学校的学生人数时，学生的年级就是一个名称等级的变量，而学校中出现频率最高的年级就是众数，可以用来描述学校的年级分布情况。因此，在选择度量指标时，应该根据数据类型的特点和研究目的综合考虑各种度量指标的优缺点，选择最合适的指标来进行数据分析。

③平均数

平均数也叫均值，它是总体各单位某一指标值之和的平均，它说明的是总体某一数量标志的一般水平。在对社会现象进行分析时，常用的是算术平均数，简称平均数。

④标准差

在对调查资料进行统计分析时，不但要用平均数等反映总体各单位的集中趋势，即一般水平，还要指出总体各单位在该特征上的差异，即指出它们的离散趋势。反映社会现象的离散趋势的统计量即标准差。标准差也叫均方差，它是方差的平方根。

（3）说明性分析的方法

①相关分析方法

相关分析是研究一个变量（y）与另一个变量（x）之间相互关系密切程度和相关方向的一种统计分析方法。城市中的各种现象往往是相互依存又相互联系的。例如，人口规模与能源消费量、居住水平与居民收入水平、小汽车普及率与通勤距离等。

相关分析一方面可以确定现象之间有无依存关系；另一方面能够判定相关关系的密切程度和方向。

相关系数是反映两变量间直线相关关系密切程度的统计分析指标。

②回归分析方法

相关分析和回归分析是常用的统计分析方法，用于研究城市规划领域中不同要素之间的关系。相关分析揭示了要素之间的相关程度，而回归分析则是研究要素之间具体数量关系的统计方法。

回归分析通过建立回归方程来表达要素之间的数量关系，并根据该方程绘制出回归直线，进一步具体化了要素之间的关系。由于回归分析结果具有较高的应用价值，因此常被用于城市规划量化分析和预测中。例如，可以使用回归分析来预测城市人口增长率和资源消耗率之间的关系，并据此制定相应的城市规划方案。此外，回归分析还可以用于分析两要素之间的作用机制，帮助我们更好地理解不同要素之间的关系。

（4）城市规划预测的方法

城市规划预测是城市规划的一个必要步骤，它可以帮助城市规划者更好地预测城市未来的发展趋势，从而制定出更加合理和可行的城市规划方案。城市规划预测可以从大的方面分为定性和定量两个方面。定性预测通常是一些简单的描述，例如"城市人口增加，用地规模相应扩大"，虽然可操作性不强，但常常用作定量分析的约束条件，或作为检验定量预测结果的工具。而定量预测方法则因其便于解释、可验证性和实践上的可操作性，成为城市规划中主要的预测方法。

定量预测方法可以分为因果预测法和时间序列预测法。因果预测法利用预测变量与其他变量之间的因果关系进行预测，它主要有因果推断法和情景分析法两种。因果推断法通过建立统计模型，识别出主要的影响因素，并预测它们的变化，从而预测城市未来的发展趋势。情景分析法则通过建立不同的发展情景，并进行模拟分析，从而预测城市未来的发展方向和变化趋势。

时间序列预测法则根据预测变量历史数据的结构推断其未来值，它主要有趋势外推法和交叉影响法两种。趋势外推法是指根据历史数据的趋势，预测未来的发展方向和变化趋势。交叉影响法则是基于各个变量之间的相互作用，预测未来的发展趋势。

（5）评价与决策的方法

①层次分析法

层次分析法是一种系统分析方法，它是由美国运筹学家 A. L. Saaty 在 1973 年提出的。

这种方法将定量和定性分析相结合，适用于多目标问题的决策。该方法特别适用于那些难以完全定量分析的复杂问题，并能对人们的主观判断进行客观描述，是一种有效的决策方法。

层次分析法通过建立一个层次结构来描述问题，该层次结构包含目标、准则和方案三个层次。在这个层次结构中，目标是最高层，代表决策的目的；准则是中间层，用于评估和比较不同的方案；方案是最底层，代表可供选择的具体方案。

层次分析法的核心是建立一个判断矩阵，用于描述各个准则或方案之间的相对重要性。判断矩阵中的每个元素表示两个准则或方案之间的比较结果，其中数字越大表示该准则或方案对目标的重要性越高。通过对判断矩阵进行计算，可以确定每个准则或方案的权重，从而对不同方案进行比较和排序。

层次分析法是一种适用于多目标问题的决策方法，它通过建立一个层次结构和判断矩阵，对不同的方案进行比较和排序，从而实现有效的决策。该方法特别适用于那些难以完全定量分析的复杂问题，并能对人们的主观判断进行客观描述，是一种有效的决策方法。

②特征价格法

公共项目的效益是指该项目提供的商品和服务的使用者通过市场以各种形式扩散出去，最终反映到地价上的影响。这种影响被称为资本化的假说。根据这个假说，通过运用各个地区的地价数据，可以推算出不同城市设施建设水平对地价的影响，从而测算出某个公共项目因改变了原来的设施建设水平而带来的效益。这种方法被称为特征价格法。

特征价格法是一种测算公共项目效益的方法，可以测算出绿地、公园等城市福利设施，以及大气污染差异等对地价产生的影响，从而推算出这些物品的价值。需要注意的是，特征价格法只有在评价对象能对市场商品产生影响时才能使用。在具体的项目评价中，经常使用的是房地产价值方式，例如地价、住宅价格等，以及劳动者工资差异这两种方式。

③城市感知评价法

感知评价是一种从使用者的角度出发，分析他们对城市空间的心理感受，从而进行评价的方法。其中，凯文·林奇的城市意象地图调查方法被奉为城市规划界的经典，并广泛应用于城市规划与设计之中。

城市感知法，又称为语义差别法或感受记录法，是通过言语尺度进行心理感受的测定，将被调查者的感受构造为定量化数据的方法。该方法要求围绕评价对象尽可能多地收集相关的形容词对，并按照一定原则进行筛选，构成语义差异量表。

城市感知评价法能够获得对感知对象的评价，通过借助客体指标，从而寻找那些心理感知的依据与来源。通过对影响心理的客体指标的改进，可以达到改善空间品质、改变心理感知的目的。此外，该方法可以通过收集公众对城市空间的评价，为城市规划和设计提供有用的信息，帮助规划者更好地理解公众的需求和期望，从而制定出更加符合实际需求的城市规划和设计方案。

④线性规划法

线性规划是一种静态最优化数学规划方法，用于解决多变量最优决策问题。该方法适用于各种相互关联的多变量约束条件下，解决或规划一个对象的线性目标函数最优的问题，即在给定数量的人力、物力和资源的情况下，如何应用它们以获得最大经济效益。线性规划具有适应性强、应用面广、计算技术相对简便的特点。

线性规划在经营管理决策中被广泛应用，它可以用来协助主导产业的选择、用地结构的调整，以及在交通方式安排和交通设施选择中发挥作用。通过运用线性规划的方法，可以在资源有限的情况下，实现最优决策，提高经济效益和资源利用效率。

⑤假想市场法

假想市场法是评价诸如城市景观、环境保护等不存在市场交易的物品、服务（非市场商品）的为数不多的方法之一。该方法直接向人们询问关于某种难以用市场价格衡量的物品的看法，也被称为价值意识法、意愿调查价值评估法等。它是从自然环境、生态系统评价等环境经济学领域发展起来的方法。

新古典经济学对价值概念有另一种角度的定义：价值是为获得某种物品而愿意付出的最大可能金额，或者是能够忍受失去某种物品而接受的最小赔偿金额。假想市场法进行价值评估的核心内容正是通过构建假想市场，揭示人们对评价对象的最大支付意愿（WTP）或最小补偿意愿（WTA），再对结果进行统计分析，从而测算出评价对象的效益。

假想市场法对价值的量化基于人们自述的偏好，可以测算出人们对某一非市场商品的最大支付意愿或最小补偿意愿。然而，由于假想市场法的这种特点，它本身对于理解所得到价值结果的组成成分帮助较少。因此，在假想市场法的研究中，对价值组成的独立补充分析是相对较多的。

例如，在历史文化建筑保护研究中，有学者按照利用方式将评估价值分解为使用价值和非使用价值，其中非使用价值又进一步分解为选择价值、遗产价值和存在价值。而按照市民的认知则将评估价值分解为历史文化建筑自身的价值、街区特色景观的价值和地方风俗传统的价值。虽然不同研究对象会具有不同的价值组成，但是按照利用方式它们绝大部分都可以划分为使用价值和非使用价值。

对于具有公共物品特性的被研究对象，如大气环境、水资源、历史文化建筑等，它们的非使用价值所占比例远较一般经济物品要大得多。因此，假想市场法在这些对象所涉及的价值评估领域具有其他方法所难以匹敌的优势地位。通过补充分析，可以更好地理解假想市场法得到的价值结果背后的组成成分，进而更好地为相关决策提供参考。

另一方面，假想市场法在实际应用中还存在着一些课题，需要进一步解决，以确保评价结果的可信度和准确性。

首先，使用假想市场法进行评价时，必须明确评价对象，确保问题条件的设定可信、现实。评价对象必须清晰明确，问题条件的设定必须与实际情况相符。同时，在选择支付手段和评价尺度时，需要考虑恰当性，如选择 WTP 还是 WTA 等。

其次，在进行假想市场调查时，需要确保足够的样本数量，以获得可靠的调查结果。此外，还需要考察确认调查结果是否含有误差。例如，在调查中可能存在信息误差、顾虑效应、范畴效应等问题,这些误差可能会对评价结果产生影响。

为了提高假想市场法的评价结果的可信度和准确性,需要采取一系列措施,如制定明确的调查方案和问卷设计、使用合适的调查方法和技术、确保样本数量充足、进行统计分析和误差检验等。只有通过这些措施的落实,才能确保假想市场法得到的评价结果具有较高的可信度和准确性。

(二)信息要素

1. 地理信息系统分析

地理信息系统(Geographic Information System,GIS)是一种以计算机处理地理信息的综合技术。GIS 系统可以将城市的空间数据实现数字化,从而建立包含城市经济、社会、环境等各种属性的模型,为研究城市不同系统的空间规律和空间影响提供了有力的工具。同时,GIS 系统还提供了一项直观的观察工具,使原本复杂的空间规律变成可以向不同人群展示的图形,大大加强了城市规划的沟通与展示能力。

GIS 系统的查询功能更为规划管理提供了方便的检索空间数据和规划信息工具,有效地加强了城市规划管理工作的效率。通过 GIS 系统,规划人员可以快速地获取空间数据和城市信息,为城市的规划、管理和决策提供了有力支持。此外,GIS 系统还可以进行空间分析和空间决策,使规划人员能够更加深入地理解城市的空间关系和相互作用,制定出更加科学和有效的城市规划方案。

GIS 系统在城市规划和管理中的应用非常广泛,可以帮助规划人员更好地理解城市的空间特征和规律,提高城市规划和管理的效率和精度。

2. 互联网技术探索

(1)数据的获取

在当今的城市规划编制过程中,互联网已经成为规划师获取信息的不可或缺的重要来源之一。通过互联网,规划师可以轻松获取大量城市基础资料,如城市概况、统计数据、卫星影像、市民所关心的热点、相关城市的发展案例等。以谷歌为代表的公司,将 GIS、遥感影像和互联网相结合,不仅向公众提供城市和乡村的平面、地图、影像图,还提供了三维地形和建筑物等信息,这些信息也被广泛地应用于城市规划的编制中。因此,互联网已经成为规划师获取城市基础资料和信息的便捷工具之一,极大地提高了城市规划的效率和准确性。

(2)信息的发布

在当今的城市规划中,互联网已经成为发布规划方案、管理规则和办事流程的重要窗口。市民可以通过相关网站轻松查询城市和所关心地区的规划情况,了解城市规划的相关动态。投资商和开发商也可以随时查询法定规划、指导性文件,帮助进行投资决策。通过互联网,规划机构可以将规划方案、管理规则和办事流程等信息及时地发布给公众,实现信息的公开和透明。同时,公众也可以通过互联网提出意见和建议,增强城市规划的民主性和公众参与程度。因此,互联网已经成为城市规划中不可或缺的重要工具,为城市规划的透明度和民主化进程提供了强有力的支持。

（3）沟通与交流

随着城市规划透明度的提高和公众参与程度的增强，互联网已经成为社会各界就城市规划展开沟通和交流的重要平台。在规划编制过程中，通过互联网征求各方意见、开展讨论，是方便、快捷和透明的交流工具。规划机构也可以通过互联网回答公众提问，解释规划方案和法律法规，加强政府与民众之间的良性互动关系。同时，公众还可以通过互联网监督城市建设活动，举报违法建设，提高城市规划管理工作的效能。通过互联网的交流和互动，城市规划可以更加符合公众需求，实现更好的民主决策。因此，互联网已经成为城市规划中不可或缺的重要工具，推动城市规划的透明度和民主化进程，加强政府与公众之间的互动和信任。

（4）网络化与网络协作

网络化办公已经成为提高政府绩效的有效途径。通过网络，建设开发可以在线办理各类建设申请，上传申请资料，等待审批结果。同时，规划管理人员可以远程办案，大大节约了时间和人力成本，提高了办事效率。现代城市规划已经成为注重协作的过程，包括不同规划设计机构之间的协作，也包括城市规划过程中不同领域专家之间的相互沟通协调过程。这些传统上耗费大量人力、物力、财力的过程，如今可以通过互联网络方便地完成，极大地提高了工作效率和协作效果。因此，互联网已经成为现代城市规划不可或缺的重要工具，为规划编制和管理提供了更加高效、便捷的方式。

第二节　城市规划设计的原则与方法

一、城市规划设计的原则

城市规划设计是指对城市空间进行组织、布局和设计的过程，旨在创造宜居、宜业、宜游的城市环境。城市规划设计的目的是使城市在经济、社会、文化和环境等方面都能达到最优的效益，同时保护城市的历史文化遗产，确保城市的可持续发展。为了实现这些目标，城市规划设计需要遵循一些基本的原则。

（一）可持续性原则

可持续性原则是城市规划设计的核心原则之一。城市规划设计应当注重保护环境，推动城市的可持续发展，同时也应当重视经济、社会和文化等方面的平衡发展。城市规划设计应当关注以下四个方面：

（1）环境保护：城市规划设计应当注重环境保护，尽可能减少污染和生态破坏，提高城市环境质量。

（2）资源节约：城市规划设计应当注重节约资源，采用节能、环保的建筑技术和设施，推广可再生能源的利用。

（3）社会公正：城市规划设计应当注重社会公正，推动公共设施的均衡发展，减小城市贫富差距。

（4）经济效益：城市规划设计应当注重经济效益，推动城市产业的转型升级，促进经济可持续发展。

（二）人本主义原则

人本主义原则是城市规划设计的核心价值观之一，强调城市规划设计应当关注城市居民的需求和利益，为城市居民提供舒适、健康、安全的居住和生活环境。城市规划设计应当关注以下四个方面：

（1）人性化设计：城市规划设计应当注重人性化设计，提高城市居民的生活品质和幸福感。

（2）社区发展：城市规划设计应当注重社区发展，促进社区的自治和共建，推动社会和谐发展。

（3）安全保障：城市规划设计应当注重安全保障，提高城市居民的安全感和保障水平。

（4）健康环境：城市规划设计应当注重健康环境，提供健康、清洁、绿色的居住和生活环境。

（三）整体性原则

整体性原则是城市规划设计的另一个核心原则，它要求城市规划设计应当考虑城市空间的整体性和系统性。城市规划设计应当关注以下四个方面：

（1）综合性规划：城市规划设计应当制定综合性规划，充分考虑城市发展的全局和长远性。

（2）空间结构：城市规划设计应当注重空间结构，设计合理的城市布局和空间分布，提高城市的空间效率。

（3）空间连通性：城市规划设计应当注重空间连通性，提高城市空间的通达性和可达性，减少交通拥堵。

（4）生态系统：城市规划设计应当注重生态系统，保护城市的生态环境和生态系统，提高城市的可持续性。

（四）可塑性原则

可塑性原则是城市规划设计的重要原则之一，强调城市规划设计应当具有一定的适应性和灵活性，以应对城市发展的变化和需求。城市规划设计应当关注以下三个方面：

（1）建设阶段：城市规划设计应当考虑建设阶段的可塑性，为未来的城市发展留出空间和可能性。

（2）更新升级：城市规划设计应当注重更新升级，保持城市空间的活力和竞争力，满足城市居民的新需求和期望。

（3）应对变化：城市规划设计应当具有一定的适应性和灵活性，以应对城市发展的变化和需求，提高城市空间的应变能力。

（五）参与性原则

参与性原则是城市规划设计的另一个重要原则，强调城市规划设计应当充分考虑市民的参与和反馈，促进民主参与和社会共治。城市规划设计应当关注以下三个方面：

（1）参与机制：城市规划设计应当建立参与机制，为市民提供参与和反馈的途径和平台。

（2）意见反馈：城市规划设计应当充分听取市民的意见和建议，充分考虑市民的需求和利益。

（3）共同决策：城市规划设计应当促进民主参与和社会共治，使市民能够共同决策城市规划和管理的方向和内容。

（六）创新性原则

创新性原则是城市规划设计的另一个重要原则，强调城市规划设计应当具有创新性和前瞻性，充分利用现代技术和理念，开拓城市发展的新空间和新思路。城市规划设计应当关注以下三个方面：

（1）创新技术：城市规划设计应当充分利用创新技术，推广智慧城市和数字化城市的建设，提高城市空间的管理和服务水平。

（2）前瞻理念：城市规划设计应当具有前瞻性的理念，注重城市的未来发展趋势和潜力，开拓城市发展的新空间和新思路。

（3）时代特征：城市规划设计应当具有时代特征，融入城市文化和历史遗产，反映当代社会的特点和需求，具有创新性和审美价值。

（七）特色原则

一个城市的特色是这个城市有别于其他城市的形态特征，它不仅包括城市的形体环境形态，而且包括城市居民的行为活动、当地风俗民情反映出来的生活形态和文化形态，带有很强的综合性和概括性。

城市在其发展过程中，总会带有它的历史和文化痕迹，城市的地形、地貌、气候条件的影响也会表现出来，由此形成了自己独特的物质形态。每个城市都存在着这种"特色机制"，存在着形成特色的潜能。城市设计只有尊重这一客观事实，城市才有自己的"根"，才能为城市居民所接受和喜爱，才能吸引参观者和游客。

然而，对城市特色的感受并非设计者个人的主观臆断，而是实实在在地通过对城市居民的"公众印象"调查和访问，从中归纳、分析和提炼出来的。由此得出的结论才可以作为城市设计创作思想的依据，使设计者明确城市设计应建立的目标。

在美国，"城市自身意象"是反映城市特色主题思想的一个重要概念。这一概念的建立有助于城市特色的保护与挖掘。如旧金山市"海滨山地城市"的自身意象，认为"街道和建筑如不强调地形，就会使城市的形象和意象不那么明确"。提出的"山形主导轮廓线"的控制原则不但保护了城市的自然风貌和天际线的美，同时也增强了城市居民的邻里概念和对城市的自豪感。

世界其他国家也有类似的主题思想，如日本东京市在20世纪70年代提出的"我的东京城"概念，欧洲一些国家在历史城市的保护中提出的"光辉的历程"的城市生活景观路线等，不但增加了市民对城市的了解和热爱，也使城市自觉地向城市特色的目标发展。

在美国波士顿市城市中心区设计方案中，把中心区划分出几个不同的特色区，如文化区、金融区、历史区和滨水区等，每一个区段的划分根据使用活动、环境模式、历史背景和地理位置等因素来确定。各区之间既相互独立又有联系，共同构成中心区的整体环境，空间的条理性和识别性很强。

（八）美学原则

1. 创造格局清晰的景观秩序

对于每一个城市或特定的地段来说，都有其固有的姿态，展示着一种约定俗成的秩序，它或许需要调整和完善，或许需要发扬光大。这些秩序只有依靠设计者的敏锐观察加以感知，对于设计者来说，这是一个挑战，也是设计创作和评价设计优劣的准则。城市设计把城市视为一个有机的整体，从总体上应创造格局清晰的城市景观结构，犹如笛卡尔坐标系的作用一样，使人们易于捕捉空间定位的参照系，感知城市空间的逻辑关系。利用和突出独特的人工和自然景观元素是创造城市景观秩序的有效方法，如巴黎的埃菲尔铁塔、北京的天安门城楼、堪培拉的国会山、波士顿的马萨诸塞州政府大楼、哈尔滨的防洪纪念塔等，都是创造城市景观秩序的"可用元素"。每一个具体地段在城市的大构架中既相对独立，又相互依存和影响，互相之间均以良好的秩序存在。只有找出城市空间的这种"环境力"，城市设计方案才能为市民所接受，才能具有生命力。

2. 保证空间界面的连续与变化

城市空间的界面一般被称为城市墙或街道墙，指的就是构成街道、广场及由建筑物集合而成的界面，是城市空间中一种特有的环境模式，它的存在给城市空间赋予了各种性格，如开敞、宏伟、亲切、舒适等。在城市设计中应针对设计地段的环境条件，把对城市空间界定面的处理纳入城市环境中，才能创造出生动的空间序列，保证空间的秩序性和多样性的统一。

3. 提供轴线和景观条件

寻求城市空间的秩序在某种意义上是在城市环境中寻求景观上的轴线关系。运用轴线的引导、转折、延伸和轴线的交织等手段，建立空间秩序。在确定轴线的基础上，在重要节点通过提供视域条件，如视点、视角、视廊等，可形成对景、借景、空间流动的艺术效果。

4. 注意室内外空间的交融和渗透

现代城市空间已不限于室外空间，随着建筑使用性质的综合和规模的增大，中庭和室内步行街业已成为城市空间的新类型。因此，在城市设计中注意室内外空间的交融和渗透，形成亦内亦外的"灰"空间，可以为城市空间增添趣味性和景观层次。

二、城市规划设计的方法

（一）物质－形体分析方法

物质－形体分析方法是城市规划设计的一种重要方法，主要是通过对城市物质环境和城市形态的分析，为城市规划设计提供理论和技术支持。物质－形体分析方法涉及城市空间的组织和设计，是城市规划设计的重要基础。其主要内容包括以下三个方面：

1. 物质环境分析

物质环境是城市生活的基础，包括土地、水、空气、能源和各种资源等，这些资源对于城市的发展和建设至关重要。物质环境分析的目的是评估城市的物质资源状况，为城市规划设计提供资源保障。具体的分析方法包括：

土地分析：分析城市的土地利用现状和规划，评估土地的质量和可利用性。

水资源分析：分析城市的水资源供应、水质和水利用情况，为城市的水资源保障提供依据。

空气分析：分析城市的空气质量和污染情况，评估城市的环境保护情况。

能源分析：分析城市的能源供应、利用和消耗情况，为城市的能源保障提供依据。

2. 形体分析

城市形态是城市空间的组织和表现形式，包括城市布局、建筑高度和密度、街道宽度和交通组织等方面。形体分析的目的是评估城市的空间组织和设计，为城市规划设计提供空间基础。具体的分析方法包括：

城市布局分析：分析城市的布局结构和空间组织，评估城市的空间利用效率。

建筑高度和密度分析：分析城市的建筑高度和密度分布情况，评估城市的建筑密度和人口分布。

街道宽度和交通组织分析：分析城市的街道宽度和交通组织方式，评估城市的交通状况和安全性。

3. 物质－形体分析

物质－形体分析是将物质环境和城市形态相结合，评估城市的物质资源和空间组织，为城市规划设计提供科学依据。具体的分析方法包括：

物质－形体一体化分析：将城市的物质环境和形态结合起来，评估城市的物质资源和空间组织的一体化情况，确定城市规划设计的方向和重点。

空间分析与物质环境评估相结合：将城市的空间分析与物质环境评估相结合，分析城市的空间组织和物质资源状况之间的关系，确定城市规划设计的具体内容和方向。

城市设计和建筑设计相结合：将城市规划设计和建筑设计相结合，分析城市的建筑高度、密度和街道宽度与城市形态、物质环境之间的相互关系，提高城市空间的设计和建筑质量。

物质－形体分析方法是城市规划设计的重要方法，需要充分运用各种工具和技术，结合实际情况进行分析和评估。通过物质－形体分析方法，可以更加全面、深入地了解城市的物质资源和空间组织，为城市规划设计提供更加科学的依据和方法，促进城市的可持续发展。

（二）场所－文脉分析方法

人的各种活动及对城市环境提出的种种要求，乃是现代城市设计的最重要的研究课题。这一认识发轫于 20 世纪 50 年代。

场所－文脉分析理论和方法，在处理城市空间与人的需要、文化、历史、社会和自然等外部条件的联系方面，比物质－形体分析前进了一大步。它主张强化城市设计与现存条件之间的匹配，并将社会文化价值、生态价值和人们驾驭城市环境的体验与物质空间分析中的视觉艺术、耦合性和实空比例等原则等量齐观。

从物质层面讲，空间乃是一种有界限的或有一定用途并具有在形体上联系事物的潜能的"空"但是，只有当它从社会文化、历史事件、人的活动及地域特定条件中获得文脉意义时方可称为场所（Place）。文脉（Contest）与场所是一对孪生概念。从类型学的角度看，每一个场所都是独特的，具有各自的特征。这种特征既包括各种物质属性，也包括较难触知体验的文化联系和人类在漫长时间跨度内因使用它而使之富有的某种环境氛围。

正如诺·舒尔茨所察见的那样，如果事物变化太快了，历史就变得难以定形，因此，人们为了发展自身，发展他们的社会生活和变化，就需要一种相对稳定的场所体系。这种需要给形体空间带来情感上的重要内容一种超出物质性质，边缘或限定周界的内容，也就是所谓的场所感（Sense of Place）于是，建筑师的任务就是创造有意味的场所，帮助人们栖居。最成功的场所设计应该是使社会和物质环境达到最小冲突，而不是一种激进式的转化，其目标实现应遵守一种生态学准则，即去发现特定城市地域中的背景条件，并与其协同行动。

场所－文脉分析方法在实践中也得到了广泛的运用。根据索斯沃斯对美国 1972 年后开展的 138 项城市设计案例的研究，场所分析是专业规划设计人员最常用的分析方法，大约占所有案例中的 40%。

（三）相关线－域面分析方法

上述城市设计方法由于各自视角和着眼点的不同，都有其难以避免的"盲点"，若设计师迷恋于其中一种，则常顾此失彼。笔者认为，一个有生命力的城市具有多重复合的本质特征，既有文化、艺术概念，又有工程和技术概念。据此，我们不妨尝试建立一种综合和整体的分析方法，它将以城市空间结构中的"线"作为基本分析变量，并形成从"线"到"域面"的分析逻辑。

此处的"线"涵盖面较宽（远超出关联耦合方法中线的范围），概括起来，主要有以下几大类：

第一类是城市域面上各种实存的、可以清楚辨认的"线"，它通常在物质层面上反映出来，如现状工程线、道路线、建筑线、单元区划线等，我们不妨将其定义为"物质线"。

第二类是人们对城市域面上物质形体的心理体验和感受形成的虚观的"力线"，如景观、高大建筑物的空间影响线，它以人的感知为前提，离开人它就不存在，所以我们称其"心理线"。

第三类是人的"行为线"。它由人们周期性的节律运动及其所占据的相对稳定的城市空间所构成。通常它发生在城市道路、广场等开放空间中。

再有一类便是由设计者和建设管理者进行城市建设实践活动而形成的各种控制线它具有主观能动性和积极意义，是设计干预的结果如现代城市设计中为分析描述空间结构、形体开发、容积率、高度控制而形成的各种区划辅助线、规划设计红线、视廊、空间控制线等，我们将其定义为"人为线"。

在上述诸"线"中，"物质线"和"心理线"包括了"图底分析""关联耦合分析"等形体层面的研究成果，"行为线"则明显与"场所－文脉"分析有关。

具体分析过程中，我们可以采取如下的程序：

首先，确立所需分析研究的城市客体域面的范围，进行物质层面诸线的分析，探寻该域面的空间形态特点、结构形式，以及问题所在。具体内容包括交通运输网络、人工物与自然物的结合情况、基础设施分布及其影响范围、街巷网络，以及各单位的区划范围等。进而我们又可分析城市空间中诸节点、标志物、历史建筑或高大建筑物在城市开放空间中形成的各种影响线，它是人们经常性地在心理上体验、认知并以此构成场所感和文化归属意义的重要组成部分。

在物质层面上的分析进行之后，我们又可加上"人"的要素。于是城市物质形体空间、人的行为空间和社会空间便交织在一起，构成名副其实的场所。如果我们将人的行为活动及某一场合（时刻）在城市物质空间中的分布情况、变化特征和轨迹有意识地记录建档，并将其与"道路线""建筑线"等放在一起平行比较分析，我们便能理解、找寻到研究范围内的物质空间结构与人的行为活动之间的相互关系，并可直接发现空间占有率、空间结构、空间形状及比例尺度是否恰当等问题。

综合以上分析结果，城市设计者就可作出对策研究，同时穿插对若干规划设计辅助线、控制红线等"人为线"的分析探讨。

将上述诸"线"叠加，或者类与类之间复合，便形成城市的各种网络，如道路结构网络、开放空间体系及其分布结构、空间控制分区网络等，对该网络进行综合分析和研究，设计者便可最终理解给定的城市分析域面的种种特质和内涵，并为下一步微观层次的空间剖析奠定坚实的基础。

例如，针对某一特定城市地段（域面）的设计，我们可先准备一套该地段完整的城市现状图，比例最好为1∶1000，然后用若干张透明纸在现状图上分别绘制"建筑线"图，"道路线"图，自然用地分布及其与建成区的界线，基础设施和管线图；重要空间节点、标志物、文物古迹的位置及其所产生的空间影响线，不同时间中人流活动轨迹及其分布图。最后综合上述各单项分析结果，以现状图为原型，作出若干设计驾驭的建设红线、体型控制线、高度控制线、视景景观线，以及各种设计相关辅助线。此外，还可采用局部拼贴法。

最后，经由这些相关辅助线"由线到面"，我们便可澄清对该域面的一些基本认识，并绘制域面高度分区图、容积率分区图、机动车系统及容量分区图步行系统分布图、空间标志及景观影响范围图等，这样就为建设实施提供切实的帮助。

这一分析途径具有抽象的特点，但因其综合了空间、形体、交通、市政工程、社会、行为和心理等变量，所以仍然比较接近实际情况和需要，也易于为城市设计应用实践者所接受。就其内在思想和方法论特点而言，比较接近系统方法，基本上是一种同时态的横向分析。

当然，对上述基本变量的概括及其"由线到面"的分析思路，并非想包含城市空间所有的特征，但它却致力于概括那些相对比较重要的特征。

（四）生态分析方法

城市地域自然生态学条件及其要素从来就对城镇规划环境建设具有重要影响。直到今天，城市建设中有些自然生态要素仍然具有决定性的作用，例如特定地域的生物气候要素就是相对不变的因素，如雨量、阳光、温湿度、风向等。生态要素与城市整体空间结构、布局、人的生活方式乃至建筑材料的供给均有着极其密切的关系。城市规划设计应认真分析研究这种相互关系，遵循建设所在地的气候特点和变化规律，因势利导，趋利避害。

然而，工业革命以来的社会演化和科学技术的进步在大大增强，人们改造世界、创造新的生活方式能力的同时，也使人们在城市建设中开始对人与自然关系的认识方面产生偏差，特别是过于注重城市在经济运营方面的商业性，而对人与自然生态环境互动共生——这一千百年来奉为城市建设准则的基本原理掉以轻心。

20世纪60年代以来，作为专业领域的延伸，现代城市设计根据全球环境变迁开始更多地考虑城市建设与自然环境的相关性，并探索新一代基于整体和生态优先的绿色城市设计思想和方法。

（五）城市空间分析的技艺

虽然从宏观上把握了城市设计，但这是不够的。要解决一个现实具体的城市设计问题，还需要依靠一系列有效的城市空间分析技艺来收集与设计相关的材料和素材。空间分析的技艺构成了现代城市设计方法微观层面的内容。设计方案的质量和可靠性，很大程度上还要取决于调查分析工作进行是否顺利、原始材料是否完备，以及综合分析工作进行得是否有效。

在20世纪50年代以前，这一工作并未取得很大实绩，其主要原因是：第一，设计者自以为是全知全能者，因而信奉的不是实证和自下而上的设计途径，而是物质形态决定论；第二，城市设计与相关的各学科特别是社会学、心理学、数理统计等之间缺少交流，以致当时学科的不少社会调查分析结论和方法只具有警世作用，未能借鉴到城市建设中来，而城市空间分析不与社会学、心理学等学科结合很难取得实质性进展。以"公开化"和"跨学科"为基本特征的现代城市设计理论的崛起，标志着这一局面的终结，它广泛借鉴了旁系学科的城市分析调查技术，遂使城市空间分析技艺蔚为大观。

各种空间调查分析途径中，有些是设计本人进行，有些则需通过居民合作完成，有些是经典城市空间分析理论的具体化，有些则又来自旁系学科。

第三节　城市规划设计的层次与过程

城市规划设计是指在社会、经济、文化、自然等多种因素的作用下，对城市的功能、布局、形态、建筑、环境等各个方面进行综合规划和设计的过程。城市规划设计的层次与过程包括以下内容：

一、城市规划设计的层次

城市规划设计的层次可以分为国家层面、区域层面和城市层面三个层次。

国家层面：国家层面的城市规划设计是在国家经济社会发展战略和城乡统筹规划的基础上，对全国范围内的重点城市和特殊城市进行规划和设计。

区域层面：区域层面的城市规划设计是在区域经济社会发展战略和国家区域规划的基础上，对地级市、县级市、县、镇等城市进行规划和设计。

城市层面：城市层面的城市规划设计是在城市总体规划和城市空间规划的基础上，对城市内部的各个功能区进行规划和设计。

二、城市规划设计的过程

城市规划设计的过程包括以下七个方面：

调查研究：城市规划设计的第一步是进行调查研究。通过对城市的历史、现状、发展趋势、人口、环境、交通等多个方面进行深入研究和了解，以了解城市的发展状况和问题。

（1）规划目标确定：根据调查研究的结果，制定城市规划设计的目标。规划目标应该具体、可行，同时还要考虑城市未来的发展方向和战略。

（2）规划原则制定：根据城市规划设计的目标，确定规划原则。规划原则应该贴近实际，遵循经济、社会和环境的可持续发展原则。

（3）规划方案制定：根据规划目标和规划原则，制定规划方案。规划方案包括城市的总体布局、各功能区的布局、道路交通网络、公共设施、绿地等。

（4）方案评估：对制定出来的规划方案进行评估。评估主要考虑方案的可行性、经济性、社会性、环境性等各个方面，以确定方案是否可行。

（5）修订：根据方案评估的结果，对规划方案进行修订。修订的目的是优化规划方案，使其更符合实际情况和城市发展需求。修订的过程应该充分考虑各方面的意见和建议，并尽可能减少对社会和环境的负面影响。

（6）审批和公示：经过修订后的规划方案需要进行审批和公示。审批主要是对规划方案的合法性和合理性进行审核，确保规划方案符合国家、地方和城市的法律法规。公示则是向公众公开规划方案，听取公众的意见和建议。

（7）实施和监测：规划方案通过审批和公示后，需要开始实施。实施的过程中，需要建立健全的管理体制，制定详细的实施方案，并进行监测和评估，确保规划方案能够顺利实施，并且达到预期效果。

总之，城市规划设计的过程是一个持续不断的过程，需要不断地调整和优化，以适应城市的发展需求和社会、经济、环境等多方面的变化。只有通过科学合理的规划和设计，才能实现城市的可持续发展和人民的美好生活。

第三章 城市规划体系

第一节 城乡规划体系

一、城乡规划体制概述

（一）规划法规系统

规划法规系统是规划行政体系、规划技术系统和规划运作系统的法律固化总和。法规系统又构成了整个规划体制的基础，为规划行政、规划编制和开发控制方面提供了法定依据和法定程序。规划体制的产生与发展常常是以法规系统的重大变化为标志的。1909 年，英国颁布了世界上第一部城市规划法，随后一些工业国家也相继制定了城市规划法，这标志着城市规划成为政府的法定职能。然而，直到第二次世界大战之后，这些国家才形成了比较成熟的现代城市规划体系，并且在其后始终处于不断演进之中。作为现代城市规划体系的核心，每一部城市规划法的诞生都标志着城市规划体系又进入了一个新的历史阶段，主要表现在规划行政、规划编制和开发控制等方面产生了重大的变革。

城市规划的法规体系包括主干法及其从属法规、专项法和相关法。各国（地区）规划法规体系的基本构成是相似的，但是各个组成部分的具体内容会有所差别。

1. 主干法

规划法是城乡规划法规体系的核心，因而又被称作主干法（Principal Act），其主要内容是有关规划行政、规划编制和开发控制的法律条款。尽管各国规划法的详略程度不同，但都具有纲领性和原则性的特征，不可能对各个实施细节作出具体规定，因而需要有相应的从属法规（Subsidiary Legislation）来阐明规划法相关条款的实施细则，特别是在规划编制和开发控制方面。根据立法体制，规划法由国家立法机构如议会制定，从属法规则由法律所授权的政府部门制定。

2. 专项法

城乡规划的专项法是针对规划中某些特定议题的立法。由于主干法具有普遍的适用性和相对的稳定性，这些特定议题（也许会有空间上和时间上的特定性）不宜由主干法来提供法定依据。以英国为例，1946 年的《新城法》、1949 年的《国家公园法》、1965 年的《产业分布法》、1978 年的《内城法》和 1980 年的《地方政府、规划和土地法》等都是针对特定议题的专项立法，为规划行政、规划编制或开发控制等方面的某些特殊措施提供法定依据。

3. 相关法

由于城市物质环境的建设和管理包含多个方面，涉及多个行政部门，因而需要各种相应的立法加以规范，城市规划法规只是其中的一个领域。尽管有些立法不是特别针对城市规划的，但是会对城市规划产生重要的影响，较为典型的是有关地方政府机构在环境方面的立法。

（二）规划行政系统

规划行政系统是指从国家中央政府到地方城镇政府规划管理部门的机构设置，以及各个层面上机构权责的界定。各国和地区的规划行政体系可以分为两种基本体制：中央集权和地方自治，分别以英国和美国为代表。

英国的规划行政系统是中央集权型的代表。中央政府的城市规划主管部门对地方政府的规划行为有着较大的影响力，其权限包括制定相关法规和政策以确保城市规划法的实施；指导地方政府的规划工作；审批郡政府的结构规划；受理规划上诉；并有权干预地方政府的发展规划（地方规划）和开发控制（一般是影响较大的开发项目）。

美国作为一个联邦制国家，其规划行政系统是地方自治型的代表。联邦政府并不具有法定的规划职能，只能借助财政手段（如联邦补助金）发挥间接的影响。地方政府的规划行政管理职能由州的立法授权。

（三）规划技术系统

规划技术系统指各个层面的规划应完成的目标、任务和作用，以及完成这些任务所必需的内容和方法，也包括各层面上规划编制的技术规范，规划的技术系统是建立一个国家完整的空间规划系统的基本框架，包括国土规划、区域规划、城市空间战略规划和建设控制规划等多个层面。

各国和地区的规划体系虽然有所不同，但是城市规划体系却是大致相同的。基本可以分为两个层面，分别是战略性的发展规划和实施性的开发控制规划。编制城市规划是大多数国家地方政府的法定职能。战略性发展规划是制订城市的中长期战略目标，以及土地利用、交通管理、环境保护和基础设施等方面的发展准则和空间策略，为城市各分区和各系统的实施性规划提供指导框架，但不足以成为开发控制的直接依据。英国的空间发展战略（Space Development Strategy）美国的综合规划（Comprehensive Plan）、日本的地域区划（Area Division）、新加坡的概念规划（Concept Plan）和中国香港的全港和次区域发展策略（Development Strategy）都是战略性发展规划。

以战略性发展规划为依据，针对城市中的各个分区制定实施性发展规划，作为开发控制的法定依据。美国的区划条例（Zoning Regulation ）、日本的土地利用分区（Land Use District）和分区规划（District Plan）、新加坡的开发指导规划（Development Guide Plan）和中国香港的分区计划大纲图（Outline Zoning Plan）都是开发控制的法定依据。

（四）规划运作系统

城乡规划运作系统是指规划实施操作机制的总和。规划组织系统和规划技术系统作为静态结构系统，包括各个层面的规划如何编制、编制的规定前提条件、编制过程各阶段的条件制约规定、公众参与的过程规定、规划终稿的法定审定程序、规划成果实施的移交、规划实施的政策制定程序、土地一级市场的控制机制、城乡土地开发的规划审批程序、审批过程的权限监督机制、违反法定规划诉讼机制程序的规定、规划实施过程的准核程序制度、规划修正修订程序等。

二、我国现行城乡规划体系

（一）我国现行城乡规划法规系统

1. 我国的法规系统构成

任何国家城乡规划法规体系的构建必然服从该国的法律框架，对一国城乡规划法规体制的理解必须基于对该国的法律体制深刻的认识。在我国，立法包含两层含义：从狭义层面讲，立法是指宪法规定的国家立法机构所制定的普遍使用的规则；从广义层面讲，一切有权制定普遍性规则的机构所制定的具有普遍约束力的规则都是立法。这些"具有普遍约束力的规则"绝大部分是国家法律的深化和具体化，或者是旨在有效实施国家法律的法规。需要强调的是，这些规则不得与国家法律相冲突。上述"有权制定普遍性规则的机构"主要是指由国家立法机构依法授权制定相关法规的国家行政机关和地方立法机构。在我国广义层面的立法形式包括以下七类：

（1）中华人民共和国宪法。宪法具有最高的法律效力。

（2）法律。由全国人民代表大会及其常务委员会制定的调整特定社会关系的法律文件，是特定范畴内的基本法。根据所调整的社会关系的不同，法律一般可分为行政法、财政法、经济法、民法、刑法、诉讼法等。

（3）行政法规。在我国行政法规专指国务院制定的行政法律规范。行政法规是国务院在领导和管理国家的各项行政工作中，根据宪法和法律制定有关经济、建设、教育、科技、文化、外交等各类法规的总称。国务院是国家行政的最高机关，制定行政法规是国务院领导全国行政工作的一种重要手段。

（4）地方性法规。地方性法规是地方各级人民代表大会及其常务委员会根据宪法和《中华人民共和国地方人民代表大会和地方各级政府组织法》的规定制定的法律规范。我国有三级地方人民代表大会及其常务委员会可以制定地方性法规：一是省、自治区、直辖市的人民代表大会及其常务委员会；二是省、自治区人民政府所在地城市的人民代表大会及其常务委员会；三是经国务院批准的较大城市的人民代表大会及其常务委员会。地方性法规主要规范地方行政管理问题，是地方各级人民政府从事行政管理工作的依据。

（5）部门规章。国务院各部、委员会等具有行政管理职能的机构，可以根据法律和国务院的行政法规及决定和规定等，在本部门的权限范围内制定部门规章。部门规章规定事项的目的在于执行法律或国务院行政法规特定事项。

（6）地方政府规章。省、自治区和直辖市及省、自治区人民政府所在城市或由国务院指定城市的人民政府，可以根据法律、行政法规和本省、自治区、直辖市的地方性法规，制定在其行政区范围内普遍适用的规则。

（7）技术标准（规范）。我国实行技术标准（规范）的管理，技术标准（规范）的制定属于技术立法的范畴。技术标准（规范）包括国家标准（规范）、地方标准（规范）和行业标准（规范）。

对我国城乡规划法规体制的理解必须从两个维度展开：第一，从城乡规划专业角度来看与核心法之间的关系如何；第二，从一般性法律规范角度来看，该法律规范属于哪一类。

2. 主干法

《中华人民共和国城乡规划法》（以下简称《城乡规划法》）是我国城乡规划领域的主干法。

（1）《城乡规划法》的法律地位与作用

《城乡规划法》是我国城乡规划领域的基本法，具有最高的法律效力，是约束城乡规划行为的准绳。该法规定了城乡规划的原则、编制程序、实施要求、监督管理等方面的内容，是各级城乡规划行政主管部门行政的法律依据，也是城乡规划编制和各项建设必须遵守的行为准则。

此外，《城乡规划法》也是制定规范其他层次城乡规划法规与规章的法律依据。各种具体实际情况下，该法所确定的原则和规范可以通过体系内各层次的法律法规进行细化和落实，但是，下位法律规范不得违背《城乡规划法》确定的原则和规范。

因此，对于城乡规划编制和各项建设，必须严格遵守《城乡规划法》的规定，确保城乡规划的科学性、合理性和可行性，保障城乡居民的合法权益，促进城乡协调发展，推动实现全面建设社会主义现代化国家的目标。

在城乡规划行政领域，人民法院审理城乡规划行政诉讼案件时，依据《城乡规划法》作为法律依据进行审理和裁判。《城乡规划法》是城乡规划领域的基本法，规定了城乡规划的原则、编制程序、实施要求、监督管理等方面的内容，具有最高的法律效力。因此，在城乡规划行政案件中，人民法院以《城乡规划法》为准绳，以事实为依据，审理和裁判被诉有关城乡规划具体行政行为的合法性和适当性，确保城乡规划的科学性、合理性和可行性，维护公共利益和社会稳定。

（2）《城乡规划法》的基本框架

《城乡规划法》对城乡规划行政的各个维度进行了全面的定义和界定：

第一，该法界定了城乡规划的制定，包括各类法定规划的编制主体和审批主体，以及主要编制内容和审批程序。

第二，该法明确了城乡规划的实施要点，不仅强调了新区开发和建设、旧城区改建、历史文化名城、名镇、名村保护和风景名胜区周边建设中的城乡规划实施要点，还详细界定了"一书两证"的适用条件，以及申请与受理程序。

第三，该法规定了城乡规划的修改前提和审批程序，包括各类法定城乡规划的修改程序和要求。

第四，该法阐述了城乡规划编制、审批、实施、修改等环节的监督检查主体，以及有权采取的相应措施，以确保城乡规划的科学性、合理性和可行性，维护公共利益和社会稳定。

最后，该法规定了违反本法相关规定的组织和责任人应当承担的法律责任，以促进城乡规划行政的规范化和法治化。

3. 从属法规与专项法规

作为我国城乡规划领域的主干法，《城乡规划法》是制定规范其他层次城乡规划法规与规章的法律依据。因此，必然需要一系列的从属法规和专项法规进行落实和补充。

从城乡规划行政管理角度出发，我国城乡规划法规体系的从属法规和专项法规主要在《城乡规划法》的几个重要维度展开，对城乡规划的若干重要领域进行了深入细致的界定。这些领域包括城乡规划管理、城乡规划组织编制和审批管理、城乡规划行业管理、城乡规划实施管理，以及城乡规划实施监督检查管理。

在上述具体某一维度内部，可能由不同类型的若干法律法规组成，它们反映了特定地方政府或国家行政部门对特定城乡规划问题的意愿和原则。这些法律法规包括行政法规、规章、规范性文件等。它们对城乡规划行政行为的具体要求和标准进行了界定，使城乡规划行政具有法治化和规范化的特征。

第一，行政法规是国务院根据《宪法》和相关法律制定的关于城乡规划特定领域的法律性文件，具有较高的法律效力。典型的行政法规包括《风景名胜区条例》等。

第二，地方性法规是特定地方人民代表大会及其常务委员会根据本行政区域的具体情况和实际需求制定的城乡规划领域的法规，具有较高的法律效力。典型的地方性法规包括北京市人大常委会通过颁布的《北京城市建设规划管理暂行办法》和湖南人民代表大会常务委员会发布的《湖南省〈城市规划法〉实施办法》等。

第三，部门规章是国务院各部门根据自身职责制定的关于城乡规划特定领域的法规性文件。在城乡规划领域，住房城乡建设部是国家层面的城乡规划行政主管部门，根据《城乡规划法》制定了一系列的城乡规划部门规章，典型的如《城市规划编制办法》等。此外，原建设部还会同国务院其他相关部门共同制定发布了一些与城乡规划关系紧密的部门规章，典型的如《建设项目选址规划管理办法》等。

第四，地方政府规章是省、自治区、直辖市和较大的市的人民政府根据本行政区域的具体情况和实际需求制定的城乡规划领域的法规。这些规章对城乡规划行政行为的具体要求和标准进行了界定，保障了城乡规划的科学性、合理性和可行性。典型的地方政府规章包括上海市人民政府颁布的《上海市城市规划管理技术规定》和湖南省人民政府颁布的《湖南省村镇规划管理暂行办法》等。这些规章对城乡规划的实际落实和管理起到了重要的作用。

第五，城乡规划技术标准与技术规范是城乡规划行政的重要技术性依据，也是城乡规划行政管理具有合法性的客观基础。这些标准和规范所规范的主要是城乡规划内部的技术行为，其内容应当覆盖城乡规划过程中所有的、一般化的技术性行为，也就是在城乡规划编制和实施过程中具有普遍规律性的技术依据。目前国家已经颁布了大量的城乡规划技术标准（规范），涉及城市规划基本术语、城市用地分类与规划建设用地、城市居住区规划设计、城市道路、城市排水、城市给水、城市供电、工程管线、风景名胜区规划等城乡规划的多个领域。这些技术标准与规范同样包括国家和地方两个层次，地方性的技术标准可以根据行政区域内的具体条件作出相应的修正。

4. 相关法

在我国，与城乡规划相关的法律法规涵盖了法律法规体系的各个层面，涉及土地与自然资源保护与利用、历史文化遗产保护、市政建设等众多领域。这些法律法规是城乡规划活动在涉及相关领域时的重要依据，为城乡规划行政行为提供了具体的、法律的规范和指引。

（二）我国现行城乡规划行政系统

1. 各级城乡规划行政主管部门的设置

城乡规划管理是在国家行政制度框架内实施的一项管理工作。我国的城乡规划行政体系由不同层次的城乡规划行政主管部门组成，包括国家城乡规划行政主管部门、省、自治区、直辖市城乡规划行政主管部门，以及市、县的城乡规划行政主管部门。

具体来说，国家城乡规划行政主管部门为中华人民共和国住房和城乡建设部，其内设机构城乡规划司负责具体工作。省、自治区城乡规划行政主管部门为省、自治区的住房和城乡建设厅（有些省、自治区为建设厅），其内设机构城乡规划处负责具体工作。直辖市城乡规划行政主管部门为市规划局。市、县的城乡规划行政主管部门为市、县规划局（或建委、建设局）。

此外，根据各城市行政事权界定的不同，城乡规划主管部门可能有不同的称谓。例如，上海市的城乡规划行政主管部门为上海市规划和国土资源管理局。

2. 城乡规划主管部门的职权

根据《城乡规划法》和相关法律法规，各级城乡规划行政主管部门分别负责对其行政辖区内的城乡规划工作进行依法管理。这些部门对同级政府负责，同时，上级城乡规划行政主管部门负责对下级城乡规划行政主管部门进行业务指导和监督。

根据《城乡规划法》和相关法律法规，城市城乡规划行政主管部门拥有以下职权：

（1）行政决策权：即有权对所管辖的管理事项作出决策，如核发"一书两证"。

（2）行政决定权：即依法对管理事项进行处理和规定，包括对建设用地的使用方式作出调整，以及制定管理规范性文件或进行行政解释，同时也包括对法律、法规、规章中未明确规定事项的规定权。

（3）行政执行权：即依据法律、法规和规章的规定，或者上级部门的决定等，在其行政辖区内具体执行管理事务的权力，例如贯彻执行经法律程序批准的城乡规划。

（三）我国现行城乡规划技术系统

1. 上位规划

城乡规划是对特定地域空间的规划。依据法律法规的规定，上一层次的城乡规划具有比下一层次更大的控制力，因此城乡规划的制定必须以上一层次规划为依据。

根据《城市规划编制办法》的相关规定，编制城市总体规划应当以全国城镇体系规划、省域城镇体系规划和其他上层次的法定规划为依据。而编制城市控制性详细规划，则应当依据已经依法批准的城市总体规划或分区规划，并考虑相关专项规划的要求。同时，编制城市修建性详细规划，也应当依据已经依法批准的控制性详细规划为依据。

2. 国民经济和社会发展规划

城乡规划是对城乡各项事业在空间上进行统筹安排的过程，而城乡各项事业的发展则是由国民经济和社会发展规划所确定的。

依据《城乡规划法》第五条的规定，城市总体规划、乡镇总体规划，以及城乡规划和村庄规划的编制，应当依据相应的国民经济和社会发展规划。这意味着，在进行城乡规划时，应当充分考虑国民经济和社会发展规划的要求和方向，确保城乡规划与国家经济和社会发展的总体规划相一致，促进城乡各项事业协调健康发展。

3. 城乡规划相关法律规范和技术标准（规范）

根据《城市规划编制办法》的规定，城市规划编制单位在编制规划时应严格依据法律法规的规定，并提交符合本办法和国家有关标准的规划成果。

此外，该办法还规定，在编制城市规划时，应当遵守国家有关标准和技术规范，并采用符合国家有关规定的基础资料。这些规定旨在确保城市规划的编制具有法律法规的合法性和规范性，保证城市规划编制工作的科学性、严谨性和可行性。

4. 国家政策

城乡规划是落实国家政策的重要工具，旨在实现国家和地方的战略和发展目标。《城乡规划法》第四条规定了城乡规划制定和实施应遵循的原则，包括城乡统筹、合理布局、节约土地、集约发展、先规划后建设等，旨在改善生态环境，促进资源、能源节约和综合利用，保护耕地等自然资源和历史文化遗产，保持地方特色、民族特色和传统风貌，防止污染和其他公害，同时也要符合区域人口发展、国防建设、防灾减灾、公共卫生和公共安全等需求。

这些中央政府珍视的价值观是城乡规划编制的重要方针，旨在确保城乡规划与国家的发展战略和政策相一致。各层级城乡规划编制应该以这些原则为指导，确保城乡规划的合理性、科学性和可行性，同时实现国家的长远发展目标。

（四）我国现行城乡规划运作体制

我国城乡规划运作体制的核心是程序合法、依据合法。

1. 开发控制制度

在我国，城市规划实施"一书两证"制度，包括建设项目选址意见书、建设用地规划许可证和建设工程规划许可证。而乡村规划则实施规划许可证制度，开发控制程序和要求在城市规划区和乡、村庄规划区有所不同。这些制度旨在确保城乡规划的合法性和规范性，加强对城乡建设的管理和监督，以推动城乡有序发展和建设。在实践中，需要各级政府和城乡规划主管部门严格按照制度要求，加强对规划实施过程的监管和控制，以确保规划的有效实施和落实。

（1）对于城市规划区

①建设项目选址意见书申请阶段。

国家规定，需要有关部门批准或核准的建设项目，必须通过划拨方式获得国有土地使用权。在建设单位向有关部门报送申请前，必须向城乡规划主管部门申请选址意见书。按照 1991 年原建设部、原国家计委发布的《建设项目选址规划管理办法》通知规定，建设项目选址意见书的审批权限按计划审批分级规划管理。县级及以上行政主管部门审批的建设项目，由该级人民政府城市规划行政主管部门核发选址意见书。省级及以上行政主管部门审批的建设项目，由项目所在地县、市人民政府城市规划行政主管部门提出审查意见，报省、自治区、直辖市、计划单列市人民政府城市规划行政主管部门核发选址意见书，并报国务院城市规划行政主管部门备案。对于中央各部门、各公司审批的小型和限额以下建设项目，由项目所在地县、市人民政府城市规划行政主管部门核发选址意见书。但是，除上述项目外的其他建设项目不需要申请选址意见书。

②建设用地规划许可证申请阶段。

对于在城市、镇规划区内通过划拨方式提供国有土地使用权的建设项目，建设单位在获得有关部门的批准、核准和备案后，必须向城市或县人民政府城乡规划主管部门提交建设用地规划许可申请。城市或县人民政府城乡规划主管部门根据控制性详细规划来核定建设用地的位置、面积和允许建设的范围，并发放建设用地规划许可证。

对于在城市、镇规划区内通过出让方式提供国有土地使用权的建设项目，城市或县人民政府城乡规划主管部门在出让国有土地使用权之前，应依据控制性详细规划确定出让地块的位置、使用性质和开发强度等规划条件，并将其作为国有土地使用权出让合同的一部分。在签订国有土地使用权出让合同后，建设单位必须持有批准、核准、备案文件和国有土地使用权出让合同，向城市或县人民政府城乡规划主管部门申请建设用地规划许可证。

③建设工程规划许可证申请阶段。

在城市或镇规划区内进行建筑物、构筑物、道路、管线或其他工程建设的建设单位或个人，必须向城市或县人民政府城乡规划主管部门或省、自治区、直辖市政府指定的镇人民政府申请建设工程规划许可证。在申请办理建设工程规划许可证时，必须提交使用土地的相关证明文件、建设工程设计方案等相关材料。如果需要编制修建性详细规划的建设项目，还必须提交修建性详细规划。如果符合控制性详细规划和规划条件，城市或县人民政府城乡规划主管部门或省、自治区、直辖市政府指定的镇人民政府将核发建设工程规划许可证。

（2）对于乡、村庄规划区

在乡、村庄规划区内进行乡镇企业、乡村公共设施和公益事业建设的建设单位或个人，必须向乡、镇人民政府申请乡村建设规划许可证。乡、镇人民政府将向市、县人民政府城乡规划主管部门提交申请，并由市、县人民政府城乡规划主管部门核发乡村建设规划许可证。

2. 开发控制的依据

在实施城乡规划时，城乡规划行政主管部门主要依据以下四个方面：

（1）法律规范依据：城乡规划实施必须遵循《城乡规划法》及其配套法规和相关法律法规；遵循由省、自治区和直辖市依法制定的城乡规划地方性法规、政府规章和其他规范性文件。

（2）城乡规划依据：根据《城乡规划法》，城市、县人民政府城乡规划主管部门在核发建设用地规划许可证和建设工程规划许可证时，都必须以控制性详细规划为最为重要的依据。

（3）技术规范、标准依据：包括国家制定的城乡规划技术规范、标准；城乡规划行业制定的技术规范、标准；各省、自治区、直辖市根据国家技术规范编制的地方性技术规范和标准。

（4）政策依据：城乡规划是行政管理工作，各级政府根据经济社会发展的实际情况，为城市建设和管理需要制定的各项政策也是城乡规划运作的重要依据。

第二节　城镇规划体系

一、城镇体系规划的作用与任务

（一）城镇体系的概念与演化规律

城镇体系是指由城市和乡村组成的空间结构，其中城市是城镇体系的核心，而乡村则是城镇体系的重要组成部分。城镇体系的演化规律是指城镇体系在历史上的发展变化和规律性，包括以下两个方面：

1. 城镇体系的概念和形成

城镇体系的概念最早可以追溯到中国的封建时代，当时城镇分布较为分散，城镇规模较小。到了近代，城镇体系开始逐渐形成，城市的规模和数量也开始增加。在中华人民共和国成立后，城市化进程加速，城镇体系逐渐完善。目前，中国城镇化率已经超过60%，城镇体系已经成为中国城乡发展的重要组成部分。

2. 城镇体系的演化规律

（1）集聚效应：城镇体系的演化规律之一是集聚效应。城市的人口、资本、信息等资源的集聚，会形成城市的辐射效应和溢出效应，使周边地区的经济、社会和文化发展得到促进。

（2）分布均衡：城镇体系的演化规律之二是分布均衡。在城镇化进程中，要实现城镇分布的均衡和优化布局，加强城乡之间的联系和协调，避免出现城市过度集中和资源浪费的情况。

（3）空间层次：城镇体系的演化规律之三是空间层次。城镇体系是一个由城市和乡村组成的多层次空间结构，不同层次之间存在着明显的联系和相互影响。例如，大城市是城镇体系的核心，中小城市是城市群的节点，乡村是城镇体系的重要组成部分。

（4）经济发展和城镇化：城镇体系的演化规律之四是经济发展和城镇化。经济发展和城镇化是相互促进的过程，城镇化能够为经济发展提供支撑，经济发展也能够推动城镇化进程。

（二）城镇体系规划的地位与作用

1. 城镇体系规划的地位

城镇体系规划旨在一定地域范围内妥善处理各城镇之间、单个或数个城镇与城镇群体之间，以及群体与外部环境之间的关系，以达到地域经济、社会、环境效益最佳的发展。《城市规划基本术语标准》GB/T 5028—1998 中对城镇体系规划（Urban System Planning）的定义是：一定地域范围内，以区域生产力合理布局和城镇职能分工为依据，确定不同人口规模等级和职能分工的城镇的分布和发展规划。具体说，城镇体系规划是以地域分工为原则，根据工业、农业和交通运输及文化科技等事业的发展需要，在分析各城镇的历史沿革、现状条件的基础上，明确各城镇在区域城镇体系中的地位和分工协作关系，确定其城镇的性质、类型、级别和发展方向，使区域内各城镇形成一个既有明确分工，又能有机联系的大、中、小城镇相结合和协调发展的有机结构。

近年来，城镇体系规划的重要性日益显著。在 2008 年开始实施的《中华人民共和国城乡规划法》中明确规定：国务院城乡规划主管部门会同国务院有关部门组织编制全国城镇体系规划，用于指导省域城镇体系规划、城市总体规划的编制（第十二条）。为了进一步发挥城镇对经济社会发展的重要推动作用，提高我国参与国际竞争的能力，逐步改变城乡二元结构，实现区域协调发展，国务院城乡规划主管部门会同国务院有关部门于 2005 年组织编制了《全国城镇体系规划（2005—2020 年）》。同时，各省、自治区人民政府根据《中华人民共和国城乡规划法》和《城镇体系规划编制审批办法》的规定组织编制的省域城镇体系规划也在全面进行中。

目前，根据《中华人民共和国城乡规划法》及《城市规划编制办法》的相关内容，我国已经形成了由城镇体系规划、城市总体规划、分区规划、控制性详细规划和修建性详细规划等所组成的比较完整的空间规划系列，虽然从理论上讲，城镇体系规划属于区域规划的一个部分，但是由于历史的原因，在我国的城乡规划编制体系中，城镇体系规划事实上长期扮演着区域性规划的角色，具有区域性、宏观性、总体性的特征，尤其是对城乡总体规划起着重要的指导作用。根据《中华人民共和国城乡规划法》及《城市规划编制办法》的规定，全国城镇体系规划用于指导省域城镇体系规划；全国城镇体系规划和省域城镇体系规划是城市总体规划编制的法定依据。在《中华人民共和国城乡规划法》中进一步明确：市域城镇体系规划则作为城市总体规划的一部分，为各城镇总体规划的编制提供区域性依据，其重点是"从区域经济社会发展的角度研究城市定位和发展战略，按照人口与产业、就业岗位的协调发展要求，控制人口规模、提高人口素质，按照有效配置公共资源，改善人居环境的要求，充分发挥中心城市的区域辐射和带动作用，合理确定城乡空间布局，促进区域经济社会全面、协调和可持续发展"。

2. 城镇体系规划的主要作用

城镇体系规划一方面需要合理地解决体系内部各要素之间的相互联系及相互关系，

另一方面又需要协调体系与外部环境之间的关系。作为致力于追求体系整体最佳效益的城镇体系规划，其作用主要体现在区域统筹协调发展上，具体分析如下：

（1）指导总体规划的编制，发挥上下衔接的功能，城镇体系规划是城市总体规划的一个重要基础，城市总体规划的编制要以全国城镇体系规划、省域城镇体系规划等为依据。编制城镇体系规划是在考虑了与不同层次的法定规划协调后制定的，对于实现区域层面的规划与城市总体规划的有效衔接意义重大。

（2）全面考察区域发展态势，发挥对重大开发建设项目及重大基础设施布局的综合指导功能。重大基础设施的布局通常需要从区域层面进行考虑，城镇体系规划可以避免"就城市论城市"的思想，综合考察区域发展态势，从区域整体效益最优化的角度实现重大基础设施的合理布局，包括对基础设施的布局和建设时序的调控。

（3）综合评价区域发展基础，发挥资源保护和利用的统筹功能，城镇体系规划中一个很重要的内容是明确区域内哪些地方可以开发、哪些地方不可开发，或者哪些地方的开发建设将对生态环境造成影响而应限制开发等。综合评价区域发展基础，统筹区域资源的保护和利用，实现区域的可持续发展是城镇体系规划的一项重要职责。

（4）协调区域城市间的发展，促进城市之间形成有序竞争与合作的关系，城镇体系规划通过对区域内城市的空间结构、等级规模结构、职能组合结构及网络系统结构等进行协调安排。根据各城市的发展基础与发展条件。从区域整体优化发展的角度指导区域内城市的发展，从而避免区域内城市各自为政，促进区域的整体协调发展。

二、城镇体系规划的编制

（一）城镇体系规划的编制原则

1. 城镇体系规划的类型

（1）按行政等级和管辖范围，可以分为全国城镇体系规划、省域（或自治区域、直辖市）城镇体系规划、市域（包括其他市级行政单元）城镇体系规划等。

（2）根据实际需要，还可以由共同的上级人民政府组织编制跨行政区域的城镇体系规划。

（3）随着城镇体系规划实践的发展，在一些地区也出现了衍生型的城镇体系规划类型，例如都市圈规划、城镇群规划等。

2. 城镇体系规划编制的基本原则

城镇体系规划是一个综合的多目标规划，涉及社会经济各个部门、不同空间层次乃至不同的专业领域。因此，在规划过程中应贯彻以空间整体协调发展为重点，促进社会，经济、环境的持续协调发展的原则。

（1）因地制宜的原则

一方面城镇体系规划应该与国家社会经济发展目标和方针政策相符，符合国家有关发展政策，与国土规划、土地利用总体规划等其他相关法定规划相协调；另一方面又要符合地方实际，城市发展的特点，具有可行性。

（2）经济社会发展与城镇化战略互相促进的原则

经济社会发展是城镇化的基础，城镇化又对经济发展具有极大的促进作用，城镇体系规划应把两者紧密地结合起来，一方面，把产业布局、资源开发、人口转移等与城镇化进程紧密联系起来，把经济社会发展战略与城镇体系规划之间紧密结合起来；另一方面，城镇化战略要以提高经济效益为中心，充分发挥中心城市、重点城镇的作用，带动周围地区的经济发展。

（3）区域空间整体协调发展的原则

从区域整体的观念出发，协调不同类型空间开发中的问题和矛盾，通过时空布局强化分工与协作，以期取得整体大于局部的优势。有效协调各个城市在城市规模、发展方向，以及基础设施布局等方面的矛盾，有利于城乡之间、产业之间的协调发展，避免重复建设。中心城市是区域发展的增长极，城镇体系规划应发挥特大城市的辐射作用，带动周边地区发展，实现区域整体的优化发展。

（4）可持续发展的原则

区域可持续发展的实质是在经济发展过程中，要兼顾局部利益和全局利益、眼前利益和长远利益，要充分考虑到自然资源的长期供给能力和生态环境的长期承受能力，在确保区域社会经济获得稳定增长的同时，自然资源得到合理开发利用，生态环境保持良性循环。在城镇体系规划中，要把人口、资源、环境与发展作为一个整体来加以综合考虑，加强自然与人文景观的合理开发和保护，建立可持续发展的经济结构，构建可持续发展的空间布局框架。

（二）城镇体系规划的编制内容

1. 全国城镇体系规划编制的主要内容

根据《中华人民共和国城乡规划法》，国务院城乡规划主管部门有责任组织编制全国城镇体系规划，指导全国城镇的发展和跨区域的协调。全国城镇体系规划是统筹安排全国城镇发展和城镇空间布局的宏观性、战略性的法定规划，是国家制定城镇化政策、引导城镇化健康发展的重要依据，也是编制、审批省域城镇体系规划和城市总体规划的依据，有利于加强中央政府对城镇发展的宏观调控，城镇作为社会经济发展的主要空间载体，其规划必然涵盖社会经济等诸多方面。因此，从某种意义上看，全国城镇体系规划就是国家层面的空间规划。

全国城镇体系规划的主要内容是：

（1）明确国家城镇化的总体战略与分期目标

落实以人为本、全面协调可持续的科学发展观，按照循序渐进、节约土地、集约发展、合理布局的原则，积极稳妥地推进城镇化与国家中长期规划相协调，确保城镇化的有序和健康发展，根据不同的发展时期制定相应的城镇化发展目标和空间发展重点。

（2）确立国家城镇化的道路与差别化战略

针对我国城镇化和城镇发展的现状，从提高国家总体竞争力的角度分析城镇发展的需要，从多种资源环境要素的适宜承载程度来分析城镇发展的可能，提出不同区域差别化的城镇化战略。

（3）规划全国城镇体系的总体空间格局

构筑全国城镇空间发展的总体格局并考虑资源环境条件、人口迁移趋势、产业发展等因素，分省区或分大区域提出差别化的空间发展指引和控制要求，对全国不同等级的城镇与乡村空间重组提出导引。

（4）构架全国重大基础设施支撑系统

根据城镇化的总体目标，对交通、能源、环境等支撑城镇发展的基础条件进行规划。尤其要关注自然生态系统的保护，它们事实上也是国家空间总体健康、可持续发展的重要支撑。

（5）特定与重点地区的规划

全国城镇体系规划中确定的重点城镇群、跨省城镇发展协调地区、重要江河流域、湖泊地区和海岸带等，在提升国家参与国际竞争的能力、协调区域发展和资源保护方面具有重要的战略意义，根据实施全国城镇体系规划的需要，国家可以组织编制上述地区的城镇协调发展规划，组织制定重要流域和湖泊的区域城镇供水排水规划等，切实发挥全国城镇体系规划指导省域城镇体系规划、城市总体规划编制的法定作用。

2. 省域城镇体系规划编制的主要内容

省域城镇体系规划是各省、自治区经济社会发展目标和发展战略的重要组成部分，也是省、自治区人民政府实现经济社会发展目标，引导区域城镇化与城市合理发展，协调和处理区域中各城市发展的矛盾和问题，合理配置区域空间资源，防止重复建设的手段和行动依据，对省域内各城市总体规划的编制具有重要的指导作用。同时，省域城镇体系规划也是落实国家总体发展战略，中央政府用以调控各省区城镇化与城镇发展、合理配置空间资源的重要手段和依据。

（1）编制省域城镇体系规划时的原则

①符合全国城镇体系规划，与全国城市发展政策相符，与国土规划、土地利用总体规划等其他相关法定规划相协调。

②协调区域内各个城市在城市规模、发展方向，以及基础设施布局等方面的矛盾，有利于城乡之间、产业之间的协调发展，避免重复建设。

③体现国家关于可持续发展的战略要求，充分考虑水、土地资源和环境的制约因素和保护耕地的方针。

④与周边省（自治区，直辖市）的发展相协调。

省域城镇体系规划要立足省、自治区政府的事权，明确本省、自治区城镇发展战略，明确重点地区的城镇发展、重要基础设施的布局和建设、生态建设和资源保护的要求；明确需要由省、自治区政府协调的重点地区（跨市县的城镇密集地区）和重点项目，并提出协调的原则、标准和政策。为省、自治区政府审批城市总体规划、县域城镇体系规划和基础设施建设提供依据。省、自治区政府可以根据实施省域城镇体系规划的需要和已批准的省域城镇体系规划，组织制定城镇密集地区、重点资源和生态环境保护区域和其他地区的城镇发展布局规划，深化、细化省域城镇体系规划的各项要求。

（2）省域城镇体系规划的核心内容

制定全省（自治区）城镇化和城镇发展战略，包括确定城镇化方针和目标，确定城市发展与布局战略。

确定区域城镇发展用地规模的控制目标。省域城镇体系规划应依据区域城镇发展战略，参照相关专业规划，对省域内城镇发展用地的总规模和空间分布的总趋势提出控制目标；并结合区域开发管制区划，根据各地区的土地资源条件和省域经济社会发展的总体部署，确定不同地区、不同类型城镇用地控制的指标和相应的引导措施。

协调和部署影响省域城镇化与城市发展的全局性和整体性事项，包括确定不同地区、不同类型城市发展的原则性要求，统筹区域性基础设施和社会设施的空间布局和开发时序；确定需要重点调控的地区。

确定乡村地区非农产业布局和居民点建设的原则，包括确定农村剩余劳动力转化的途径和引导措施，提出农村居民点和乡镇企业建设与发展的空间布局原则，明确各级、各类城镇与周围乡村地区基础设施统筹规划和协调建设的基本要求。

确定区域开发管制区划。从引导和控制区域开发建设活动的目的出发，依据区域城镇发展战略，综合考虑空间资源保护、生态环境保护和可持续发展的要求，确定规划中应优先发展和鼓励发展的地区，需要严格保护和控制开发的地区，以及有条件的许可开发的地区，并分别提出开发的标准和控制的措施，作为政府进行开发管理的依据。

按照规划提出的城镇化与城镇发展战略和整体部署，充分利用产业政策、税收和金融政策、土地开发政策等政策手段，制订相应的调控政策和措施，引导人口有序流动，促进经济活动和建设活动健康、合理、有序的发展。

3. 市域城镇体系规划编制的主要内容

为了贯彻落实城乡统筹的规划要求，协调市域范围内的城镇布局和发展，在制定城市总体规划时，应制定市域城镇体系规划。市域城镇体系规划属于城市总体规划的一部分，编制市域城镇体系规划的目的主要有：①贯彻城镇化和城镇现代化发展战略，确定与市域社会经济发展相协调的城镇化发展途径和城镇体系网络。②明确市域及各级城镇的功能定位，优化产业结构和布局，对开发建设活动提出鼓励或限制的措施。③统筹安排和合理布局基础设施，实现区域基础设施的互利共享和有效利用。④通过不同空间职能分类和管制要求，优化空间布局结构，协调城乡发展，促进各类用地的空间集聚。

根据《城市规划编制办法》的规定，市域城镇体系规划应当包括下列内容：

（1）提出市域城乡统筹的发展战略。其中，位于人口、经济、建设高度聚集的城镇密集地区的中心城市，应当根据需要提出与相邻行政区域在空间发展布局、重大基础设施和公共服务设施建设、生态环境保护、城乡统筹发展等方面进行协调的建议。

（2）确定生态环境、土地和水资源、能源、自然和历史文化遗产等方面的保护与利用的综合目标和要求，提出空间管制原则和措施。

（3）预测市域总人口及城镇化水平，确定各城镇人口规模、职能分工、空间布局和建设标准。

（4）提出重点城镇的发展定位，用地规模和建设用地控制范围。

（5）确定市域交通发展策略，原则确定市域交通、通信、能源、供水、排水、防洪、垃圾处理等重大基础设施、重要社会服务设施的布局。

（6）在城市行政管辖范围内，根据城市建设、发展和资源管理的需要，划定城市规划区。

（7）提出实施规划的措施和有关建议。

4. 城镇体系规划的强制性内容

根据《城市规划编制办法》《城市规划强制性内容暂行规定》，城镇体系规划的强制性内容应包括：

（1）区域内必须控制开发的区域。包括自然保护区、退耕还林（草）地区、大型湖泊、水源保护区、分滞洪地区、基本农田保护区、地下矿产资源分布地区，以及其他生态敏感区等。

（2）区域内的区域性重大基础设施的布局。包括高速公路、干线公路、铁路、港口、机场、区域性电厂和高压输电网、天然气门站，天然气主干管、区域性防洪、滞洪骨干工程、水利枢纽工程、区域引水工程等。

（3）涉及相邻城市、地区的重大基础设施布局。包括取水口、污水排放口、垃圾处理厂等。

第三节　城市总体规划

一、城市总体规划的作用及任务

（一）城市总体规划的作用

城市总体规划是指在考虑城市的经济、社会、文化、环境等方面的基础上，对城市的未来发展进行系统性、全面性的规划和设计。其作用主要包括以下四个方面：

（1）宏观引导作用：城市总体规划是城市发展的战略性规划，通过制定城市总体规划，可以对城市的长远发展进行科学引导，指导城市未来的发展方向和空间布局，保证城市发展的长远性和可持续性。

（2）优化城市结构：城市总体规划可以通过规划城市空间布局，优化城市结构，提高城市的功能性和整体形象，进一步提升城市的品质和竞争力，为城市发展提供更好的基础和保障。

（3）统筹城市资源：城市总体规划能够统筹城市资源，合理规划城市用地，优化城市布局，合理利用土地、水资源等城市资源，实现资源的最大化利用和节约，从而提高城市的效益和可持续性。

（4）促进城市发展：城市总体规划是城市发展的指导方针和行动计划，可以促进城市发展，提高城市的综合效益，推动城市经济、文化、环境等各方面的发展，实现城市的全面发展和提升城市的竞争力。

城市总体规划是城市发展的重要组成部分，对于城市的长远发展和可持续性发展具有非常重要的作用，能够引导城市发展，提高城市的品质和竞争力，实现城市的可持续发展。

（二）城市总体规划的主要任务

城市总体规划是对城市的发展进行系统性、全面性规划和设计，其主要任务包括以下四个方面：

（1）建立城市发展的长远目标：城市总体规划需要确定城市发展的长远目标，包括城市的定位、功能定位、发展方向、空间布局、产业发展、公共服务等方面的规划，以明确城市的发展方向和目标，为未来的城市建设和发展提供基本框架和指导思路。

（2）规划城市空间布局：城市总体规划需要规划城市的空间布局，包括城市的用地规划、城市形态规划、交通网络规划、生态环境规划等方面，以优化城市结构，提高城市的功能性和整体形象。

（3）规划城市公共服务设施：城市总体规划需要规划城市公共服务设施，包括教育、医疗、文化、体育、交通、环保等方面的设施，以保障城市居民的基本生活需求，提高城市的综合服务水平。

（4）推动城市经济发展：城市总体规划需要推动城市经济发展，包括规划城市产业结构、优化城市产业布局、吸引投资、推动城市创新等方面，以提高城市的经济实力和竞争力。

二、城市总体规划的主要内容

城市总体规划是对城市未来发展的系统性、全面性规划和设计，其主要内容包括以下六个方面：

（1）城市空间布局：城市总体规划需要规划城市的空间布局，包括城市的用地规划、城市形态规划、交通网络规划、生态环境规划等方面。通过科学的空间规划，可以优化城市结构，提高城市的功能性和整体形象。

（2）城市产业规划：城市总体规划需要规划城市的产业发展，包括产业结构、产业布局、发展方向等方面。通过合理的产业规划，可以促进城市经济发展，提高城市的经济实力和竞争力。

（3）城市公共服务设施规划：城市总体规划需要规划城市的公共服务设施，包括教育、医疗、文化、体育、交通、环保等方面的设施。通过合理的公共服务设施规划，可以保障城市居民的基本生活需求，提高城市的综合服务水平。

（4）城市社区规划：城市总体规划需要规划城市的社区发展，包括社区的空间布局、社区设施建设、社区文化建设等方面。通过合理的社区规划，可以提高城市居民的生活质量和幸福感。

（5）城市环境规划：城市总体规划需要规划城市的环境保护和治理，包括水资源、大气污染、垃圾处理、生态保护等方面。通过科学的环境规划，可以提高城市的环境质量，保障城市居民的健康和生活质量。

（6）城市文化规划：城市总体规划需要规划城市的文化建设，包括文化设施建设、文化传承和创新、文化产业发展等方面。通过合理的文化规划，可以提升城市的文化软实力和美誉度。

城市总体规划需要全面考虑城市的经济、社会、文化、环境等各方面的发展，规划城市的空间布局、产业结构、公共服务设施、社区建设、环境治理和文化建设等方面，为城市未来的发展提供科学的指导和规划。

三、编制城市总体规划必须坚持的原则

城市总体规划是城市发展的指导性文件，是城市发展战略的核心。为了保障城市规划的科学性、系统性、可操作性，编制城市总体规划必须遵循一系列原则。下面我将详细描述编制城市总体规划必须坚持的原则。

（一）社会主义市场经济原则

社会主义市场经济是我国经济发展的基本经济制度。在城市总体规划中，需要贯彻落实社会主义市场经济原则，发挥市场在资源配置中的决定性作用，以市场需求为导向，充分调动市场的积极性和创造性，推动城市发展与市场需求的适应性和可持续性。同时，也需要在市场调节下保障城市规划的可持续性和公共利益。

（二）可持续发展原则

可持续发展是指在保障现代社会的经济、社会和环境基础上，实现未来世代的可持续发展。在城市总体规划中，需要贯彻可持续发展原则，统筹考虑城市发展的经济、社会和环境三个方面，通过协调发展和生态保护，实现城市发展的可持续性，以及保护城市历史文化遗产等非物质文化遗产。此外，还需要注意在城市建设中的生态文明建设，以实现经济、社会和环境的协调发展。

（三）人本原则

城市是人类居住、生产和文化交流的空间。在城市总体规划中，需要贯彻人本原则，以人民的利益为核心，为城市居民提供安全、健康、宜居的城市环境和便捷的城市服务。此外，还要尊重城市居民的文化和生活方式，充分发挥市民的主体作用和创造力，促进城市居民的幸福感和生活质量的提升。

（四）统筹规划原则

城市发展是一个系统工程，需要统筹规划，协调城市发展的各个方面。在城市总体规划中，需要贯彻统筹规划原则，建立科学的城市发展规划体系，形成合理的城市空间布局和功能布局。同时，还需要考虑城市发展的长远性，避免盲目发展和空间浪费。

（五）公众参与原则

公众参与是城市规划的重要环节，是保障城市规划科学性和民主性的必要手段。在城市总体规划中，需要贯彻公众参与原则，充分发挥公众的作用，听取公众意见，形成广泛的社会共识，保证规划的可行性和可操作性。公众参与可以通过举行听证会、座谈会、公开征求意见等形式进行，确保城市规划的科学性、合理性和民主性。

（六）透明公开原则

透明公开是城市规划决策的必要条件。在城市总体规划中，需要贯彻透明公开原则，加强规划决策的公开和透明，公开规划信息和规划进展情况，增加公众对城市规划决策的了解和参与，保障公众的知情权、参与权和监督权，确保规划决策的科学性、公正性和合法性。

（七）城市生态优先原则

城市生态环境是城市发展的基础和保障，因此城市总体规划中需要贯彻城市生态优先原则，以保护生态环境为前提，促进城市可持续发展。在城市总体规划中，应该合理规划城市用地，保护生态环境，加强环境监测和保护，建设城市生态绿地和公园，提高城市生态环境质量。同时，在城市发展过程中，也应该减少对生态环境的破坏，促进城市生态系统的恢复和保护。

（八）创新驱动原则

城市总体规划中需要贯彻创新驱动原则，加强城市科技创新，推进城市高质量发展。在城市总体规划中，需要加强科技创新规划，提高城市科技创新能力，鼓励创新创业，促进城市经济发展和社会进步。同时，在城市规划过程中，也需要加强技术创新和技术引进，提高城市建设的科技含量和技术水平，保证城市规划的现代化和前瞻性。

（九）人居环境优先原则

城市总体规划中需要贯彻人居环境优先原则，提高城市居民的生活品质。在城市总体规划中，需要规划城市的居住环境和社会服务设施，为城市居民提供更好的居住条件和生活服务。此外，还需要规划城市公共设施和交通设施，方便城市居民的生活和出行。通过贯彻人居环境优先原则，可以提高城市居民的生活品质，增强城市吸引力和竞争力。

（十）适度发展原则

适度发展是城市总体规划中必须遵循的原则之一。在城市总体规划中，需要规划城市的适度发展，保持城市发展的稳定和平衡。适度发展不仅要注重城市经济发展，也要注重社会和生态发展。同时，还要根据城市自身的资源禀赋和特点，制定合理的城市发展战略和规划，以确保城市发展的可持续性和稳定性。

以上就是编制城市总体规划必须坚持的原则，这些原则相互关联、相互促进，共同构成了城市规划的基本原则和指导思想。这些原则是城市规划制定的基础，为城市的发展提供了科学的指导和保障，使城市规划更加科学、合理、民主、透明、可持续。

在实践中，城市总体规划需要根据城市的实际情况和需求，结合城市发展的实际情况，制定具体的规划方案和实施计划。在规划制定的过程中，需要充分考虑各方面的利益和需求，注重与公众的互动和沟通，建立公众参与的机制，充分听取社会各方面的意见和建议，增强规划的科学性和可行性。此外，还需要注重规划的实施和监督，确保规划的顺利实施和效果的有效监测和评估。

四、城市总体规划纲要

（一）城市总体规划纲要的任务和主要内容

1. 城市总体规划纲要的任务

编制城市总体规划应先编制总体规划纲要，作为指导总体规划编制的重要依据。城市总体规划纲要的任务是研究总体规划中的重大问题，提出解决方案并进行论证。经过审查的纲要也是总体规划成果审批的依据。

2. 城市总体规划纲要的主要内容

（1）提出市域城乡统筹发展战略。

（2）确定生态环境、土地和水资源、能源、自然和历史文化遗产保护等方面的综合目标和保护要求，提出空间管制原则。

（3）预测市域总人口及城镇化水平，确定各城镇人口规模、职能分工、空间布局方案和建设标准。

（4）原则确定市域交通发展策略。

（5）提出城市规划区范围。

（6）分析城市职能、提出城市性质和发展目标。

（7）提出禁建区、限建区、适建区范围。

（8）预测城市人口规模。

（9）研究中心城区空间增长边界，提出建设用地规模和建设用地范围。

（10）提出交通发展战略及主要对外交通设施布局原则。

（11）提出重大基础设施和公共服务设施的发展目标。

（12）提出建立综合防灾体系的原则和建设方针。

（二）城市总体规划纲要的成果要求

城市总体规划纲要的成果包括文字说明、图纸和专题研究报告。

1. 文字说明

简述城市自然、历史、现状特点；分析论证城市在区域发展中的地位和作用、经济和社会发展的目标、发展优势与制约因素，提出市域城乡统筹发展战略，确定城市规划区范围；确定生态环境、土地和水资源、能源、自然和历史文化遗产保护等方面的综合目标和保护要求，提出空间管制原则；原则确定市域总人口、城镇化水平及各城镇人口规模；原则确定规划期内的城市发展目标、城市性质，初步预测城市人口规模；初步提出禁建区、限建区、适建区范围，研究中心城区空间增长边界，确定城市用地发展方向，提出建设用地规模和建设用地范围；对城市能源、水源、交通、公共设施、基础设施、综合防灾、环境保护、重点建设等主要问题提出原则规划意见。

2. 图纸

（1）区城城镇关系示意图

图纸比例为 1 : 200 000，1 : 1000 000，标明相邻城镇位置、行政区划、重要交通设施、重要工矿和风景名胜区。

（2）市域城镇分布现状图

图纸比例为1：50 000；1：200 000，标明行政区划、城镇分布、城镇规模、交通网络、重要基础设施、主要风景旅游资源、主要矿藏资源。

（3）市域城镇体系规划方案图

图纸比例为1：50 000，1：200 000，标明行政区划、城镇分布、城镇规模、城镇等级、城镇职能分工、市域主要发展轴（带）和发展方向、城市规划区范围。

（4）市域空间管制示意图

图纸比例为1：50 000，1：200 000，标明风景名胜区、自然保护区、基本农田保护区、水源保护区、生态敏感区的范围，重要的自然和历史文化遗产位置和范围、市域功能空间区划。

（5）城市现状图

图纸比例为1：5000，1：25 000，标明城市主要建设用地范围、主要干路，以及重要的基础设施。

（6）城市总体规划方案图

图纸比例为1：5000，1：25 000，初步标明中心城区空间增长边界和规划建设用地大致范围，标注各类主要建设用地、规划主要干路、河湖水面、重要的对外交通设施、重大基础设施。

3．专题研究报告

在纲要编制阶段，应对城市重大问题进行研究，撰写专题研究报告。例如，人口规模预测专题、城市用地分析专题等。

五、城市总体规划编制程序和方法

（一）城市总体规划编制基本工作程序

1．现状调研

现状调研主要是通过现场踏勘、部门访谈、区域调研、资料收集及汇总、现状分析等方法，从感性到理论认识城市的初始过程，主要包括下列内容：

（1）现场踏勘

城市总体规划现场踏勘由市域和中心城区两部分组成。其中，市域调查重点为各个下辖县及市区所属的城关镇、重点镇及有特色的一般镇，了解这些城镇的规模、职能、特性、经济基础与产业结构、发展潜力、交通条件和资源区位优劣势等内容，并收集文字材料，便于核对，在现场踏勘过程中，着重观察城市发展的活力、城市特色和交通便利度等内容，运用专业知识进行开放式的思考。在中心城区应对城市建成区，包括与建成区连成片的建设区域，以及对周边村庄和城市可能发展的区域进行踏勘，核对并标注各类用地，对于图上没有更新的地块应按精度要求进行补测，保证总体规划的现状图上各要素的准确性与真实性。

（2）部门访谈

部门访谈是对与规划相关的各个部门的综合调研，了解各个部门所属行业的现状、问题和工作计划，要求各部门提供与总体规划相关的专业规划成果，并对城市总体规划提出部门意见，各项会议内容要进行分类整理。

（3）区域调研

区域调研包括两项内容：一是主观感受城市与区域之间的交流程度和相互影响程度，也可以通过一些经济流向或客货流向数据表示；二是考察周边城市与编制总体规划城市的共同点，便于从大区域把握城市定位，调研的内容包括与周边城市的交通条件、交通距离、客货流向等，还包括周边城市自身的城市结构、路网骨架、产业结构、经济基础、新区建设、旧城风貌等内容，寻找相似性和可借鉴的方面。

（4）资料收集和汇总

通过各种途径收集城市相关资料，对编制总体规划的城市进行初步了解，一般分两个阶段进行；一是进现场前泛泛收集资料，形成初步印象；二是进现场后在地方情况基本掌握的前提下，关注各方面的意见和公布的相关文字及数据，以便对比分析。

基础资料汇总是城市总体规划中一项烦琐但很关键的工作，基础资料内容的翔实、准确与及时，直接影响着城市总体规划的最终成果的可操作性和科学性。基础资料汇总一般包括自己进行的专业调查资料、收集的文件与文献资料、座谈及访谈笔记汇总。

（5）现状分析

以分析图、统计表、定性和定量分析的形式撰写调研分析报告，评估城市问题，提出规划解决的重点，并尽可能与地方主管部门进行沟通，就分析结论交换意见。

2. 基础研究与方案构思

在现状分析的基础上展开深入的研究，进一步认识城市，并以科学的分析研究为基础，理性地构思规划方案，目前，常用规划方案的比较方式有：一是依据城市不同的发展方向选择确定的多方案方式；二是依据城市不同发展速度确定的多方案方式；三是依据重点解决城市主要问题确定的多方案方式。实际规划工作中面对十分复杂的城市条件，往往综合三种方式，选定多个规划方案对比，就城市发展方向、主要门槛、城市结构、开发成本、路网结构、经济发展模式等方面进行对比，为优选最终方案提供依据。

3. 组织编制城市总体规划纲要

正式编写城市总体规划成果之前，应当先组织编制城市总体规划纲要，按规定提请审查。其中，组织编制直辖市、省会城市、国务院指定市的城市总体规划的，应当报请国务院建设主管部门组织审查；组织编制其他市的城市总体规划的，应当报请省、自治区建设主管部门组织审查。依据国务院建设主管部门或者省、自治区建设主管部门提出的审查意见，组织编制城市总体规划成果，按法定程序报请审查和批准。

城市总体规划纲要需要确定总体规划的框架和重大问题，提出纲要性的规定，如规划目标、城市性质、城市规模、空间布局、专项规划基本内容和重要设施的安排等，作为编制规划成果的依据。

4. 成果编制与评审报批

（1）规划与城市建设协调

城市总体规划的成果内容丰富，跨度大，专业性强，规划成果的编制不仅要求自身周密、严谨和规范，并且要与地方城市建设进行充分协调，是一个理论性规划走向实践性规划的过程，是城市总体规划中十分关键的步骤。

（2）评审报批

城市总体规划的评审报批是规划内容法定化的重要程序，通常会伴随着反复的修改完善工作，直至正式批复。个别总体规划的制定周期过长时，编制单位还需要对报批成果的主要基础资料（现状数据等）进行更新。

（二）城市总体规划编制基本工作方法

1. 城市规划的分析方法

城市规划涉及的问题十分复杂和烦琐，必须运用科学和系统的方法，在众多的数据资料中分析出有价值的结论。城市规划常用的分析方法有三类，分别是定性分析、定量分析和空间模型分析。

（1）定性分析

定性分析方法常用于城市规划中复杂问题的判断，主要有因果分析法和比较法。

①因果分析法。城市规划分析中涉及的因素繁多，为了全面考虑问题，提出解决问题的方法，往往先尽可能多地排列出相关因素，发现主要因素，找出因果关系。

②比较法。在城市规划中常常会碰到一些难以定量分析又必须量化的问题，对此可以采用对比的方法找出其规律性。例如，确定新区或新城的各类用地指标，可参照相近的同类已建城市的指标。

（2）定量分析

城市规划中常采用一些概率统计方法、运筹学模型、数学决策模型等数理工具进行定量化分析。

①频数和频率分析。频数分布是指一组数据中取不同值的个案的次数分布情况，它一般以频数分布表的形式呈现。在规划调查中经常有调查的数据是连续分布的情况，如人均居住面积一般是按照一个区间来统计。

频率分布是指一组数据中不同取值的频数相对于总数的比率分布情况，一般以百分比的形式表达。

②集中量数分析。集中量数分析指的是用一个典型的值来反映一组数据的一般水平，或者说反映这组数据向这个典型值集中的情况。常见的有平均数、众数。平均数是调查所得各数据之和除以调查数据的个数；众数是一组数据中出现次数最多的数值。

③离散程度分析。离散程度分析是用来反映数据离散程度的。常见的方式有极差、标准差、离散系数。

极差是一组数据中最大值与最小值之差；标准差是一组数据对其平均数的偏差平方的算术平均数的平方根；离散系数是一种相对的表示离散程度的统计量，是指标准差与平均数的比值，以百分比的形式表示。

④一元线性回归分析，一元线性回归分析是利用两个要素之间存在比较密切的相关关系，通过试验或抽样调查进行统计分析，构造两个要素间的数学模型，以其中一个因素为控制因素（自变量），以另一个预测因素为因变量，从而进行试验和预测。例如，城市人口发展规模和时间之间的一元线性回归分析。

⑤多元回归分析，多元回归分析是对多个要素之间构造数学模型。例如，可以在房屋的价格和土地的供给，建筑材料的价格与市场需求之间构造多元回归分析模型。

⑥线性规划模型。如果在规划问题的数学模型中，决策变量为可控的连续变量，目标函数和约束条件都是线性的，则这类模型称为线性规划模型。城市规划中有很多问题都是为在一定资源条件下进行统筹安排，使得在实现目标的过程中，在消耗资源最少的情况下获得最大的效益，即如何达到系统最优的目标。这类问题就可以利用线性规划模型求解。

⑦系统评价法。系统评价法包括矩阵综合评价法、概率评价法、投入产出法、德尔菲法等。在城市规划中，系统评价法常用于对不同方案的比较、评价、选择。

⑧模糊评价法。模糊评价法是应用模糊数学的理论，对复杂的对象进行定量化评价，如可以对城市用地进行综合模糊评价。

⑨层次分析法。层次分析法将复杂的问题分解成比原问题简单得多的若干层次系统，再进行分析、比较、量化排序，然后再逐级进行综合。它可以灵活地应用于各类复杂的问题。

（3）空间模型分析

城市规划各个物质要素在空间上占据一定的位置，形成错综复杂的相互关系。除了用数学模型、文字说明来表达外，还常用空间模型的方法来表达，主要有实体模型和概念模型两类。

①实体模型。除了可以用实物表达外，也可以用图纸表达。例如，用投影法画的总平面图、剖面图、立面图，主要用于规划管理与实施；用透视法画的透视图、鸟瞰图，主要用于效果表达。

②概念模型。一般用图纸表达，主要用于分析和比较。常用的方法有：

几何图形法：用不同色彩的几何形在平面上强调空间要素的特点与联系。常用于功能结构分析、交通分析、环境绿化分析等。

等值线法：根据某因素空间连续变化的情况，按一定的值差，将同值的相邻点用线条联系起来。常用于单因素的空间变化分析，例如用于地形分析的等高线图、交通规划的可达性分析、环境评价的大气污染和噪声分析等。

方格网法：根据精度要求将研究区域划分为方格网，将每一方格网的被分析因素的值用规定的方法表示（如颜色、数字、线条等）。常用于环境、人口的空间分布等分析。此法可以多层叠加，用于综合评价。

图表法：在地形图（地图）上相应的位置用玫瑰图、直方图、折线图、饼图等表示各因素的值。常用于区域经济、社会等多种因素的比较分析。

2. 城市总体规划编制要求

（1）规划编制规范化

鉴于总体规划的重要作用和法律地位，无论是制定的程序还是编制内容都必须严谨、规范，要保证与政策的高度一致性。编制总体规划可以理解为是制定法律文件，本身必须遵守国家的相关法律法规，符合标准规范，因此需要在总体上掌握我国的法律体系，应清楚地知道总体规划在我国法律体系中的地位。规范化也是确保规划质量的技术保障。

（2）规划编制的针对性

城市的产生和发展有其规律性，但是对于不同地理环境，不同发展时机的城市，规划编制需要有针对性。在我国东南沿海地区，城市用地紧张，工业项目集中，对总体规划中人口和用地指标一般有严格要求；中部地区大多城市属于发展时期，对总体规划中的基础设施的规划深度要求较高；西北部贫困地区则更注重城市环境保护治理与城市景观规划的内容。编制总体规划要求规划师能够运用自己的专业知识和技能，寻找并发现影响物质空间形成的动因，进而提出有效的政策，制定出最小风险的规划方案。

（3）科学性

编制规划是城市规划实践的重要内容之一，总体规划涉及城市发展的重大战略问题，必须科学、严谨地予以对待。编制总体规划不仅要对重大问题进行研究论证，各个技术环节都必须有并且能够提供科学依据。在规划编制中运用先进技术手段和不断更新的科研成果，有助于规划师在编制总体规划中科学地分析、判断问题，正确把握规划决策。

（4）综合性

城市总体规划涉及城市政治、经济、文化和社会生活各个领域，与许多学科和专业相关，规划的综合性体现在要尽可能地使相关研究和有关部门关注共同参与到编制过程中，在研究确定和解决城市发展的重大问题上发挥更大作用。

第四章　城市空间规划

第一节　城市居住区规划

一、居住区规划空间概念

（一）居住区的分级、规模与特点

1. 城市居住区

一般称居住区，泛指不同居住人口规模的居住生活聚居地和特指被城市干道或自然分界线所围合，并与居住人口规模（30000～50000人）相对应，配建有一整套较完善的、能满足该区居民物质与文化生活所需的公共服务设施的居住生活聚居地。

居住区有以下特点：规模大，配套设施完备，环境幽雅，居住功能与生活服务功能并重。居住区适用于人口规模较大、人口密度较高的特大、超大型城市的生活居住用地的组织。1个居住区可以划分为4～5个居住小区，也可以直接划分为若干个居住组团。

2. 居住小区

一般称小区，是指被城市道路或自然分界线所围合，并与居住人口规模（10000～15000人）相对应，配建有一套能满足该区居民基本的物质与文化生活所需的公共服务设施的居住生活聚居地。

居住小区有以下特点：规模适中；配套设施齐备；环境标准适度；以居住职能为主，以日常生活服务功能为辅。中小城市，1～3个居住小区就可以构成一个城市的生活居住用地。在大城市，4～6个居住小区组成一个居住区。

3. 居住组团

一般称组团，与居住人口规模（1000～3000人）相对应，由若干栋住宅组合而成的，配建有居民所需的基层公共服务设施的居住生活聚居地。

居住组团有以下特点：规模小；配套设施少；以居住功能为主，辅以少量基本生活服务职能。既可独立成团，又可由几个居住组团组成居住小区或居住区。

（二）住宅 - 居住区 - 城市的空间关系

我国《城市居住区规划设计规范》中提出了城市居住区、居住小区、居住组团的用地配置参考数据（表4-1），表明了居住区、小区、居住组团内各用地之间的比例关系。如图4-1所示，它显示了住宅院落、住宅群落、住宅小区及居住区相互间的构成关系以及它们与城市之间的空间结构关系。

表 4-1　居住区用地平衡控制指标　　　　单位：%

用地构成	居住区	居住小区	居住组团
住宅用地（R01）	50～60	55～65	70～80
公建用地（R02）	15～25	12～22	6～12
道路用地（R03）	10～18	9～17	7～15
公共绿地（R04）	7.5～18	5～15	3～6
居住区用地（R）	100	100	100

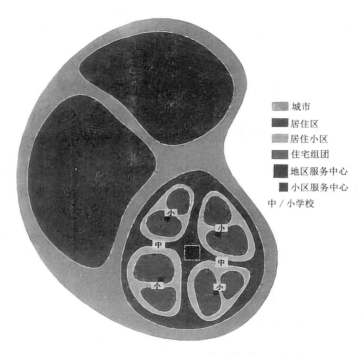

城市
居住区
居住小区
住宅组团
地区服务中心
小区服务中心
中/小学校

图 4-1　住宅 - 居住区 - 城市构成示意图

二、居住区规划空间层次

居住区的空间可分为户内空间和户外空间两大部分。就居住区规划设计而言，主要是对户外空间形态与层次的构筑与布局进行规划。

在居住区户外空间塑造中，若不考虑尺度的影响（居住建筑尺度具有一定的同质性和确定性），至少应有三个层次的限定。

第一层次的限定：空间的形式或类型，可抽象为实体对空间的限定或围合方式。通常有平行的行列式、半周边围合式、周边围合式、点条结合式等多种形式。第一层次的限定也可称为"外围的空间"，是居住区外部空间中处于宏观层面的要素。

第二层次的限定：指空间的界面特征，特别指上述第一层次限定中，某一种空间形式的内部界面特征，如建筑的材质、色彩、细部构造、体量穿插、光影变化等。由于该层次空间限定的介入，极大地丰富了空间的内涵，形成了特定的空间氛围，使空间成为具有某种精神和意义的场所。并且由于其与空间中人的活动密切相关，所以对人空间感受的影响十分强烈。在这种情况下第一层次的空间限定被大大弱化。

第三层次的限定：指植物、灯具等环境要素。一般而言，它们是最接近人的空间元素。人们对其可触、可闻、可观、可感，因而它们所形成的空间感受也更加强烈。相对于更大范围的空间环境，人们往往更关注自己身边的事情。例如大家对居住区中心绿地往往并不十分关注，而对自家门前的一盏灯、一丛花草、一片铺装都十分在意。因为人们每天上班、下班都会经过它们、看到它们，而它们也时时都在影响着人们的心情。此外，如前所述第三层次的限定，可以改变"外围空间"的限定形式。换言之，人们直接感受到的是与自身紧密相关的身边的小环境，以此形成的空间体验，构成了对该空间性质的基本判断，而更大尺度的外围空间则往往被忽略。

第二节　城市商业区规划

一、城市商业网点及规划

（一）城市商业网点规划的原则分析

1. 规范性原则分析

城市商业网点规划规范性原则是指在城市商业网点规划中应遵循的法律法规和规范性文件。以下是一些常见的城市商业网点规划规范性原则：

（1）城市规划法律法规：城市商业网点规划应遵循城市规划法律法规的要求，如《城市规划法》等，确保规划的合法性和有效性。

（2）城市建设标准：城市商业网点规划应遵循城市建设标准的要求，如《城市建设标准》等，确保规划的建设质量和安全性。

（3）商业设施布局标准：商业设施的布局应遵循相关的规范性文件，如《商业设施布局标准》等，规定商业设施的分类和布局要求，确保商业设施的合理性和便利性。

（4）环境保护要求：商业网点规划应遵循环境保护要求，如环境影响评价等，确保商业设施的建设和运营对环境的影响最小化，保护城市环境和生态环境。

（5）火灾安全要求：商业网点规划应遵循火灾安全要求，如《建筑设计防火规范》等，确保商业设施的设计和建设符合防火要求，确保市民和游客的安全。

（6）建筑外观和城市形象要求：商业网点规划应遵循城市形象和建筑外观要求，确保商业设施的建筑风格、外观设计和色彩搭配符合城市形象要求，不破坏城市整体形象。

2. 系统性原则分析

城市商业网点规划系统性原则是指在城市商业网点规划中需要考虑的全局性和系统性原则。以下是一些常见的城市商业网点规划系统性原则：

（1）市场导向原则：商业网点规划应该以市场需求为导向，了解市民和游客的消费需求和习惯，根据市场需求进行商业设施和服务的规划和布局。

（2）区域整合原则：商业网点规划应该考虑区域整合，将商业设施和服务与周边地区的设施和服务相互衔接，形成相对完整的商业服务网络。

（3）横向协调原则：商业网点规划应该考虑横向协调，协调不同商业设施之间的关系，减少同类商业设施的竞争和冲突。

（4）纵向协调原则：商业网点规划应该考虑纵向协调，协调商业设施和城市规划的关系，使商业设施和城市规划相互补充，共同促进城市的经济和社会发展。

（5）信息化原则：商业网点规划应该考虑信息化，将商业设施和服务与信息化技术相结合，提高商业服务的效率和质量，提高市民和游客的满意度。

（6）可持续性原则：商业网点规划应该考虑可持续性，将商业设施和服务与可持续发展相结合，减少对环境的污染，提高资源利用效率，推动城市的可持续发展。

3. 科学性原则分析

城市商业网点规划科学性原则是指在城市商业网点规划中需要遵循的科学规划和分析原则。以下是一些常见的城市商业网点规划科学性原则：

（1）市场调研分析原则：商业网点规划应该进行市场调研和分析，了解市民和游客的消费需求和趋势，以及竞争商业设施的情况，为商业网点规划提供科学依据。

（2）空间分析原则：商业网点规划应该进行空间分析，考虑商业设施的空间分布、布局和面积等因素，以及周边交通、社区和景观等因素，提高商业设施的空间利用效率和便利性。

（3）经济效益分析原则：商业网点规划应该进行经济效益分析，考虑商业设施的建设和运营成本，预测商业设施的经济效益和回报周期，为商业网点规划提供科学依据。

（4）环境影响分析原则：商业网点规划应该进行环境影响分析，考虑商业设施的建设和运营对环境的影响，预测环境效益和环境风险，为商业网点规划提供科学依据。

（5）技术支撑原则：商业网点规划应该借助现代技术手段，如地理信息系统、网络技术、智能设备等，提高商业设施的管理效率和服务质量，为商业网点规划提供科学支撑。

（6）管理模式创新原则：商业网点规划应该创新商业设施的管理模式，如采用共享经济、物联网技术等，提高商业设施的效率和运营成本，为商业网点规划提供科学支撑。

4. 适应性原则分析

城市商业网点规划适应性原则是指在城市商业网点规划中需要考虑商业设施的适应性，以适应城市发展的需要和市场变化。以下是一些常见的城市商业网点规划适应性原则分析：

（1）弹性规划原则：商业网点规划应该具有一定的弹性，能够根据市场需求和城市发展需要进行调整和变化，保持商业设施的适应性和灵活性。

（2）可变性原则：商业网点规划应该具有一定的可变性，能够根据市场需求和商业设施的经营情况进行调整和变化，保持商业设施的竞争力和市场占有率。

（3）多元化原则：商业网点规划应该具有一定的多元化，考虑市民和游客的多样化需求和消费习惯，提供不同类型的商业设施和服务，增加商业设施的吸引力和市场份额。

（4）智能化原则：商业网点规划应该具有一定的智能化，将商业设施和服务与智能化技术相结合，提高商业服务的效率和质量，增加商业设施的吸引力和市场份额。

（5）可持续性原则：商业网点规划应该具有一定的可持续性，将商业设施和服务与可持续发展相结合，减少对环境的污染，提高资源利用效率，推动城市的可持续发展。

城市商业网点规划适应性原则是指在城市商业网点规划中需要考虑商业设施的适应性，以适应城市发展的需要和市场变化。这些原则包括弹性规划、可变性、多元化、智能化和可持续性等，以确保商业网点规划的适应性、可行性和可持续性，促进城市的经济和社会发展。

5. 前瞻性原则分析

城市商业网点规划前瞻性原则是指在城市商业网点规划中需要考虑未来发展趋势和预测市场需求，以及技术和社会变革对商业设施的影响。以下是一些常见的城市商业网点规划前瞻性原则：

（1）未来趋势预测原则：商业网点规划应该根据未来城市发展趋势，预测未来市场需求和商业设施的发展方向，提前规划和布局商业设施。

（2）技术引领原则：商业网点规划应该考虑新技术对商业设施的影响，借助新技术改善商业设施的服务质量和运营效率，提高商业设施的竞争力和市场占有率。

（3）社会变革原则：商业网点规划应该考虑社会变革对商业设施的影响，如人口老龄化、家庭结构变化、消费升级等，调整商业设施的类型和服务，满足市场需求和消费习惯。

（4）地域特色原则：商业网点规划应该考虑地域特色，将商业设施和服务与当地的文化、历史、地理特点相结合，提高商业设施的独特性和市场吸引力。

（二）商业中心的空间形态研究

1. 点状商业中心

点状商业中心是指以单个商业设施或少数商业设施为核心，向周围辐射出一定商业服务范围的商业中心。它通常位于城市的主要商业区或者城市次要商业区的核心地带，集中了大量商业设施，包括商场、超市、餐饮、娱乐等。其主要特点是商业设施集中、商业服务范围有限，属于点状分布。

（1）点状商业中心的优点

①商业设施集中，提供多样化的商业服务，方便消费者购物、用餐、娱乐等。

②商业设施规模大，能够满足大量消费者的需求，提高商业设施的利润和效益。

③商业设施紧密联系，形成商业设施间的相互促进和联动，形成商业的集聚效应。

④商业服务范围有限，消费者的购物范围相对集中，提高了商业服务的效率和便利性。

⑤商业设施较为密集，形成商业景观，提高城市的商业文化氛围。

（2）点状商业中心的缺点

①商业服务范围有限，无法满足周边地区的商业服务需求，可能导致商业空间利用效率低下。

②商业设施规模大，可能导致商业设施之间的竞争和冲突，影响商业设施的效益和利润。

③商业设施集中，容易导致交通拥堵和停车难等问题，影响商业服务的效率和消费者的购物体验。

④商业设施的经营周期较长，如果市场需求发生变化，商业设施的利润和效益可能会受到影响。

2. 带状商业中心

带状商业中心是指沿着城市道路或轨道交通等交通干线，集中了大量商业设施和服务的商业中心。它通常位于城市主干道、地铁沿线等交通枢纽的周围，形成一条带状分布的商业区。带状商业中心的特点是商业设施分布较为均匀，商业服务范围较广，形成带状分布。

（1）带状商业中心的优点

①商业设施分布均匀，能够满足周边地区消费者的购物、用餐、娱乐等需求，提高商业服务的便利性和效率。

②商业服务范围广，消费者的购物范围相对分散，降低了商业服务的单点集中和交通拥堵等问题。

③商业设施规模大，形成商业设施之间的相互促进和联动，形成商业的集聚效应。

④商业服务范围广，能够满足周边地区消费者的多样化需求，提高商业设施的市场占有率和利润。

⑤带状商业中心通常位于城市主干道或轨道交通沿线，交通便利，吸引了大量消费者，提高了商业服务的效益和利润。

（2）带状商业中心的缺点

①商业设施分布较广，商业服务范围相对分散，可能导致商业空间利用效率低下。

②商业设施分布较广，形成商业设施之间的竞争和冲突，影响商业设施的效益和利润。

③商业设施分布较广，可能导致商业服务的单点集中和交通拥堵等问题，影响商业服务的效率和消费者的购物体验。

④带状商业中心的规划和布局需要考虑城市交通和道路等基础设施的状况，需要进行综合考虑和规划，才能形成具有竞争力的商业中心。

3. 块状商业中心

块状商业中心是指在城市中集中了大量商业设施和服务的商业区域，通常位于城市主要商业区或城市次要商业区的核心位置。其特点是商业设施集中，商业服务范围相对集中，形成块状分布。

（1）块状商业中心的优点

①商业设施集中，提供多样化的商业服务，方便消费者购物、用餐、娱乐等。

②商业设施规模大，能够满足大量消费者的需求，提高商业设施的利润和效益。

③商业设施紧密联系，形成商业设施间的相互促进和联动，形成商业的集聚效应。

④商业服务范围相对集中，消费者的购物范围有限，提高了商业服务的效率和便利性。

⑤商业设施较为密集，形成商业景观，提高城市的商业文化氛围。

（2）块状商业中心的缺点

①商业服务范围有限，无法满足周边地区的商业服务需求，可能导致商业空间利用效率低下。

②商业设施规模大，可能导致商业设施之间的竞争和冲突，影响商业设施的效益和利润。

③商业设施集中，容易导致交通拥堵和停车难等问题，影响商业服务的效率和消费者的购物体验。

④商业设施的经营周期较长，如果市场需求发生变化，商业设施的利润和效益可能会受到影响。

（三）商业中心的等级划分体系

1. 一般城市的商业中心等级划分

一般城市的商业中心等级划分可以从不同角度进行划分，以下是常见的划分方式：

（1）根据商业设施规模和类型进行划分

①主城市商业中心：位于城市中心区，商业设施规模大、种类齐全，集中了大型商场、购物中心、百货公司、专业市场等。

②副中心商业区：位于城市次要商业区域，商业设施规模适中，集中了超市、便利店、小型商场等。

③社区商业中心：位于城市居民区域，商业设施规模较小，主要集中在小型商业街、小型商场、便利店等。

（2）根据商业服务范围进行划分

①点状商业中心：以单个商业设施或少数商业设施为核心，向周围辐射出一定商业服务范围的商业中心。

②带状商业中心：沿着城市道路或轨道交通等交通干线，集中了大量商业设施和服务的商业中心。

③块状商业中心：在城市中集中了大量商业设施和服务的商业区域，通常位于城市主要商业区或城市次要商业区的核心位置。

（3）根据商业服务内容进行划分

①综合性商业中心：提供多种商业服务，包括购物、娱乐、餐饮、文化等。

②专业性商业中心：提供特定的商业服务，如电子产品市场、家具市场、工艺品市场等。

③主题性商业中心：以特定主题为特色，如主题乐园、主题餐厅、主题购物中心等。

（4）根据商业设施的品牌等级划分

①高端商业中心：集中了高端品牌商业设施，如奢侈品品牌、高档餐饮、高端购物中心等。

②中档商业中心：集中了中档品牌商业设施，如知名品牌商场、餐饮、服装店等。

③低档商业中心：集中了低档品牌商业设施，如超市、杂货店、快餐店等。

（5）根据商业设施的市场定位划分

①国际性商业中心：面向全球市场，提供高品质的商业服务，吸引了来自不同国家和地区的消费者。

②区域性商业中心：面向城市周边地区，提供地区性的商业服务，吸引了周边地区的消费者。

③本地性商业中心：面向城市本地市场，提供本地特色的商业服务，吸引了本地消费者。

商业中心等级的划分可以从不同的角度出发，如商业设施规模和类型、商业服务范围、商业服务内容、商业设施品牌等级和市场定位等。不同的划分方式可以根据实际需要进行选择，帮助城市规划者更好地规划商业中心的布局和发展。

2. 上海商业中心等级划分举例——上海

上海是中国最具有商业活力和发展潜力的城市之一，商业中心等级划分如下：

（1）主城区商业中心

上海市主城区商业中心是全市最为繁华、商业设施最为齐全的商业中心区，包括南京路、淮海路、西藏中路等，是全市最具代表性和最繁华的商业中心之一。这里拥有大型购物中心、百货公司、高档品牌商店、特色餐饮等商业设施。

（2）副中心商业区

上海市副中心商业区主要是指浦东新区陆家嘴金融中心、张江高科技园区等地，集中了金融、科技、文化等产业，以及大型商场、专业市场等商业设施。

（3）城市副中心商业区

上海市城市副中心商业区包括市区内的徐家汇、静安寺、普陀、虹口等地区，商业设施规模较大，包括大型商场、超市、餐饮、娱乐等。

（4）社区商业中心

上海市社区商业中心主要分布在市区各个居民区，包括小型商业街、社区商场、便利店、超市等商业设施。

二、城市商业用地的规划

（一）商业区的服务设施类别及布局

1. 商业区服务设施的类别

商业中心的设施包括基本公共设施和其他公共设施及一些辅助类设施。

（1）基本公共设施

基本公共设施是指城市商业中心承担基本服务职能的各种第三产业设施。

①零售商业设施

购物是居民生活的基本内容，因此零售也是商业中心基本设施的主要行业。零售商业设施由各类综合性商店、专业商店和市场组成。综合性商店主要是指各类商品兼备、面向各类服务对象的百货商店和大型商场。专业商店主要是指以经营某一种类商品为主、服务职能和服务对象相对单一的专业化设施。市场则主要包括超级市场、小商品市场和摊贩等形式。

②饮食服务业设施

随着人民生活水平的提高，城市商业中心的饮食业得到快速发展，设施类型不断丰富，服务档次不断提高。诸如快餐店、特色风味餐馆、火锅城、小吃街等。而且，饮食还与住宿、会议、旅游等行业相结合。此外，美容美发、照相、洗染、修理等也是必备的服务设施。

③文化娱乐业设施

文化娱乐业主要满足人们的精神需求，一般包括展览馆、博物馆、图书馆、影剧院、音乐厅、歌舞厅、滑冰场、保龄球馆等。

（2）其他公共设施

城市商业中心还包括一些第三产业设施，诸如金融业设施（银行、保险公司等）、商务办公设施（公司、事务所等）、信息通信情报设施（邮政局、电视台等）等。

（3）辅助类设施

具体包括商业附属设施（批发部、周转仓等）、交通设施（出租车站、公交站点库等）、市政公用设施（供暖、供电、泵房、垃圾中转站等）、游憩设施（休息座椅、绿化小品等）等。

2. 商业区服务设施的合理布局

商业用地的规划，需妥善考虑商业形态的均衡布局，最大限度地满足各个区片居民的需要。这是因为，商业用地的合理布局极大地影响到居民的日常出行行为，也在很大程度上关系到居民居住区位的选择。居民在选择居住地点时，考虑的不仅仅是住宅自身的户型、楼层、采光、通风、噪声等因素，还需要考虑周围的公共服务设施的布局和服务水平，特别是商业形态，后者在很大程度上影响到居民的生活质量。

（1）中国商业区服务设施的布局现状

在中国，商业服务设施相对滞后、布局不够合理的现象较为突出。在城市化、郊区化推进过程中，随着中心城区用地的日益紧张，一些房地产开发项目纷纷转向郊区。但是，由于以商业服务业为代表的公共服务配套设施没有跟上，给居民的日常生活带来很大不便，也在相当程度上降低了住宅开发的吸引力。

（2）外国商业区服务设施的布局现状

从国外来看，由于商业服务设施布局不合理带来的负面影响相当深远。以美国为例，伴随着 20 世纪 50—60 年代郊区化进程的推进，人口、产业、经济发展格局面临着新一轮的空间重组，美国部分中心城市呈现衰退的迹象，内城贫困问题逐渐加剧。由于中高收入阶层的大量外迁，带动了工业、零售业、办公室的依次跟进，形成郊区化的四次浪潮。

与之相应，郊区以富裕居民为服务对象的购物中心大量涌现，而内城的商业设施则相对衰退。公共服务和服务质量的空间不均衡现象非常明显，突出地表现为内城地区与郊区之间在商业形态方面的巨大差异。有研究显示，在那些低收入居民聚集的美国内城地区，超级市场的数量更少、规模更小。那些收入最低区域的人均拥有零售商店的数量要比最高收入区域的居民人均水平要低30%左右。由于零售业分布不均，内城地区偏少，给居民生活带来很大影响。

在美国，内城地区开设商店的费用高，即使有小型零售商店，也往往规模小、运营成本高，从而导致零售商品的价格普遍高于郊区。当然，大型超市的退出也在很大程度上助长了小型商店的涨价行为。对于收入偏低的内城居民来说，这无异于雪上加霜。而且，由于内城小型零售业提供的食品有限，内城居民的选择范围狭窄，难以获得足够食物和所需营养，饮食质量低劣，很容易引发相关疾病。可见由于商业设施配置不合理，产生了一系列连锁反应，引发了一连串的社会问题。

（二）城市商业区的用地

1. 商业区用地的构成

商业区的用地类型与特定经济活动类型和相关设施的配置密切相关，有什么样的经济活动和设施布局，就有什么样的土地利用方式。按照社会经济活动的性质、特点，可以将商业中心用地划分为公建用地、公共活动用地、道路交通用地和其他用地四个部分。

2. 商业区用地的地域差异

在不同社会经济发展水平的国家和地区之间，商业区服务设施的配置和用地的构成存在显著差异。例如，有学者分析了20世纪60—70年代英国伯明翰、利物浦和纽卡斯尔三个城市中心区的用地构成情况，并与20世纪80年代初期中国一些城市中心区的用地构成情况进行比较。研究发现，西方城市中心区办公、事务、金融、商业零售及文化教育用地比例较高，特别是1971年利物浦中心区办公和商业零售的用地比重高达60%以上，而居住用地和工业用地比例均较小，1968年伯明翰中心区的居住用地比重只有6.2%。表明西方城市的中心区是以办公、管理、金融和文化活动（包括新闻、广告、科研等）为主体，而在20世纪80年代初期，中国城市中心区主要是以商业零售、居住、工业等活动为主，与西方城市的空间结构形态存在显著差异。

当前，城市商业中心的设施出现综合化、混合化趋向，既有公共设施与配套辅助设施混合为主，也有公共设施与其他设施的混合，例如商业与居住、餐饮与办公的混合等。与之对应，商业区的用地构成出现重叠的特点，即同一地块可能承担着一种甚至多种不同功能。

3. 商业区用地的时空差异和类型差异分析

商业区用地除了类型的地域差异之外，还存在较为明显的时空差异和类型差异。即使对于同一地域，随着时间的推移，在一个较长的历史时期，其用地构成的变化也遵循着一定的规律。沃德（Ward）通过对波士顿中心区的演变历程进行研究，追溯了波士顿中心商务区从三个小的专门化核心最终发育成为现代中心区的过程。波士顿的中心区最初是城市的高级居住区，在这个居住区中，建筑物既用作居住，也作为富有阶层商人的银行，并逐渐出现一些食品市场和仓库。随后仓库从中心区迁移出去，形成批发区。零售业最初由于电车交通而沿街聚集，专门化的商业区由于原来食品市场不断发展而形成，同时办公活动不断扩大，从而导致离散的行政办公区的建立。

而且，在商业区的类型分化趋势逐渐加速的情况下，相应呈现出不同的土地利用模式和空间形态。商业区的土地利用模式并非一成不变，除了其巨额的土地投资和建筑处于相对静止之外，都是高度运动的，是一个动态的变化过程。大卫·T.赫伯特和科林·J.托马斯对CBD的功能分区进行了研究，将中等城市的CBD分为六个区，如图4-2所示。

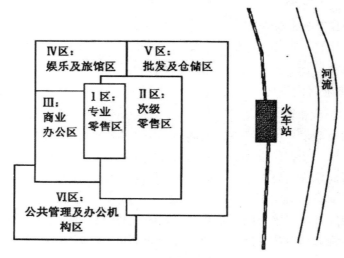

图4-2　中等城市的分区

其中，Ⅰ区专业零售区集聚着百货店和大型连锁店，沿传统的高尚街道布置。Ⅱ区集中出售耐用品和日用品，通常位于中心零售集中区的一侧；Ⅲ区商业办公区区位相对居中，以金融和保险业为主，随着时间的推移，此区倾向于分布在市中心环境区位更好的地方；Ⅳ区——娱乐及旅馆区，该区与零售及办公室紧密相连，主要依赖这两个区进行商业活动；Ⅴ区批发及仓储区，最初常位于沿海、沿河的交通设施和火车站附近，一般是市中心环境区位吸引力较差的位置；Ⅵ区公共管理及办公机构区。一般位于CBD边缘，由于其活动性质并非商业性，无法与中心区的商业设施竞争，从而失去了其中心性的区位。

商业区各类用地类型之间既呈相互吸引、聚集的特点，同时也有相互干扰、分离的倾向。在发展初期，商业区的用地类型往往呈现相对杂乱无章的状态，混合程度较高，而随着不同功能用地之间干扰程度的加强，又朝着均质化的方向演化。当然，功能不同，对区位的竞争力也不尽相同，在各种力量作用之下，特定的经济活动和产业逐渐分化，占据着自己的最优区位。

（三）商业区开发的规划控制

1. 商业区开发规划控制的内容

商业区开发规划控制的内容主要包括容量，性质，建设边界，环境质量，交通、公用设施和土地使用价格。

第一，容量。用地范围内可开发建设的最高建筑容量，需要针对不同功能空间和用地类型，给出相应的容量控制指标。

第二，性质。用地范围内许可建设的空间类型，如商业、办公、商住公寓等。

第三，建设边界。用地内建筑物允许达到的高度、红线等边界极限，边界条件的控制目的在于防止项目建设对周围环境造成不利影响。

第四，环境质量。对绿化、建筑物色彩、饰面、形体等提出要求。

第五，交通、公用设施。要求土地开发满足规划统一建设公用设施的条件，如出入口位置、停车位数量等。

第六，土地使用价格。地价和各项用地条件会在土地出让时进行反复协商。

2. 商业区开发规划总体层次的控制内容

商务区的总体控制包括：用地划分、地块的定性与定量指标、主要控制线。

第一，用地划分。根据规划、城市设计、用地现状，中心区域 CBD 的总用地可划分为街区用地、道路用地、城市绿地、公用设施用地等，明确用地控制点的坐标与高程。

第二，地块的定性与定量指标。根据功能布局规划，确定地块的使用性质、可兼容的其他功能类型；依据形体设计，确定地块的空间容量。

第三，主要控制线。其中红线控制建筑、道路的各自建造范围；蓝线控制临水处的建设界限；绿线控制人工环境与绿化界限；其他控制线还包括地下设施、空中高压走廊等内容的控制边界。

3. 商业区开发规划街区层次的控制内容

商业区在整体规划的基础上还需要进行街区的局部环境城市设计，以此确定街区的控制条件。街区层次的控制条件包括四个方面，如表 4-2 所示。

表 4-2　商业区开发规划街区层次的控制内容

内容名称	内容阐释
机动车出入口	机动车出入口的数量、位置由局部的交通组织设计确定，与之相联系的因素包括停车位的数量、周边道路的性质及服务要求
地块的划分	通常街区可由内部支路分隔为若干地块，并在中心形成内部围合空间。地块的指标控制应与街区的总指标一致
街区的空间限定	通过空间环境设计，街区的外部空间、内部空间、引导空间，以及相邻街区的架空廊道、地下通道应加以控制，同时需研究建筑界面高度对街区空间效果的影响
其他用地要求的落实	公共设施的用地宜按规划要求布置在相应的街区内，如变配电站、地下空间通风管道、地铁站口等

4. 商业区开发规划地块的控制内容

地块控制条件是规划对环境建造实施控制的法定手段，也是贯彻 CBD 城市设计目标设计意图的最终途径。地块的控制条件如表 4-3 所示。

表 4-3　地块的控制条件

条件概括	具体内容
基本控制条件	包括边界、面积、建筑容量、容积率、使用性质、绿化率、覆盖率、停车位等
红线	包括道路红线、建筑退让、高层建筑退让等
车行、步行组织	明确地块的机动车、人流出口、地下车库出入口、地面停车位、架空或地下步行走廊
空间的限定	确定支路、出入口、地块开敞空间的位置、场地铺装与绿化的要求等
其他条件	例如无障碍设计、外部空间照明等控制条件

第三节　城市园林绿地规划

一、城市绿地的作用

城市里的绿色主体是园林绿地系统，这些有生命的绿色植物在城市中具有不可替代和估量的作用。

（一）净化空气，维持碳氧平衡

空气是人类赖以生存和生活不可缺少的物质，从城市的小范围来说，由于密集的城市建筑和众多的城市人口，形成了城市中许多气流交换减少和辐射热的相对封闭的生存空间。目前许多市区空气中的二氧化碳含量已超过自然界大气中二氧化碳正常含量 300mg/kg 的指标，尤以在风速减小、天气炎热的条件下，在人口密集的居住区、商业区和大量耗氧燃烧的工业区出现的频率更多。

要调节和改善大气中的碳氧平衡，首先要在发展工业生产的同时，积极治理大气污染，研究把二氧化碳转化利用。其次是要保护好现有森林植被，大力提倡植树造林绿化，使空气中的二氧化碳通过植物的光合作用转化为营养物质。园林植被的这种功能，也是在城市环境这种特定的条件下，其他手段所不能替代的。

（二）吸收有害物质

当城市的工业生产和民用生活中燃烧煤炭产生的二氧化硫，以及工业生产和汽车尾气等产生的空气污染物质达到一定浓度时，就会对环境造成严重污染。如空气中的二氧化硫浓度高达 100mg/kg 时，就会使人感到不适，当浓度达到 400mg/kg 时，就会使人致死。园林植物在其生命活动的过程中，对许多有毒气体有一定的吸收功能，在净化环境中起到积极的作用。

空气中的烟尘和工厂中排放出来的粉尘，是污染环境的主要有害物质。而从全国来说，大气污染是相当严重的。森林或园林植被，由于具有大量的枝叶，其表面常凹凸不平，形成庞大的吸附面，能够阻截和吸附大量的尘埃，起到了降低风速、对飘尘的阻挡、过滤和吸收的作用，而这些枝叶经过雨水的冲洗后，又会恢复其吸附作用。因此，通过乔木、灌木和草组成的复层绿化结构，会起到更好的滞尘作用。

园林植被对细菌有抑制和杀灭的作用。有很多树木或植物能分泌出具有挥发性的植物杀菌素，为城市空气消毒，因而减少了空气中的细菌数量，净化了城市空气。

（三）调节和改善小气候

园林植物具有很好的吸热、遮阳和蒸发水分的作用。通过其叶片的大量蒸腾水分而消耗城市中的辐射热和来自路面、墙面和相邻物体的反射而产生的增温效应，缓解了城市的热岛效应。这也是在炎热的夏天，我们从城市里步行到森林、公园或行道树下，感觉到丝丝凉意的效果。

（四）减弱噪声和美化环境

噪声是一种环境污染，它对人体产生伤害，但茂密的树木能有效地减弱噪声，起到良好的隔音或消音作用，从而减轻噪声对人们的干扰并避免对人们听力的损害。

园林绿化是改善城市环境的一个重要手段，它可以创造一个新鲜的空气、明媚的阳光、清澈的水体和舒适而安静的生活和工作环境。

二、城市绿地的分类

我国城市绿地的分类方法经历了几次发展，目前正式实行的有两种，一种是《城市用地分类与规划建设用地标准》中规定的公共绿地和生产防护绿地两大类。另一种是2002年9月1日经原建设部批准的《城市绿地分类标准》，其根据各地区主要城市的绿地现状和规划特点，以及城市建设发展尤其是经济与环境同步发展的需要，以绿地的主要功能和用途作为分类的依据，将城市绿地分为五大类：公园绿地、生产绿地、防护绿地、附属绿地和其他绿地。

（一）公园绿地

是城市中向公众开放的、以游憩为主要功能，有一定的游憩设施和服务设施，同时兼有健全生态、美化景观、防灾减灾等综合作用的绿化用地。它是城市建设用地、城市绿地系统和城市市政公用设施的重要组成部分，是表示城市整体环境水平和居民生活质量的一项重要指标。包括综合公园、社区公园、专类公园、带状公园和街旁绿地。

（二）生产绿地

为城市绿化提供苗木、花草、种子的苗圃花圃、草圃等圃地。

（三）防护绿地

城市中具有卫生隔离和安全防护功能的绿地。包括卫生隔离带、道路防护绿地、城市高压走廊绿带、防风林、城市组团隔离带等。

（四）附属绿地

城市建设用地中绿地之外各类用地中的附属绿化用地。包括居住用地、公共设施用地、工业用地、仓储用地、对外交通用地、道路广场用地、市政设施用地和特殊用地中的绿地。

（五）其他绿地

对城市生态环境质量、居民休闲生活、城市景观和生物多样性保护有直接影响的绿地。包括风景名胜区、水源保护区、郊野公园、森林公园、自然保护区、风景林地、城市绿化隔离带、野生动植物园、湿地、垃圾填埋场恢复绿地等。

三、城市绿地系统规划的原则

要使城市绿地对城市发挥最佳效用，就要对其绿地系统的用地比例、布局方式和绿化效应进行研究。许多旧城市往往在建设过程中并未专门对绿地布局进行合理规划，其绿地的布局常常是自发的，无组织的，导致绿地的功能和作用难以得到充分地发挥。城市绿地系统规划应考虑以下原则：

（一）网络原则

在城市规划和设计中，绿地的重要性得到了越来越多的关注和重视。绿地是城市生态系统的重要组成部分，它不仅可以提供城市居民的休闲娱乐场所，还可以为城市环境提供重要的生态服务，如净化空气、调节气温、防止水土流失等。

为了最大限度地发挥绿地的生态环境功能，一种常见的做法是将各种绿地互相连成网络，使城市被绿地楔入或外围与绿带环绕。这种设计方式不仅可以提高城市绿化率，还可以使绿地的生态功能得到最大限度的发挥。

各种绿地互相连成网络，城市被绿地楔入或外围与绿带环绕，可充分发挥绿地的生态环境功能。

第一，改善城市生态环境。通过将各种绿地互相连成网络，可以将城市内的绿地、公园、植被带等相互连接起来，形成一个绿色生态网络。这种设计方式可以改善城市的生态环境，增加城市空气湿度、缓解城市热岛效应、提高城市空气质量等。

第二，提供城市居民的休闲娱乐场所。通过将各种绿地互相连成网络，可以使城市内的绿地、公园、植被带等相互连通，形成一个连续的绿色空间。这种设计方式可以为城市居民提供更加舒适、自然的休闲娱乐场所，使城市居民能够享受到更多的绿色生态资源。

第三，提高城市的生态适应性。通过将各种绿地互相连成网络，可以使城市内的绿地、公园、植被带等相互连通，形成一个连续的绿色空间。这种设计方式可以提高城市的生态适应性，使城市能够更好地适应气候变化、自然环境变化等因素的影响。

（二）均布原则

城市绿地系统规划中，均布原则是其中一项重要的规划原则。这一原则的基本思想是在城市范围内，按照一定的标准，将绿地分散均匀地分布在城市各个区域中，使城市居民在离家较近的地方就能享受到绿地的服务。

均布原则是城市绿地系统规划中的重要原则之一，其主要目的是使绿地的服务范围覆盖到城市的各个地区，使城市居民能够在离家较近的地方就能够享受到绿地的服务。具体来说，均布原则包括以下几个方面：

第一，合理设置绿地的服务范围。均布原则要求在城市规划和设计中合理设置绿地的服务范围，根据城市居民的出行习惯和需求，将绿地分散地布置在城市各个区域中，以便居民在离家较近的地方就能够享受到绿地的服务。

第二，保证绿地的质量和数量。均布原则要求保证城市绿地系统的质量和数量，根据城市居民的需求和绿地的生态环境功能，按照一定的标准，在城市范围内合理设置绿地，保证城市绿地的总量和质量。

均布原则是城市绿地系统规划中非常重要的规划原则之一，其目的是使城市绿地系统能够覆盖到城市的各个地区，保证城市居民能够在离家较近的地方就能够享受到绿地的服务，并且发挥绿地的生态环境功能，为城市的可持续发展和生态环境保护作出积极贡献。

（三）自然原则

城市绿地系统规划的自然原则是指在城市绿地系统规划中，要尊重自然环境，充分利用和发挥自然环境的特点和资源，为城市居民提供一个健康、安全、舒适的生态环境。具体来说，城市绿地系统规划的自然原则包括以下几个方面：

第一，依据自然特点设置绿地类型。在城市绿地系统规划中，应根据城市所处的自然环境和自然特点，合理设置不同类型的绿地，如水系、湿地、森林公园等，以充分利用和发挥自然资源，满足城市居民的需求。

第二，保持自然生态系统的完整性。在城市绿地系统规划中，要注重保持自然生态系统的完整性，尊重自然的生态特点，保持生态系统的稳定和平衡，保护和修复生态环境，防止人为破坏。

第三，考虑生态系统的连通性和多样性。在城市绿地系统规划中，应考虑生态系统的连通性和多样性，注重绿地之间的联系和互动，通过建立绿道、绿廊等绿地廊道，构建城市绿地系统的连通性，实现城市绿地生态系统的多样性。

第四，注重生态功能的提升和保护。在城市绿地系统规划中，应注重生态功能的提升和保护，充分利用绿地的生态环境功能，如净化空气、调节气温、保护水资源、防止水土流失等，同时保护和修复生态环境，提高城市绿地系统的生态效益。

第五，充分发挥绿地的景观和文化价值。在城市绿地系统规划中，应充分发挥绿地的景观和文化价值，打造城市的标志性绿地，注重绿地与城市文化的结合，体现城市的历史、文化和地域特色。

（四）因地制宜和生命周期原则

城市绿地系统规划的因地制宜和生命周期原则是城市规划中的重要原则，有助于建立一个符合城市实际情况、可持续发展的绿地系统。以下是这两个原则的详细介绍：

1. 因地制宜原则

因地制宜原则是城市绿地系统规划中的重要原则之一，主要指根据不同城市地区的自然环境和人文环境等特点，进行因地制宜的规划设计，以确保城市绿地系统的可持续发展。

因地制宜原则主要包括以下几个方面：

第一，根据城市的不同地域、气候和生态环境特点，选择适宜的绿地类型和布局模式；第二，考虑城市的文化背景和历史发展，将绿地与城市文脉相融合，营造具有地域特色的城市绿地景观；第三，根据城市居民的需求和生活习惯，设计出符合实际需要的城市绿地系统，提高其使用效率和便利性。

因地制宜原则的实施可以确保城市绿地系统的可持续发展，并使其更好地为城市居民服务。

2. 生命周期原则

生命周期原则是城市绿地系统规划中的另一个重要原则，主要指从绿地的规划、建设、管理、运营到维护和更新等各个环节中，保持绿地系统的可持续发展。

生命周期原则主要包括以下几个方面：

第一，在绿地规划和设计中，考虑绿地的整个生命周期，从最初的规划、设计到最终的运营和维护，保证其在整个生命周期中的可持续性；第二，对绿地的建设、管理、运营和维护进行科学的规划和管理，使其具有长期的可持续性；第三，对绿地的更新和维护进行适时的调整和优化，以满足城市居民的需求和绿地生态环境的变化。

生命周期原则的实施可以确保城市绿地系统的长期可持续发展，使其能够更好地为城市居民服务。

（五）地方性原则

保护古树名木，继承乡土物种，建立物种之间的良性循环系统，保护生态环境。城市绿地系统作为一类"人与自然"的物质空间，着重表述了人类生存与维系生态平衡的绿地之间的密切关系，同时也强调了绿地影响人居环境建设的主要生态功能。人居环境是人类生存活动密切相关的地表空间，也是人类赖以生存与发展的物质基础、生产资料和劳动对象。在人居环境学的理论范畴里，通常我们所说的城市"自然空间""绿化空间"等概念，实际上就是"城市空间的绿地空间"。在人居环境的空间构成中，城市绿地系统以自然要素为主体，以利用自然为目的而加以开发，为人类生存提供新鲜的氧气、清洁的水、必要的粮食和游憩场地，并对人类的科学文化发展和历史景观保护等方面起到承载、支持和美化等作用。

第五章 城市交通规划

第一节 城市交通规划概述

一、城市交通规划理论的发展

从技术角度来分析，城市交通规划涉及预测城市交通需求量，综合布局和规划较长时期内城市各项交通用地、交通设施和交通项目的建设与发展，并进行综合评估。在20世纪50年代之前，城市交通规划一般采用道路网规划的方式，这种趋势一直延续到20世纪70年代末。

真正意义上的现代城市交通规划始于20世纪50年代。1962年完成的《芝加哥地区交通研究》突破了以往交通规划等同于道路网规划的局面，打开了城市交通规划的新篇章。

在20世纪60年代，欧美发达国家私人小汽车的迅猛发展给公共交通带来了严峻的挑战。为应对日益严重的交通拥堵问题，城市交通规划开始与土地利用相结合，并重点研究城市常规公交规划技术、公交优先通行技术以及轨道交通规划技术。

到了20世纪70年代，城市交通规划在土地利用、人口及就业分析基础上进行交通需求预测，提出城市交通规划应包括城市交通发展政策、动态交通、静态交通、公共交通、行人交通以及规划实施与滚动等内容，强调"以人为本"的思想。同时，计算机技术的快速发展提高了数据处理和分析预测的效率和速度。

随着20世纪80年代大城市交通紧张状况的加剧，城市交通规划开始从分析城市交通系统间相互联系与内在影响因素入手，揭示问题的症结，提出城市交通发展战略目标、规划方案和政策建议。其中明确提出，公共交通必须放在首位，交通规划和建设不仅是为了解决交通问题，也是完善和发展城市的必要手段。

到了20世纪90年代，城市交通规划在以往研究和实践的基础上，明确了"交通系统调查－现状分析诊断－交通发展战略研究－交通需求预测－交通专项规划"的工作程序，并逐步清晰了城市交通规划过程和主要研究内容。交通规划新理论和新技术的研究不断深入，涌现出需求与供给平衡、网络效率、交通组织、交通控制与管理等全过程协调和优化的思想。

在半个世纪的现代城市交通规划诞生过程中，规划理论和技术的实用性不断增强，特别是在规划模式、预测模型、交通结构、网络分析技术以及计算机应用技术等方面表现得更为突出。

二、对中国现行城市交通规划的反思

在中国大城市，随着城市化进程的不断加速和交通机动化水平的提高，城市交通问题比较严重，主要表现为交通拥堵、空气污染和噪声污染。尽管中国的城市交通规划实践始于20世纪70年代至20世纪80年代初为解决交通拥堵，采用了西方交通规划的理论和方法对城市进行了大规模综合交通调查，北京、天津等各大城市交通建设重点也集中在立交桥和环路的建设上，初期取得了一定的效果。然而，由于忽视了利用综合调查成果制定具有适应性的交通规划，进入20世纪90年代，中国的城市交通规划陷入前所未有的困境。

一方面，旧城改造采用高密度、大容量的土地开发方式，导致现有的交通设施无法满足交通需求。另一方面，大城市交通规划的制定周期较长，城市建设的快速发展使得城市交通规划难以按照原有的规划意图去实施。这种费时费力制订出的综合交通规划由于缺乏弹性而失去了对城市交通发展的指导作用。同时，这也导致外界对城市交通规划在城市建设中的作用产生怀疑，促使人们全面反思现行的交通规划观念、方法和手段。

因此，中国的城市交通规划正面临着挑战和机遇。为了应对城市交通问题，中国正在采取一系列措施，例如优化公共交通、促进非机动交通和步行，以及控制汽车数量。同时，中国还在大力推进智慧交通和智能交通技术的应用，以加强城市交通管理和提高运行效率。未来，中国的城市交通规划需要更加注重人本关怀和社会公益，采用更加科学化和可持续性的规划理念和技术手段，为人们提供更加便捷、舒适、安全和环保的出行环境，实现城市的可持续发展。

中国现行城市交通规划的不足主要表现在以下四个方面：

（一）目标单一，观念上滞后

传统的城市交通规划改善交通的方法通常集中在增加交通运输能力上，通过不断修建道路来解决交通问题。然而，随着运输能力的增强，新的交通需求被激发出来，导致道路数量不断增加，标准不断提高，但交通拥堵的问题却越来越严重，无法得到解决。因此，如果仅仅关注道路供需的平衡而忽略了对交通需求的合理调整和控制，就会陷入一种交通供给与需求不断增长的恶性循环之中。

（二）处于从属地位，作为城市规划的配套规划

传统的城市交通规划是被动的，交通预测通常与土地使用规划紧密依存，土地使用布局决定了城市交通的发生源和空间分布；交通设施规划通常表现为配套服务，以满足土地使用和城市发展的需求。交通规划的被动适应主要表现在设施规划相对滞后于需求增长的速度上。虽然交通预测的目的是为规划方案提供分析和评价，但其并没有直接参与方案制定的过程，因此交通规划通常处于为其他规划提供配套服务的地位。传统交通规划通常像救火队一样，只有出现了交通拥堵才会规划和建设道路，这种"头疼医头，脚痛医脚"的方法无法疏导交通，反而会使交通量快速积聚。

（三）侧重道路设施规划，内容片面

传统的交通规划实际上就是道路设施规划，通常是根据城市用地布局的要求，规划和匹配道路网络，以便将城市用地组织和分隔成道路系统。城市交通规划关注的重点通常是提高交通运输能力和安排交通设施的用地，但缺乏必要的供需分析和定量依据。在交通机动化程度不断提高的情况下，传统交通规划存在多种缺陷，例如在平衡道路设施和公共客运设施的发展上存在问题，需要考虑客运效率，合理分配各种方式占用的道路资源，突出交通枢纽的特殊地位，重视管理设施的建设，进一步整合多种交通设施，均衡流量分布并发挥整体效益等方面。

（四）管理部门单一，缺乏协同性

随着城市交通所涉及的领域越来越广泛，城市交通规划与政府决策的结合也变得越来越紧密。然而，传统的交通规划通常是城市规划部门的主要关注点，其他城市部门很少参与其中。在城市发展的新阶段，交通设施已成为市政建设中的重要基础设施，因此需要制定详细的交通设施建设计划。同时，交通管理部门也关注道路交通的畅通与安全，对交通设施建设提出要求并提出政策需求。此外，环保部门的环保计划、计划部门的投资计划等也将交通规划视为重要内容。

通过反思，越来越多的城市管理者和交通规划的专业技术人员意识到了及时转变城市交通规划观念的重要性。这些转变主要包括以下四个方面：①变观念，从重视物质规划转向满足人们合理出行需求；②提升地位，由被动向主动，由从属地位向主导作用转变；③充实内容，从交通规划向运输规划转变；④实施模式转型，通过近期建设规划规范交通设施的投资与建设行为。如果这些转变能够在未来的城市交通规划中真正得以实现，必将对提升中国城市竞争力和保持城市可持续发展产生重要影响。

三、构建可持续发展的城市交通规划理论框架

（一）可持续发展的交通规划的概念及目标

可持续发展的定义通常是"既能够满足当代人的需求，又不会对未来世代的需求构成威胁"。这一定义所包含的丰富内涵可以概括为四项基本原则：发展原则、协调性原则、质量原则和公平性原则。

针对传统城市交通规划的不足，结合城市交通可持续发展的要求，可持续发展的城市交通规划将资源优化利用和环境保护纳入城市交通规划过程中。与传统以满足交通需求为唯一目标的规划理论和方法不同，可持续发展的城市交通规划的目标是满足交通需求、资源优化利用和改善环境质量，以交通负荷、环境容量和资源消耗为控制指标，符合可持续发展的要求。可持续发展的城市交通规划体现了从传统城市规划向现代城市交通规划观念转变的全部要求，是现代城市规划未来发展的必然趋势。

在可持续发展的城市交通规划中，满足交通需求、资源优化利用和改善环境质量这三个主要目标相互联系、相互作用，共同构成可持续发展的城市交通规划目标体系。

（二）可持续发展的交通规划层次和范围

可持续发展的城市交通规划是一项复杂的系统工程，通常分为三个层次：城市交通可持续发展战略规划、城市交通综合规划和城市交通近期建设规划。

1. 城市交通可持续发展战略规划

城市交通可持续发展战略规划是一项指导性规划，用于规划城市交通远景，预测未来城市客货运交通需求，并确定保证城市交通可持续发展的交通系统供应量。该规划基于城市的土地利用规划、生态环境容量、人口发展与分布以及未来经济发展规划等因素，一般为 20～50 年。城市交通可持续发展战略规划的目的是解决以下问题：①制定城市交通发展的远景目标和水平；②研究交通方式和交通结构；③规划城市道路网络主体布局；④确定城市对外交通和市内客货运输设施的选址和用地规模；⑤提出未来交通发展政策和交通需求管理政策的建议。

2. 城市交通综合规划

城市交通综合规划旨在满足交通需求、优化资源利用，同时改善环境质量。它是城市交通可持续发展战略规划的深化和细化，用地范围与城市总体规划一致，规划年限通常为 5～20 年。

城市交通综合规划的关键问题包括：①中长期可持续发展的交通方式结构优化；②道路网布局、公共交通、非机动交通等交通专项规划；③规划方案的可持续发展评价；④分期建设和交通建设项目的优先级排序等。

3. 城市交通近期建设规划

（三）可持续发展城市交通规划的技术过程

一般来说，传统的城市交通规划技术过程分为以下六个步骤：

1. 总体设计

总体设计是城市规划中的一个重要阶段，包括确定规划的目标、指导思想、年限、范围等方面的内容，以及成立交通规划的组织机构，编制规划工作大纲等。下面对总体设计的内容进行详细介绍：

（1）确定规划的目标

总体设计需要确定城市规划的目标，包括城市规模、城市功能、经济发展、生态环境、社会事务等方面的目标。目标的确定需要考虑城市的实际情况和未来发展的需求，制定合理的发展目标，为城市规划的后续工作提供指导。

（2）确定规划的指导思想

总体设计需要确定城市规划的指导思想，包括城市的发展方向、发展模式、发展理念等方面的内容。指导思想的确定需要考虑城市的历史文化、地理环境、社会经济等因素，为城市规划提供基本的理论和思路支持。

（3）确定规划的年限和范围

总体设计需要确定城市规划的年限和范围，包括规划的时间、空间、面积等方面的内容。年限和范围的确定需要考虑城市的实际发展情况和未来的需求，为城市规划提供明确的时间和空间限制。

（4）成立交通规划的组织机构

总体设计需要成立交通规划的组织机构，负责城市交通规划的编制和实施。组织机构的成立需要考虑人员的配置、机构的设置、任务的分工等方面的内容，确保规划的顺利实施。

（5）编制规划工作大纲

总体设计需要编制规划工作大纲，明确城市规划的编制步骤、编制内容、编制时间等方面的内容。规划工作大纲的编制需要考虑城市规划的实际情况和未来发展的需求，为规划工作的顺利实施提供指导。

总之，总体设计是城市规划中的一个重要阶段，包括确定规划的目标、指导思想、年限、范围等方面的内容，以及成立交通规划的组织机构，编制规划工作大纲等。通过总体设计的实施，可以为城市规划的后续工作提供指导和支持，确保城市规划的顺利实施。

2. 交通调查

交通调查是了解现状网络交通信息的必要手段，交通规划的内容因规划层次及规划内容的不同而不同。一般包括：出行 O-D 调查、道路交通状况调查、公交线路随车调查、社会经济调查。

3. 交通需求预测

交通需求预测是分析将来城市居民、车辆及货物在城市内移动及进出城市的信息。一般来说，交通需求预测包括：社会经济发展指标、城市人口及分布、居民就业就学岗位、居民出行发生与吸引、居民出行方式、居民出行分布、交通工具拥有量、客运车辆 O-D 分布、货运车辆 O-D 分布等。

4. 方案制订

根据交通需求预测结果，确定城市交通综合网络及其他交通设施的规模及方案，进行城市交通系统的运量与运力的平衡。

5. 方案评价

对城市交通系统设计方案的评价主要从技术和经济两个方面进行，下面将对这两个方面进行详细介绍。

（1）技术方面的评价

城市交通系统设计方案的技术方面主要包括以下五个方面的内容。

①交通流分析：评价方案的交通流量、交通流速、拥堵程度等交通运输参数。

②道路设计：评价方案的道路结构、车道宽度、路面材料、路缘设计等道路设计参数。

③交通控制：评价方案的交通信号、交通标志、交通警示等交通控制设施。

④公共交通系统：评价方案的公交线路、公交站点、公交车辆等公共交通系统参数。

⑤非机动车系统：评价方案的非机动车道、自行车停车场、共享单车等非机动车系统参数。

在评价城市交通系统设计方案的技术方面时，需要考虑其与城市实际情况和未来发展需求的契合度，以及其可行性、可操作性等方面的问题。

（2）经济方面的评价

城市交通系统设计方案的经济方面主要包括以下三个方面的内容。

①投资成本：评价方案的建设投资、维护成本、运营费用等投资成本。

②经济效益：评价方案的交通效率、出行时间、环境效益、社会效益等经济效益。

③社会收益：评价方案的环境质量、安全性、通行效率、节能减排等社会收益。

在评价城市交通系统设计方案的经济方面时，需要考虑其投资回报率、社会效益和经济效益的平衡等方面的问题。

综上所述，对城市交通系统设计方案的评价主要从技术和经济两个方面进行。技术方面主要包括交通流分析、道路设计、交通控制、公共交通系统和非机动车系统等方面的内容，经济方面主要包括投资成本、经济效益和社会收益等方面的内容。评价城市交通系统设计方案时需要综合考虑其与城市实际情况和未来发展需求的契合度、可行性和可操作性等方面的问题，以及其投资回报率、社会效益和经济效益的平衡等方面的问题。

6. 信息反馈与方案调整

根据方案评价结果对规划方案进行必要的调整。

与传统的单一目标的城市交通规划比较，可持续发展的城市交通规划是一个多目标、多因素相互作用的复杂系统。因此，可持续发展的城市交通规划的技术过程也是动态的、复杂的。

第二节　城市道路系统规划

一、城市道路网系统规划

城市道路网系统是城市交通的物质载体，是城市道路交通规划的核心内容。

（一）城市道路网系统的空间类型

城市道路网络系统的构成和布局与城市的地理、社会和经济条件密切相关，是为满足城市交通需求和土地利用要求而形成的。城市道路网络系统的布局取决于城市的结构形态、地形地貌条件、交通条件和不同功能用地的分布。在不同的地理、社会和经济条件下，城市道路网络系统呈现出不同的形态和特点。目前，世界主要城市的道路网络系统可以归纳为五种类型。

1. 方格网式

方格网式道路系统是一种历史悠久、应用广泛的道路网络形式，也被称为棋盘式道路系统。这种道路网系统通常应用于地形平坦、地貌完整且连续的平原地区城市。其优点在于道路布局整齐，有利于形成规整的建设用地，易于开发；平行道路较多，交通路径选择性强，有利于交通分散，便于机动灵活地组织交通。然而，方格网式道路系统也存在缺陷，例如对角线方向的交通联系不方便，容易造成部分车辆的绕行，同时也可能形成单调、缺乏特色的道路景观。长安、明清时期的北京，以及纽约的曼哈顿地区都是方格网式道路系统的代表实例。

2. 环形放射式道路网系统

环形放射式道路网最初在欧洲的一些城市中得到广泛应用，如莫斯科和巴黎。在中国，许多城市也采用此类型的道路系统，通常是由中心区向外逐步扩展形成的。这种道路系统的特点是由中心区向四周延伸的放射状道路和环绕城市的环路组成。放射状道路可以加强市郊地区之间的联系，同时也将周边交通引入城市中心，而环路则加强了城市外围地区之间的联系。然而，这种道路系统也存在问题，如容易将外围交通引入中心区，导致交通拥堵。因此，为了保护中心区不受过境交通干扰，必须提高环路道路的等级，并形成快速环路系统。在中国，成都、沈阳等城市采用了环形放射式道路网。

3. 方格网与环形放射混合式道路网系统

方格网与环形放射混合式道路网系统，又称为混合式道路网系统，是将方格网和环形放射式道路系统相结合形成的综合性路网。该系统的特点是能够充分发挥各种形式路网的优势，避免交通向城市中心聚集，同时保证城市外围与中心区域以及各地区之间的便捷联系。该道路系统常见于美国的芝加哥、日本的大阪以及中国的北京等城市。

4. 自由式道路网系统

自由式道路网系统是一种由城市地形起伏较大、道路布局呈不规则状的道路系统。这种路网形式的特点在于它受自然地形制约，因此会出现许多不规则的街区，这可能导致建设用地的分散。自由式路网系统没有固定的格式，因此变化多端。但是，如果将城市布局和城市景观等因素综合考虑，并进行精心规划，就可以建成高效运行的道路系统，并形成丰富多彩的景观效果。中国一些山区或丘陵地区的城市常采用这种道路系统，如青岛、重庆等。

5. 组团式道路网系统

当城市周围存在天然屏障，如河流等时，城市用地往往会被分成若干系统，此时组团式道路系统便成为一种适应此类城市布局的多中心系统。在我国，多中心组团式城市约占城市总数的10%。对于大城市来说，应该从单一中心向多中心发展，以适应改善城区交通拥堵的战略要求。

（二）城市道路网系统规划原则

现代城市道路网系统规划是将道路系统规划与土地利用规划相结合，以满足客货车流、人流的安全畅通为主旨，同时兼具反映城市风貌、历史文化传统，为地上、地下工程管线敷设提供空间。城市道路网系统规划设计中应遵循的一般性原则归纳如下：

1. 坚持道路系统规划与土地利用规划相结合

城市交通和土地利用之间密不可分，因此城市道路系统的规划与土地利用规划需要相互协调和配合。城市道路系统规划应结合土地利用规划中的功能布局，以满足各种城市活动引起的交通需求，并考虑到不同类型土地的交通需求和影响。同时，土地利用规划也需要考虑城市道路系统的布局和交通流量对不同区域的影响，以确保交通系统能够满足城市发展的需求，同时不对生态环境造成破坏。因此，城市交通规划和土地利用规划应该形成紧密的互动关系，相互协调，共同推动城市可持续发展。

2. 形成功能完善、配置合理的道路网系统

不同种类、不同级别的城市道路互相衔接，形成了一个有机的网络系统。在一个良好的道路系统中，不同类型的道路各自分工明确，不同级别的道路层次分明，间距合理、均匀，不存在明显的交通"瓶颈"，能够满足或基本满足道路客货运输的需求。

3. 道路线形结合地形

从交通工程的合理性出发，城市道路的线形应该采用平直的形状，以满足交通，特别是机动车快速通行的需求。然而，在地形起伏较大的山区或丘陵地区的城市，过分追求道路线形的平直不仅会增加工程造价和破坏自然环境，而且过于僵硬的道路会使城市景观单调乏味。因此，在山区或丘陵城市中，应结合自然地形适当地折转、起伏道路，不要单纯追求宽阔、平直，这样不仅可以降低工程造价，而且可以使城市景观更加丰富多彩。

4. 考虑对城市环境的影响

城市道路网的规划不仅需要考虑地形条件，还要考虑对城市环境的影响。例如，道路是一种狭长的开敞空间，如果与城市主导风向平行，容易形成街道风。街道风有利于城市的通风和大气污染物的扩散，但不利于对风沙、风雪的防范。道路网的规划应具体选择道路的走向，避免不利影响。此外，道路交通会产生废气、噪声等对城市环境造成影响，规划中应考虑采用建筑布局、绿化和工程措施（如遮音栅）等多种措施缓解影响。

5. 保持城市景观风貌

城市道路规划需要在满足交通功能的基础上，考虑城市景观和风貌的形成。在宏观上，应该将城市的自然景观（山体、水面、绿地等）和标志性建筑（历史遗迹、公共建筑、高层建筑等）融入道路规划，形成连贯的城市景观序列；在微观上，则需要考虑道路宽度与两侧建筑物高度的比例，以及道路景观的设计。可以根据不同性质的城市道路或不同路段，形成以绿化为主的道路景观或以建筑物为主的街道景观，从而打造独特的城市风貌。

6. 满足工程管线的敷设要求

通常情况下，各项城市基础设施的管线都需要沿着城市道路进行铺设，管径、埋深和压力等参数也需要根据不同的基础设施进行设置。此外，还需要设置大量的检修井，这些检修井通常与地面相连。因此，在进行道路规划时，需要考虑各种基础设施的铺设要求，包括管线的埋深、断面形式、纵坡坡度等。同时，还需要充分考虑地铁建设的可能性，以保证未来地铁线路的顺利铺设和运行。

7. 保证城市安全

在城市道路网规划中，必须考虑城市的安全需求。在组团式城市布局中，不同组团之间的道路连接至少应该有两条。这样可以保证当一条道路因为紧急事件或交通事故而

无法通行时，另一条道路仍然可以确保交通畅通。城市的出入口道路也应该不少于两条。对于那些经常受到洪水威胁的山区或湖区城市，需要建立通往高地的防灾疏散道路，并且应该增加疏散方向的道路密度。

二、城市道路系统的规划设计

（一）城市道路系统的构成及功能划分

城市道路系统规划的首要目标是满足城市交通运输的需求。为实现这一目标，城市道路系统的规划必须遵循"功能分明、系统清晰"的原则，确保城市各功能区之间具备"便捷、经济、高效、安全"的交通联系。根据交通性质、通行能力和行驶速度等指标，现代城市道路系统通常分为四个等级：快速路、主干路、次干路和支路。

快速路和主干路属于交通性道路，它们构成了城市道路系统的主干框架，主要用于承载城市各地区之间以及城市与外界之间的交通流量。次干路则以交通性为主，同时也兼顾生活性功能；支路通常作为生活性道路，在居民区、商业区和工业区之间发挥广泛的联系作用。

（二）城市道路系统规划指标

城市道路系统的建设发展水平是通过具体规划指标来综合反映的。这些指标具体包括以下几项。

1. 道路网密度

道路网密度，也叫道路线密度，是指城市建成区内的道路总长度与城市建成区面积的比值，通常用 km/km² 表示。这个比值可以针对城市主干道（城市干道网密度），也可以针对所有城市道路（城市道路网密度）。根据中国《城市道路交通规划设计规范》，快速路、主干路、次干路和支路的道路网密度在大、中、小型城市中有不同要求。道路网密度越大，交通越便捷，但密度过大会导致交叉口过多，反而会影响道路交通的效率。城市主干道的间隔一般控制在 700 ~ 1200m 之间，但在城市中心等交通密集地区可以适当加密，道路间距以 300 ~ 400m 为宜。

2. 道路面积率

道路面积率是一个可以衡量道路交通设施整体水平的指标，它包括了道路交通设施用地的总面积和城市建设用地之比。与道路网密度不同，道路面积率可以反映道路的宽度以及其他交通设施的整体水平，如停车场、交通性广场等。根据中国现行的《城市道路交通规划设计规范》，城市道路用地面积应占城市建设用地面积的 8% ~ 15%。对于规划人口在 200 万以上的大城市，为适应远期交通发展的需要，其道路面积率宜为 15% ~ 20%。目前，中国大城市的道路面积率通常在 10% 左右，相比发达国家大城市的 20% 仍有一定的差距。

3. 人均道路占有率

另一个用于衡量道路交通设施水平的指标是人均道路用地面积，其单位为平方米每人。根据中国现行规范，人均占有道路用地面积应在 7 ~ 15m²。其中，道路用地面积应在 6.0 ～ 13.5m²，广场面积应在 0.2 ～ 0.5m²，公共停车场面积应在 0.8 ～ 1.0m²。这些指标的制定，可以帮助规划人员合理地规划城市道路交通设施，使城市交通运输更加便捷、高效、安全。

（三）各类道路的规划要求

1. 快速路

快速路是为应对流量大、车速高、行程长的汽车交通而设置的重要道路，是城市主要的交通走廊之一，主要承担中长距离出行的交通流量。快速路的规划应满足以下要求：①规划人口在 200 万以上的大城市和长度超过 30km 的城市应设置快速路，快速路应与其他干道组成系统，并与城市对外公路连接便捷；②快速路应设置中央隔离带，不应设置非机动车道；③应严格控制与快速路交会的道路数量；④快速路两侧不应设置公共建筑的出入口，若快速路穿过人流密集区域，应设置人行天桥或地下通道，确保行人交通安全。

2. 主干路

作为城市道路网络的骨架，主干路连接城市各主要分区的交通干线，承担城市的主要客、货流量，是城市道路规划的重要组成部分。主干路规划应符合以下要求：①主干路上机动车与非机动车分道行驶，分隔带宜连续，交叉口之间应设有中央隔离带；②主干路两侧不宜设置公共建筑出入口，以确保道路畅通；③次干路两侧可设置公共建筑物，同时可设置机动车和非机动车的停车场、公共交通站点和出租汽车服务站，以满足城市居民的日常交通出行需求。

3. 次干路

次干路是城市道路系统中承担较大交通流量、联系城市各主要区域的重要道路，通常连接主干路和支路之间。次干路规划应符合以下要求：①次干路两侧可设置公共建筑物，如商业、服务业等，以及停车场、公共交通站点和出租汽车服务站等；②次干路宜设置大量的公交线路，以满足城市公共交通的需求；③次干路与主干路之间，以及与支路之间的交叉口宜设置分隔带，分隔机动车和非机动车，保障交通安全；④次干路与次干路、支路相交时，可采用平面交叉口，以便于车辆和行人的顺畅通行。

4. 支路

支路是城市道路网络中连接次干路与居住区、工业区、市中心区、市政公用设施用地和交通设施用地等内部道路的道路，其服务功能为主。支路的规划需要考虑以下要求：①支路应与次干路和内部道路相连接；②支路与平行的快速路的道路可以相接，但不得与快速路直接相连。如果需要连接，应采用分离式立体交叉或穿越快速路的方式；③支路应满足公共交通线路的要求；④在市区建筑容积率大于 4 的地区，支路网的密度应如表 5-1 所示中规定数值的 2 倍。此外，支路还包括非机动车道路和步行道路。

表 5-1 小城市道路网规划指标

项目	城市人口／万人	干路	支路
机动车设计速度 /（km·h⁻¹）	＞5	40	20
	1～5	40	20
	＜1	40	20
道路网密度 /（km·km⁻²）	＞5	3～4	3～5
	1～5	4～5	4～6
	＜1	5～6	6～8
道路中机动车车道条数 /条	＞5	2～4	2
	1～5	2～4	2
	＜1	2～3	2
道路宽度 /m	＞5	25～35	12～15
	1～5	25～35	12～15
	＜1	25～30	12～15

5. 环路

如果市中心区的交通流量过大，导致道路超载，应考虑在道路网络中设置环路。环路的设置应根据交通流量和流向而定，可以是全环，也可以是半环，而不应采用固定的模式。为了吸引车流，环路的等级不应低于主干道，而环路规划应与对外干线规划相结合。

6. 城市出入口道路规划

城市出入口道路不仅承担城市道路交通功能，也是连接城市与外部公路网的重要交通枢纽，因此规划设计应兼顾两者需要。为适应城市用地发展，出入口道路两侧的永久性建筑物应至少向后退让 20～25m²。城市应当设置两条以上的出入口道路以保证交通畅通，尤其在地震设防的城市更需要重视出入口数量的规划。

三、城市轨道交通路网规划

（一）轨道交通路网系统规划的指导思想和原则

1. 指导思想

城市轨道交通网络规划是城市总体规划中的专项规划，它具有宏观的控制性和指导性，既考虑了短期规划，也顾及了长远发展。根据规划的年限，可以分为近期规划和远景规划。近期规划与城市总体规划年限相同，而远景规划则是以城市远景规划用地性质、范围和人口发展规划为基础条件，具有适当的超前性和滚动性，能够支持、引导和推动总体规划的实施，以便实现"依据总体规划、支持总体规划、超前总体规划、回归总体规划"的指导思想。

2. 遵循的原则

轨道交通网络在规划时必须遵循以下原则。

（1）用最少的轨道交通总里程吸引最大的出行量。

（2）使最先修建的线路是最急需的线路。

（3）有利于城市今后的可持续发展。

（4）充分考虑轨道交通与土地利用的相互影响，处理好满足需求与引导发展的关系。

（5）线路走向应与城市主客流方向一致，应连接城市主要客流发生吸引源。

（6）轨道交通作为城市交通的骨干，应与现有交通工具相配合，协调发展，以最大限度地提高其使用效率。

（7）组建大型换乘中心，使之成为城市发展的副中心或新区开发的先导和依托点。

（8）与城市建设计划和旧城改造计划相结合，以保证轨道交通建设计划实施的可能性和连续性，工程技术上的经济性和合理性。

（9）与城市的地质、地貌和地形相联系，以降低轨道交通工程造价。有条件的地方应尽量采用高架或地面形式。

（二）轨道交通路网系统规划的要点

在遵循轨道交通路网规划的指导思想和原则的基础上，要建立一个以地铁或轻轨路网为骨干的城市综合交通体系，还应注意以下四个方面。

1. 依据城市形态地理态势与总体规划配合协同发展

进行轨道交通规划时，必须考虑城市总体规划的基本战略和用地发展方向，深入了解城市的形态演化过程和趋势，以及地理地形因素的影响。此外，交通形式与土地开发模式密不可分。城市结构的密集程度有助于公共交通的发展，轨道交通车站周围的土地使用也会变得更紧凑。

2. 交通网外形的形式设计和本身相配合

城市交通网络的形态主要由城市地理形态、城市用地布局和人口流向等因素决定，但人为决策也对其产生了影响。交通网络的形态能够影响整体的交通运输能力和客流流向，典型的形式有放射状和环形的路网。随着线路长度的增加和路网层数的增多，其吸引力也会增加，但这并不一定会带来良好的成本效益。如果线路过于接近，局部路网密度过大，吸引范围也会重叠，可能也无法发挥其最大效益。

3. 吸引交通流量的最大化

通过推广轨道交通系统，最大限度地减少人们使用地面和道路交通的情况，以减轻交通拥堵。轨道交通系统的客流量越大，其运输效率就越高，公共交通企业的盈利能力也会更强。如果无法达到最低的建设临界客运量标准，就会面临严重的亏损。轨道交通系统能够吸引的客流量与城市的人口密度、交通管理政策、经营策略和服务质量等因素有关。

4. 考虑运营上的配合

轨道交通的换乘站。在规划路网时，需要考虑到换乘站可能会吸引多条线路的乘客，因此在线路的设计中，需要考虑到两条以上线路的人流量规模。同时，换乘站的工程设计也需要考虑到建筑结构的难以改造性。在设计终点站时，需要尽可能将同一方向的出行人口纳入线路范围，以减少换乘的次数。

与地面公共汽车交通的协调配合。在轨道交通建成或运营后，可以调整公共汽车的线路，使其与轨道交通互补，共同实现城市出行的需求。多线路的换乘点可以改建成换乘站。

与对外交通设施的贯通配合。轨道交通的站点应该直接与火车站、长途汽车站、航空港等交通枢纽相连，以便于乘客的换乘和出行。

（三）轨道交通路网规模的确定和网络优化

轨道交通网络规模是指轨道交通线路的总长度，需要考虑"需求"和"可能"两方面的因素。从"需求"方面来看，需要根据城市总体规划、人口分布、出行强度等因素来分析轨道交通需求规模，同时也要考虑城市形态结构等因素。从"可能"方面来看，需要分析城市经济承受能力和工程实施进度等因素。

城市轨道交通路网优化是制订轨道交通路网规划的重要环节，其中"枢纽锚定全网"的理论提出了"先枢纽后网络"的规划思想，即在进行网络规划时，应根据交通集散点的分布情况，确定不同等级和类型的枢纽布局，然后再根据枢纽布局调整网络，以满足各集散点之间的交通联系。这种思想可以更好地优化轨道交通网络，提高其运行效率。

（四）轨道网络规划编制方法

1. 经验判断法

经验判断法主要是基于人口和就业岗位的分布情况，设定影响范围，并通过覆盖率判断来确定轨道交通线路的走向。这种方法相对简单，只需要将人口和岗位分布到交通小区中并绘制相应的人口和岗位分布图，然后根据经验来决定线路的走向。但是，由于这种方法仅考虑了人口密度的分布情况，而忽视了不同人员的出行行为，因此线路的规划可能与实际客流的流向不完全一致。

2. 期望线网法

期望线网法采用虚拟空间网络，连接各个形心点，通过"全有全无"的分配方式，将公共交通出行矩阵分配到网络上，以识别客流的主要流向。由于网络分配图反映了客流在交通小区之间的路径选择，因此能够轻松找到客运走廊。这种方法特别适用于轨道交通规划，因为轨道布线并不需要完全沿道路布设，而蜘蛛网分配技术在寻找客流走向时则完全摆脱了道路设施的约束。使用此方法编制的轨道网络可以扩大整个公交系统的服务范围，使轨道交通与地面公交形成互补。

四、城市地面公共交通规划

中国城市道路上的客运交通工具主要包括公共汽车、无轨电车、有轨电车，出租车则是公共交通的辅助方式。

（一）公交线网的规划原则

公交路线的规划需要充分考虑到客流需求和道路条件。为了减少客流的换乘次数和提高效率，主要的大客流应该使用最直接的街道线路。同时，在客流大的主要街道上开辟公共交通线路，便于市民出行。对于次要客流，可以通过中途换乘来满足其需求。公交线网的规划需要不断调整完善，以适应城市发展和人口流动的变化。在大城市，可以根据客流的时段分布，设置常规线路、高峰线路和夜间线路，以提高公交服务的质量和效率。

（二）公交线网的密度

大城市或城市中心地区因为人口密度高，客流集散量大，部分道路和路段可以设置多条公交线路。公交线网密度是衡量城市公共交通高效性、方便性和可达性的重要指标。通常大城市市中心区公交线网密度宜为 $3 \sim 4km/km^2$，在城市边缘地区一般应达到 $2 \sim 2.5km/km^2$。

（三）公交站点的布置

站址和站距是公交线路合理布局的两个基本因素，对乘客的出行时间和路线的运力有直接影响。公交乘客的出行时间由步行到站、等车、乘车、换乘和步行到目的地几部分时间组成，其中步行时间主要取决于站址。公交站点的布置应尽可能靠近居住区和主要的活动场所，为方便乘客换乘，公交站点应尽量布设在交叉口附近。对乘客而言，最佳站距应使出行时间的总和最小，站距越小，乘客步行时间就越短，但公交车速会降低。就城市总体而言，公交平均站距以 500m 左右为宜。市中心区由于客流上下频繁，站距可相应小些；郊区线路则要保证一定的车速，站距可相应大一些。

五、慢速交通系统规划

慢速交通系统包括自行车专用道系统和步行道路系统。

（一）自行车道路系统规划

自行车一直以来在中国广泛使用，具有低成本、无污染和机动灵活等特点，适合短程出行，一般不超过 6km。在城市的短途出行中，自行车交通方式有很明显的优势。但是，选择自行车出行也存在不利因素，比如易受天气和季节的影响，易发生交通事故，并且对机动车通行会造成较大的干扰。

规划自行车交通时，应根据自行车流量、流向和行程活动范围，绘制自行车流量分布图，规划自行车支路、自行车专用路、分离式自行车专用道等，结合公共活动中心和交通枢纽，设置自行车停车场，构建一个完整的自行车交通系统，为自行车出行创造安全、高效、舒适的行车环境。

自行车支路可利用城市现有的小路、支路、小巷作为自行车的专用路，连接居住、工作和公共活动中心，形成地区性的自行车通行网络。自行车专用路通常设置在居住区通往工业区上下班交通流量大的地段。大城市应该倡导道路功能上机非分流，开辟平行于城市主干道的自行车专用路，有效减少机动车与自行车的冲突。自行车专用道则在街道的横断面上分隔出自行车专用车道，常见的形式是"三块板"，但需要注意在交叉口出现机动车与自行车的冲突。

（二）步行交通

步行交通具有较高的个性化，人们的出行目的、时间和强度等因素均不同，因此步行交通规划必须充分考虑这些因素。步行交通规划的第一步是确定步行道的宽度，通常在城市道路中，一条步行道的宽度约为0.75m，通行能力一般为800～1000人/小时，而市区繁华区域的步行道则应该稍低一些。步行道的数量则主要取决于高峰小时的行人数量，城市主干路单侧一般不少于六条，次干路不少于四条，住宅区道路则不少于两条。

步行交通规划还需要考虑布置必要的步行交通设施，主要包括人行道、人行横道及信号灯、人行天桥地道、步行街区等步行系统，以及为残疾人服务的盲道、坡道等设施。此外，步行道还可以用于人们散步、休闲、购物和社交等需要，因此城市中往往需要设置与机动车干道完全分离的步行路、步行区，结合景观设计，创造优美的步行环境。

第三节　城市对外交通规划

一、城市对外交通规划的原则

城市对外交通运输是城市对外保持密切联系，维持城市正常运转的重要手段。城市对外交通是以城市为基点，城市与城市外部区域之间进行人与物运送和流通的各类交通运输系统的总称，包括铁路、公路、航运及航空运输等。城市对外交通与市内交通构成城市交通的有机网络，内外交通紧密衔接和相互配合，使城市的基本功能得到保证。城市对外交通设施规划遵循的一般原则如下。

（一）满足自身技术要求

各项城市对外交通设施对用地规模、布局、周围环境，以及对外交通设施之间的联合运输等有其各自的需求和具体的技术要求。城市规划应充分掌握这些要求，并在规划中予以体现。

（二）为城市提供良好的服务

城市对外交通设施，尤其是与客运交通相关的设施要注意到作为服务对象的市民的使用方便。例如，铁路客运站、公路客运站的位置要靠近城市的中心区。

（三）减少对城市的负面影响

对城市对外交通设施产生的噪声、振动，对城市用地的分割等不利影响，城市规划应从整体布局和局部处理两方面入手，采用相应的规划手段降低负面影响的程度。

（四）与城市内部交通系统密切配合

城市对外交通设施只有通过与城市交通系统的密切配合才能发挥其最大效应。因此，对外交通设施的布局必须与城市干路系统、主要公共交通系统相结合，统筹考虑。

二、铁路在城市中的布局

铁路是城市主要的对外交通设施。铁路运输具有较高的速度、较大的运量、较高的安全性，成为中长距离的主要交通运输方式。

城市范围内的铁路设施分为两类：一类是直接与城市生产和生活有密切关系的客货运设施，如客货运站及货场等，这些设施应尽可能靠近中心城区或工业、仓储等功能区布置；另一类是与城市生活没有直接关系的设施，如编组站、客车整备场、迂回线等，应尽可能地在远离中心区的城市外围布置。铁路客运站是对外交通与市内的交通重要衔接点，铁路客运站往往也是聚焦城市各种服务功能，如商业零售、餐饮、旅馆的地区，为了提高铁路运输的效能，必须注重道路、公交线路等市内交通设施的配套衔接。

三、公路在城市中的布局

公路是城市道路的延续，是布置在城市郊区、联系其他城市和市域内乡镇的道路。根据公路的性质和作用，以及在国家公路网中的位置，可将其分为国道、省道和县道三级。按照公路的适用任务、功能和适应的交通量，可分为高速公路和一级、二级、三级、四级公路。

城市是公路网的节点，合理布置城市范围内的公路和设施，是提高公路运输效益和行车环境的关键。合理组织城市的过境公路，消除与减少公路与城市交通的冲突，选择适合的客货运站点，是城市公路网布局的重要任务。

四、港口在城市中的布局

港口是水陆联运和水上运输的枢纽，它的活动由船舶航运、货物装卸、库场储存、后方集疏运四个环节共同完成。这四个生产作业系统的共同活动形成了港口的吞吐能力。港口由水域和陆域两大部分组成。水域供船舶航行、运转、停泊、水上装卸等作业活动用，它要求有一定的水深、面积和避风浪条件。陆域供旅客上下及货物装卸、存放、转载之用，它要求有一定的岸线长度、纵深和高程。

在港口布局规划中，要妥善处理港口布置与城市布局之间的关系。其一，港口建设应与区域交通综合考虑，港口作为交通的转运点，港口规模的大小与其腹地服务范围及疏运条件密切相关；其二，港口建设与工业布置要紧密结合，城市工业的布局应充分利用港口的优势，尽可能沿通航水道布置；其三，合理进行岸线分配与作业区布置，岸线地处整个城市的前沿，分配和使用合理与否将关系到城市的全局；其四，加强水陆联运组织，这是因为港口是水陆联运的枢纽，是城市对外交通连接市内交通的重要环节。

五、机场在城市中的布局

现代航空运输的发展给人们的活动带来了方便，起到了缩短时空距离、扩大活动空间的功效，同时也给城市带来了新的活力。随着民航事业的发展及城市经济水平的提高，航空运输越来越接近普通百姓的生活，逐步成为人们进行国际交往、长距离商业活动和旅游的主要交通方式。根据服务的范围，航空港可分为国际机场和国内机场，国内机场又可分为干线机场、支线机场和地方机场。

航空港的选址关系到其本身功能的发展，并影响整个城市的社会、经济和环境效益。航空港选址应综合考虑净空限制、噪声干扰、用地条件、通信导航、气象条件、生态环境、地区关系，以及服务设施等各种因素，并留有发展余地，使其具有长远的适应性。大型航空港不宜布置在城区附近，但也不应离市区过远，不然，往返于航空港的时间过长将抵消航空运输快捷的优势。航空港并不是航空运输的终点，而是地空运输的一个衔接点，航空运输的全过程必须有城市地面交通的配合才能最后完成。因此，解决城市交通与航空港的交通联系是交通规划中的一项重要任务。航空港与市内交通的组织形式取决于港城之间的距离、交通流量和服务标准，根据不同的情况可以采用快速地面汽车交通、大运量轨道交通和市内航空站等交通方式。

第四节　城市地铁和轻轨规划

一、地铁

地下铁道是城市快速轨道交通的先驱。地铁不仅具有运量大、快捷、安全、准时、节省能源、不污染环境等优点，而且还可以修建在建筑物密集且不便于发展地面交通和高架轻轨的地区。因此，地铁在城市公共交通中发挥着巨大的作用，是城市居民出行的便捷交通工具。

地下铁道是一个历史名词，如今其内涵与外延均已有相当大的扩展，并不局限于运行线在地下隧道中这一种形式，而是泛指车辆的轴重大于15t，高峰每小时单向运输能力在30000～70000人的大容量轨道交通系统。运行线路多样化，其形式包括地下、地面和高架三者有机的结合。美国纽约以及我国香港等地也称其为"大容量铁路交通"（Mass Transit Rail）或"捷运交通系统"（Rapid Transit System）。这种轨道交通系统的建造规律是，在市中心为地下隧道，市区以外为地面线或架空线。例如，韩国首尔在1978—1984年建造的地铁2、3、4号线总长为105.8km，其中地下线路为83.5km，高架部分长为22.3km，高架部分占全长的21%。

地铁都是电力牵引，都可实现车辆连挂、编组运行。地铁运量大、速度快，有自己的专用轨道，享有绝对路权，没有其他交通干扰，是一种城市快速连续交通运输形式。地铁运输网的建立和完善，可以极大地缓解地面交通的压力，其快速、准时的优势是地面交通无法相比的。国外许多城市的地铁相当发达，如纽约、巴黎、伦敦、莫斯科、东京、大阪等。我国以北京市地铁建设规模最大，其第一条线路于1971年1月15日正式开通运营，使北京成为中国第一个开通地铁的城市。截至2017年12月，北京地铁运营线路共有22条，均采用地铁系统，覆盖北京市11个市辖区，运营里程608km，共设车站370座到2020年，北京地铁将形成30条运营线路，总长1177km的轨道交通网络。2016年，北京地铁年乘客量达到30.25亿人次，日均客流为824.7万人次，单日客运量最高达 1052.36 万人次。

地下铁道之所以在世界范围内得到广泛的发展，在于它具备城市道路交通不可比拟的优势：

（1）地铁是一种大容量的城市轨道交通系统，其单向每小时运送能力可以达到 30000～70000 人次，而公共汽电车单向每小时运送能力只在 8000 人次左右，远远小于地铁，所以在客流密集的城市中心地带建设地铁可以明显疏散公交客流，分担绝大部分城市公共交通流量。

（2）地铁具有可信赖的准时性和速达性，地铁线路与道路交通隔绝，有自己的专用线路，不受气候、时间和其他交通工具的干扰，不会出现交通阻塞而延误时间，因而在保证准时到达目的方面得到乘客的信赖，可以为居民带来效益，故对居民出行具有很大的吸引力。

（3）地铁大多在地下或为高架，因而与其他交通方式无相互干扰，安全性高。在当今世界汽车泛滥，交通事故居高不下的情况下，如果不发生意外或自然灾害，地铁里乘客的安全总可以得到保障，这也是地铁吸引客流的原因之一。

（4）地铁噪声小、污染少，对城市环境不造成破坏。

（5）在城市发展空间日益狭小的今天，地铁充分利用了地下空间，节约出地面宝贵的土地资源为人类所用，这在一定程度上也刺激了其自身的发展。

虽然地铁具有很多其他交通方式并不具备的优势，但其缺点也相当突出，制约着地铁的进一步发展。地铁的绝大部分线路和设备处于地下，而城市地下各种管线纵横交错，极大地增加了施工难度，而且在建设中还涉及隧道开挖、线路施工、供电、通信信号、水质、通风照明、振动噪声等一系列技术问题，以及要考虑防灾、救灾系统的设置等，都需要大量的资金投入。因此，地铁的建设费用相当高。在日本，每千米地铁建设费要超过 200 亿日元，我国每千米地铁造价达 8 亿元人民币，即使对工业发达国家来说，大量建设地铁所需的费用也是难以承担的。地铁不仅建设费用比较高，而且建设周期长，见效慢。地铁还有一个致命的弱点在于，一旦发生火灾或其他自然灾害，乘客疏散比较困难，容易造成重大的人员伤亡和财产损失，对社会造成不良影响。

地铁的规划应认真考虑远景的交通需求，要有系统、全面的观点。地铁规划还应和地面道路规划相配合，特别是建设初期的地铁，只有与其他交通方式很好结合，才能发挥其作用。

二、轻轨

城市轨道交通系统主要指地铁与轻轨，两者都可以建在地下，地面或高架桥上，区分两者的主要指标为单向最大高峰小时客流量。欧洲的"轻轨"一般特指现代有轨电车。根据我国《城市公共交通分类标准》，轻轨的定义是：一种中运量的轨道交通运输系统，采用钢轮钢轨体系，标准轨距 1435mm，主要在城市地面或高架桥上运行，遇到繁华街区也可进入地下，具备专用轨道，其建设成本比地铁低，可以在短周期内投资建成；在能量消耗和维修方面，轻轨也具有一定优势。

目前，我国建有轻轨的城市有北京、长春、大连、上海、天津、重庆、武汉等城市。长春市是第一个修建轻轨的城市，线网规划三主两辅5条线路，1、2、5号为地铁线路，3、4号为轻轨线路。基于2000年开始建设时的经济实力，长春市先期建设了3、4号轻轨线路，线路由高架线和地面线组成，后续线路均为地铁系统。

轻轨相对一般铁路和地铁而言，它的运输更灵活，但运量小一些，可以布置在城市一般街道上。与公共汽车相比，它有自己的轨道，在交叉口享有优先权，运量比公共汽车大得多，并且比公共汽车快速、准时。现在的轻轨运输已经与过去的有轨电车不同，发生了质的变化，形式上有单轨式、双轨式、骑座式和悬挂式等。其具体运营特点为：

（1）小型轻便，轨道造价低，对城市环境的适应性强。

（2）在专用轨道上利于系统的管理与控制，安全性高。

（3）运输能力介于地铁和公共汽车之间，当运量范围在每小时5000～15000人时，效率最高。

（4）运距适于5～15km。

（5）对大气污染小，比同样运量的道路运输噪声小。

轻轨交通作为一种中运量的城市轨道交通系统，具有综合造价低、道路适应性强、系统配置灵活、噪声低、无污染、建设周期较短等特点，适应特大城市轨道交通线网中的辅助线路、市郊线和卫星城镇的连接线，以及中小型城市的轨道交通骨干线路。

第五节　旧城道路系统改建

一、旧城道路现状和问题

旧城道路在建设时受当时条件和观念的限制，目前看来都显狭窄，道路曲折，视线不良，山城道路存在陡坡急弯，通行能力不能满足现状需求。

旧城道路两侧商业化严重，行人密度高，交通干扰大。

旧城道路系统缺乏停车设施，路边停车严重，使原本就狭窄的街道更显拥挤。

有些旧城道路过于狭窄，无法供机动车运行，因此公共汽车也无法服务这些区域，造成交通不便。

城市路网结构不适合现代交通的要求，缺乏快速干道，而作为主干道与次干道的道路等级也较低，经常起不到应有的作用。

二、旧城道路系统改善

旧城区建筑密度高，道路改建工程会有很大的拆迁量，而且工程难度大，耗资也多。因此，旧城道路系统的改善更应经过充分调查分析后，才能制订有针对性的实施规划。

（一）交通调查

主要查清旧城区内机动车、非机动车和行人的流量及其分布规律，分析现存的问题和未来需求。

（二）明确改建目的，确定改建规模

保证交通的通畅和交通安全仍是道路改建的首要目的。旧城道路系统的改善，应结合城市路网的总体规划进行，充分利用原有道路设施，使改建后的道路能成为城市路网中的有效部分。

（三）应特别注意旧城道路体系中机动车与自行车停车场的规划

不但要在新的土地开发规划中充分考虑停车场的用地，而且在旧城中凡新建大型商业、娱乐等服务和文化设施处，都应配建与之相应的机动车与自行车停车场。

（四）妥善安排道路两侧土地开发利用，创造良好的交通环境

若道路扩建规模不大，拆迁工程量尽可能安排在道路的一侧，既方便、经济，同时也保留了城市原有的建筑风貌；如果道路扩建规模很大，则道路的拓宽与土地重新利用规划往往要同时进行，只有道路周围土地使用与改建后的道路相协调时，整个规划才算是合理的；如果道路改建成城市主干道，则道路两侧就要尽量避免分布大型商业等设施。

（五）治理旧城道路系统中的交叉口

旧城街坊细碎，交叉口多，这是导致旧城区内交通拥挤和阻塞的主要原因之一对交叉口进行适当处理，包括采取交通组织和工程措施，如封闭一些次要路口，转移公交线路，路口拓宽，增设左、右转弯车道，修建行人过街天桥、地道等，可有效缓解以上情况。

三、加强交通管理措施，改善旧城区道路交通

在通过工程手段进行旧城路网改造的同时，应及时配合交通管理手段，对城市交通进行综合治理，可能会取得更好的效果，常用的管理方法有以下五种：

（1）难以拓宽安排双向机动车行驶的街坊道路，可以考虑建立单行线系统，以此充分利用现有道路，减少路口左转车辆对交通的干扰。

（2）定时限制某些交通方式的运行，如市中心区，把货运交通安排在全天高峰时间之外，缓解交通拥挤的局面。

（3）健全道路交通信号和标志，做好交通渠化工作。

（4）对与主干道相交过多的交叉口，适当进行合并、封闭，确保干线交通的通畅。

（5）控制街道两侧的商业化规模，使行人等对车辆的干扰限制在最小范围内。

总之，旧城道路系统的改建是一个涉及面很广的问题，它必须与城市道路规划和用地规划相配合，同时工程手段和管理手段相结合，方可产生良好的效果。

第六节　城镇专用道路、广场及停车场规划

一、城镇专用道路规划

（一）步行交通

居民在城市中活动时，离不开步行。根据城市居民出行特征调查，以步行作为出行

方式的比重占 30% 以上；在山城和小城市中，步行的比重甚至高达 70%。因此，对这些步行者应予关怀，规划完善的步行系统，使步行者出行时不与车辆交通混在一起，以确保交通安全。对盲人和残疾人还应该考虑无障碍交通的特殊需要。城市居民有时还将步行本身作为一种生活需要。例如：逛街，散步或跑步锻炼身体，都需要有良好的步行环境。城市步行道路系统应该是连续的，它是由人行道、人行横道、人行天桥和地道、步行林荫道和步行街等所组成的完整系统。保证行人可以不受车辆的干扰，安全地自由自在地进行步行活动。

城市中步行人流主要的集散地点是市中心区、对外交通车站与公交换乘枢纽和居住区内，对不同地点聚集活动的步行人流，其步行的目的是不同的。市中心区是城市的"客厅"，用以接待外来的旅游观光者；也是市民的"起居室"，供市民工余时和休息日来此逛街、购物和游憩。因此，步行者常结伴行走，步行速度慢，持续时间长，集聚的步行人流密度也较大，需要设置较宽敞的人行道，较多的步行街、步行广场和绿地，以适应步行者的活动，满足人们的需要。市中心区也是城市容积率最高的地方，聚集的工作人员最多，同时商务活动最为频繁，工作时间步行人流量很大，上下班时间步行者更多，需要设置宽敞的人行道、众多的人行天桥和地道。对外交通的车站、码头是城市的"大门"，是进出城市的人流交通换乘的枢纽点，活动的人流有脉冲性，高峰时到发量较大。因此，需要有较大的广场容纳步行人流和停放多种车辆，也需要就近设置公交站点，提供宽敞、便捷、安全的步行道路。居住区内居民的主要交通方式是步行。它包括居民日常生活购物、锻炼身体，儿童上学、游戏及成人工作、出行（去公交车站和就近社交活动）等，这些要求在居住区规划中都应加以考虑，尽量将幼儿园、中小学、运动场地、门诊所、商业生活服务设施、公交车站用步行系统和绿地系统联系在一起，与机动车道分在两个系统内，此外，在城市沿河临水的地方或城市山崖、高地也应设置林荫步道，供人们游憩和观光。

1. 步行街

步行街是步行交通方式中的主要形式，其类型可有以下五种：

（1）完全步行街

完全步行街又称封闭式步行街。封闭一条旧城内原有的交通道路或在新城中规划设计一段新的街道，禁止车辆通行，专供行人步行，设置新的路面铺筑，并布置各种设施，如树木、座椅、雕塑小品等，以改善环境，使人乐意前往。如巴尔的摩的老城步行街，我国的合肥城隍庙，南京夫子庙和上海城隍庙等。

（2）公共交通步行街

公共交通步行街是对完全步行街所作的改进，允许公共交通（汽车、电车或出租车）进入，并保持全城公共汽车网络系统的完整。它除了布置改善环境的设施外，还增加设计美观的停车站。这类步行街仍有车行道、人行道的高差之分。通常将人行道拓宽，使车行道改窄，国外甚至有将车行道建成弯曲线型，以减低车速。

（3）局部步行街

局部步行街又称半封闭式步行街。将部分路面划出作为专用步行街，仍允许客运车辆运行，但对交通量、停车数量及停车时间加以限制，或每日定时封闭车辆交通，或节日暂时封闭车辆交通。如我国上海南京路、淮海路在非高峰上班时间内禁止自行车进出，限制货车及一般小汽车进入，允许公交车、出租车和部分客车通行，将原来的非机动车道供行人步行。

（4）地下步行街

地下步行街是20世纪20年代兴起的，即在街道狭窄、人口稠密、用地紧张的市中心地区，开辟地下步行街。日本大阪是修建地下街最多的城市之一，我国的地下街未成系统，但利用人防系统建成商业街，起到地下步行街的作用，如哈尔滨地下街、苏州人民路下的地下商业街及上海人民广场下的地下街等。

（5）高架步行街

高架步行街是沿商业大楼的二层人行道，与人行天桥联成一体，成为全天候的空中走廊形式，雨、雪、寒、暑均可通行。如明尼阿波利斯的人行天桥系统在世界上享有盛名，已成为该城市的象征。

2. 人行天桥或地道

人行天桥（或地道）是步行交通系统重要的联结点，它保证步行交通系统的安全性与连续性。在城市中，车速快、交通量大的快速路和主干道上，行人过街应不干扰机动车。在建立人行天桥或地道时，要充分结合地形、建筑物、地下人防工程、公交站点，并将它们组成一体。如佛山市在城门头建了与四周环境结合得很好的地下步行广场，很受市民欢迎。香港的中环和湾仔地区将简单的人行天桥与建筑物、公交车站和地形结合起来，发展成为一个由六条高架步行道组成的步行系统，也取得了较好效果。

（二）城镇自行车交通规划

城市交通规划应以安全、通畅、经济、便捷、节约、低公害为总目标，建立各自的交通系统。通过交通管理与组织，实施封闭、限制、分隔等定向分流控制，最大限度地发挥现有街道网及各类交通工具的功能优势，扬长避短。

建立自行车交通系统在于引导和吸引自行车流驶离快速的机动车流，在确保安全的前提下，发挥其最佳车速。良好的自行车交通规划应具备以下几个方面：

1. 合理的自行车拥有量

根据城市现有的自行车数量预测其发展速度趋近于饱和的年份，并预测部分自行车转化为其他交通方式（摩托车、微型汽车）的可能性。随着城市交通建设的完善，快速交通系统和公共交通网的形成，可期望在大城市中骑行距离超过6km的骑自行车者全部改变为乘坐公共交通系统。当骑自行车率下降到30%左右，公交车的客运量就占主导优势。这时，自行车也就成为区域性的交通工具。

2. 建立分流为主的自行车交通系统

首先对城市的自行车进行调查和分析，掌握其出行流向、流量、行程、活动范围等基本资料。在汇集后，绘出自行车流向、流量分布图，以最短的路线规划出相应的自行车支路、自行车专用路、分流式自行车专用车道（三块板断面或设隔离墩）、自行车与公交车单行线混行专用路（画线分离），并标定其在街道横断面上的位置和停车场地，组成一个完整的自行车交通系统，确保自行车流的速度、效率和安全。

3. 在交叉口上应有最佳的通行效应

在交叉口上利用自行车流成群行驶的特征可按压缩流处理，即在交叉口上扩大候驶区，增设左转候驶区，前移停车线；设立左、右转弯专用车道，在时间上分离自行车绿灯信号（约占机动车绿灯信号的1/2），在空间上设置与机动车分离的立交式自行车专用道等，实现定向分流控制，以取得在交叉口上最佳的通行效应。

二、城市交通广场规划

城市交通广场一般都起着交通换乘连接的作用，不同方向的交通线路、不同的交通方式都可能在交通广场进行连接。乘客在此要换乘火车、公共汽车、地铁或换骑自行车，因而有大量的停车。再就是广场周围有商业等服务设施，吸引着大量顾客。因此，交通广场是交通功能十分突出的公共设施。此外，有些交通广场如火车站广场、长途汽车站广场等经常作为城市的大门，起着装饰城市景观的作用。

交通广场的规划，首先要做好交通广场的交通组织，一般应遵循以下原则：

（1）排除不必要的过境交通，尽量使不参与换乘的交通线路不经过交通广场。

（2）明确行人流动路线，根据行人的目的地，规定恰当的路线，减少步行距离，排除由于行人到处乱走引起交通秩序混乱。

（3）人流与车流线路分离及客流与货流线路分离，此项措施同时起着保障交通通畅与安全的作用。

（4）各种交通方式之间衔接顺畅。不同的交通方式之间换乘方便，不仅提高了交通设施的利用率，也方便了乘客，减少了交通广场的混乱程度。

（5）要配以必要的交通指示标志及问询处，提高服务质量。

交通广场中最为典型的就是站前广场，它起着市内与市外交通相互衔接的作用，它又是城市的门户，外地乘客对某城市的第一印象也许就是站前交通广场。因此，站前广场的交通组织、景观设计、商业、邮电等服务设置都应注意对城市风貌的影响。

由于城市道路网的现状特点，可构成不同形式的交通广场，如多条道路相交形成的环形广场。这类广场一般很少有停车场地，乘客的身份也简单，但由于用地有限，交通线路多，交通组织仍是一个难题。尤其在交通量日益加大时，这种环岛已不能提供足够的通行能力，经常发生阻塞。所以，从现代交通的观点出发，城市未来路网的规划中，要尽量避免这种形式，对已形成的类似交通广场，应以方便公共交通为原则，保证交通的通畅。

城市交通广场因占地较大，其竖向布置也是影响其功能的一个因素，同时更影响其景观。

广场的竖向设计首先要保证排水通畅，二是要与周围建筑物在建筑艺术上相协调。比如，双坡面的矩形广场，其脊线走向最好正对广场主要建筑物的轴线；圆形广场的竖向设计，不要把整个广场放在一个坡面上，最好布置成凹形或凸形，产生好的整体效果，其中又以凹形为准，从广场四周可以清晰地欣赏到广场全貌。

三、停车场的规划

（一）停车场的分类

相对于被称为动态交通的车辆、行人的移动，车辆的停放被称为静态交通。包括机动车停车场与自行车停车场在内的停车设施是城市道路交通系统中的主要组成部分，必须在道路系统规划中一并考虑。

虽然我国现行的道路交通规划设计规范将城市中的停车场定义为外来机动车公共停车场、市内机动车公共停车场和自行车公共停车场三类，但由于机动车停车场的占地面积大（占停车设施总面积的 80% ～ 90%），对道路系统的影响也大，城市规划主要考虑前两者，即机动车停车场的规模和布局。

按照服务对象，停车场又可以分为公共停车场（社会停车场）与附属于各企事业单位、居住区，以及公共设施的专用停车场（又称配建停车场或内部停车场），城市规划对二者均需要予以考虑，但以前者为主。

此外，公用停车场按照地点与形式，又可进一步分为路外停车场和路边停车场。前者是公共停车场的主体，后者是前者的补充。因此，我们可以看出城市规划所关注的主要是路外停车的机动车公共停车场。

（二）停车场规划原则

（1）按城市规划、交通规划及交通管理方面的要求，结合市区的土地开发规划和旧城改建计划及房屋拆迁的可能性，做好停车场规划设计，使需要与可能相结合。

（2）停车场规划要与交通综合治理、交通组织相结合，使两者互相促进以利于交通环境的改善。

（3）要珍惜土地资源，节约用地，因地制宜，减少拆迁，尽量少占繁荣地带的商业用地。

（4）大型公共建筑，如饭店、商场、写字楼一定要配建停车场，不能将停车用地移作他用。

（5）路段路边停车场地要逐步清理，让道路恢复交通功能。

（6）充分利用闲置边角地带或将原有场地适当改建加以利用。

（7）停车场的规划设计应方便车辆出入及停驻，减少对于道路交通的干扰。

（三）停车场规模

当考虑停车场建设水平目标时，应考虑影响停车需要的多种因素，包括：城市规模、中心商业区吸引力的强弱、城市的土地利用、汽车保有状况、城市公共交通的服务水平、城市停车控制方法等。

城市规划中对停车场用地（包括绿化、出入口通道，以及某些附属管理设施的用地）进行估算时，每辆车的用地可采取如下指标：小汽车为 30 ～ 50m²，大型车辆为 70 ～ 100m²，自行车为 1.5 ～ 1.8m²。对小型停车场，在小城镇和城市中心用地紧张地区宜取低值。

我国城市道路交通规划设计规范规定，城市公共停车场的用地总面积按规划城市人口每人 $0.8 \sim 1.0 m^2$ 进行计算，其中机动车停车场的用地为 $80\% \sim 90\%$，自行车停车场的用地为 $10\% \sim 20\%$。

（四）停车场的分布

1. 停车场的分布依据

停车场的分布应根据不同类型车辆的要求分别考虑。城市外来机动车公共停车场，主要为过境的和到城市来装运货物的机动车停车而设，由于这些车辆所装载的货物品种较杂，其中有些是有毒、有气味、易燃、易污染的货物，以及活牲畜等，为了城市安全防护和卫生环境，不宜入城。装完待发的货车也不宜在市区停放过夜，应停在城市外围靠近城市对外道路的出入口附近。其车位数约占城市全部停车位的 $5\% \sim 10\%$。

市内机动车公共停车场主要为本市的和外来的客运车辆在市中心区和分区中，地区办事停车服务，所以设置了大量停车泊位，以客车为主。在市中心区和分区中心地区的停车位数应占全部停车位的 $50\% \sim 70\%$。

不同地块的停车需求量和停车高峰时段是不同的，视土地和建筑物的使用性质而定，可以将几处不同高峰时段的停车需求组合在一起，提高停车位的利用率。

市内自行车公共停车场主要为本市自行车服务，停车场宜多，可分散到各种公共设施建筑、对外交通站场、公共交通和轮渡站、公共设施和公共绿地的附近。

2. 停车场的服务半径

公共停车场要与公共建筑布置相配合，要与火车站、长途汽车站、港口码头、机场等城市对外交通设施接驳，从停车地点到目的地的步行距离要短，所以，公共停车场的服务半径不能太大用户至公共停车场的可达性好，吸引来此停放的车辆就多，反之，吸引停车量就少，不能很好地发挥作用。

机动车公共停车场的服务半径，在市中心地区不应大于 200m；一般地区不应大于 300m；自行车公共停车场的服务半径宜为 $50 \sim 100m$，并不得大于 200m。大型停车场可以设置接驳交通系统。

（五）停车场的位置选择

先要调查哪些地区是主要交通汇集处，再规划汽车停车场的具体地点。对已形成的城市繁华地区，因空余场地较少，宜作分散性多点设置，也就是采用小型的路侧和路外停车场相结合的方式。对一般地区和城市边远地区，则在主要交通汇集处和城市外围地区易于换乘公共交通的地段设置路外专用停车场。

国内很多城市将大型停车场设置在城市外环干道附近，以减少车辆进入市内。至于大型公共交通站场的布点，原则上要分散，要与客运负荷相协调。

1. 对外交通设施附近

对外交通设施附近，如火车站、港口码头和过境交通车辆汇集地段。

2. 大量人流汇集的公共设施附近

大量人流汇集的公共设施附近，如公园、体育场、影剧院、商业广场和重要商业街道进出口处。其特点是车辆多、对自行车的停放干扰大，因而组织停车和出入较为复杂。这类公共停车场有两种情况：一种情况是在人流大量集散的地段，配置路外综合性公共停车场。除大型设施布置汽车停车场外，还须在附近地段配置综合性公共交通站场，以利于人流的迅速疏散。另一种情况是在大型文化生活设施前布置停车场，如大型多功能体育设施，占地面积大，使用率低，其交通特点是交通量大、集中，又有单向不均衡性，它的停车场必须能容纳大量的多类型的车辆，可以停放大客车、小汽车和大量自行车；各类车辆的出入口须与周围街道相连接，达到互不干扰。合理组织几条客运能力较大的公共交通疏散线，在高峰人流时实施多方向疏散，同时规划附近的街道网与其环通，使之具有较大的集散能力。

一般中小型停车场和自行车停车场宜分散布置，特别是在城市的轨道交通站点地区要充分考虑自行车的停放，并配备相应的服务设施。发达国家一般都鼓励使用自行车，并提供尽可能完善的服务设施。

第六章 城市旅游与城市规划

第一节 城市旅游与城市旅游规划概述

一、城市旅游的概念及特征

（一）城市旅游的概念

城市旅游是指人们前往城市地区进行旅游活动的一种旅游形式。城市旅游是现代旅游业的重要组成部分，包括观光、文化交流、购物、娱乐等多种活动形式。城市旅游的主要目的是享受旅游过程中的乐趣和体验，了解城市的文化、历史、风俗和生活方式，同时也可以促进旅游消费和城市经济发展。

（二）城市旅游的特征

1. 便捷性

城市旅游的最大特点就是便捷性，城市区域交通便利、配套设施完善，旅游者可以通过公共交通或步行等方式方便地到达各个景点和商业区。城市旅游不需要太多的准备和安排，可以随时开始和结束，符合现代人的生活习惯。

2. 文化性

城市旅游具有浓厚的文化性，城市是文化传承和创新的重要地区。旅游者可以在城市中了解历史、文化、风俗等方面的知识，感受城市的文化氛围和艺术气息。城市旅游还可以通过参观博物馆、美术馆、文化遗产等方式，感受城市文化的历史积淀和艺术魅力。

3. 多样性

城市旅游的活动内容多样化，包括文化、娱乐、购物等多种活动形式。城市中有着各种各样的商业街、购物中心、主题公园等，满足旅游者的各种需求，如购物、游玩、品尝美食等。城市旅游还可以通过参加各种各样的文化、体育、艺术活动，丰富旅游者的体验和感受。

4. 个性化

城市旅游具有个性化的特点，旅游者可以根据自己的兴趣爱好和需求，制订适合自己的旅游计划。城市旅游的景点和活动丰富多样，旅游者可以根据自己的喜好选择适合自己的旅游内容。城市旅游还可以通过参加各种文化交流、学习课程等活动，提高旅游者的自我认知和素质修养。

5. 经济性

城市旅游业具有较强的经济性，旅游业是城市经济的重要组成部分。城市旅游可以带动城市相关产业的发展，如酒店、餐饮、交通、文化等产业，提高城市经济的活力和竞争力。城市旅游还可以为城市创造更多的就业机会，促进城市居民的就业和收入增长，提高城市居民的生活质量。

6. 环保性

城市旅游也需要注重环保性，城市旅游的发展需要合理规划和管理，避免对城市环境造成破坏。城市旅游需要加强环保意识，促进旅游行业的可持续发展，保护城市环境和资源，提高城市居民的生活质量。

7. 信息化

城市旅游的发展也需要借助信息化的手段，如智能化的导览设备、在线预订系统等，为旅游者提供更加方便、快捷、高效的旅游服务。城市旅游还需要通过互联网、社交媒体等渠道进行推广和宣传，提高城市旅游的知名度和美誉度。

城市旅游是一种多元化、个性化的旅游形式，具有便捷性、文化性、多样性、个性化、经济性、环保性和信息化等特点。城市旅游的发展需要注重城市规划、产业布局、环境保护、信息化等多方面的因素，提高城市旅游的质量和水平，促进旅游业的可持续发展，为城市经济和社会发展作出更大的贡献。

二、城市旅游的需求

城市旅游是指人们前往城市中旅游观光、体验城市文化、消费娱乐等活动。城市旅游的需求因人而异，但总体上可以分为以下五个方面：

（一）文化需求

城市旅游者通常对城市文化和历史遗迹感兴趣，希望了解城市的历史、文化和风俗习惯，参观博物馆、艺术馆、历史古迹等，体验城市的文化底蕴。例如，北京的故宫、天坛，上海的外滩、城隍庙，都是吸引国内、国外游客的知名景点。在这些景点中，游客可以了解到中国几千年的历史文化，体验到不同的风俗习惯和民俗文化。

（二）休闲需求

城市旅游者也会寻求一些放松、休闲的活动，如散步、骑行、游泳、看电影等，以缓解压力和放松身心。城市中的公园、广场、绿地等空间是游客放松和休闲的好去处。例如，纽约的中央公园、伦敦的海德公园等都是游客喜欢去的休闲场所。这些场所不仅提供了休闲娱乐的场所，还是城市文化与自然环境的结合，带给游客一种全新的旅游体验。

（三）娱乐需求

城市旅游者还会在城市中寻找娱乐活动，如购物、电影、音乐会、夜生活等，以享受城市的繁华和娱乐场所。城市中的商场、电影院、音乐厅、夜店等场所都是游客喜欢去的娱乐场所。例如，东京的涩谷、巴黎的香榭丽舍大街等都是以购物和娱乐为主要特色的区域。这些场所为游客提供了各种娱乐和消费的选择，让游客尽情地享受城市的繁华和快乐。

（四）知识需求

城市旅游者也会有一定的知识需求，希望通过旅游了解新知识、新技术、新产品等，以扩展自己的知识面。例如，参观科技馆、博物馆、展览会等都是游客获取新知识的好去处。这些场所可以让游客深入了解到人类的科技进步历程、不同文化之间的交流互动等，既可以满足游客的求知欲，也可以让游客拓展自己的知识面。

（五）交流需求

城市旅游者也会希望与当地居民交流，了解他们的生活和文化，结交新朋友，以拓展自己的社交网络。城市中的咖啡厅、酒吧、公园、广场等场所是游客与当地居民交流的好去处。例如，巴塞罗那的拉布拉多大街、柏林的普伦茨劳尔贝格区等都是游客喜欢去的交流场所。这些场所让游客与当地居民有机会交流，了解当地文化，结交新朋友。

三、城市旅游的供给

城市旅游供给是指城市旅游业提供的各种产品、服务和设施，以满足游客的各种需求。城市旅游的供给包括以下六个方面：

（一）旅游设施和景点

城市旅游的供给首先包括各种旅游设施和景点。城市旅游的景点可以是历史文化遗迹、自然风景区、博物馆、艺术馆、主题公园、购物中心等。这些景点和设施为游客提供了丰富多样的旅游选择，满足游客的各种需求，增加游客的旅游体验。

（二）旅游交通

城市旅游的供给还包括各种旅游交通工具，如公共交通、出租车、观光车、自驾车等。这些交通工具为游客提供了便捷的旅游交通，让游客更加方便、快捷地到达旅游目的地。

（三）旅游住宿

城市旅游的供给还包括各种旅游住宿，如酒店、旅馆、民宿、青年旅社等。这些住宿设施为游客提供了安全、舒适的住宿环境，让游客更好地休息和充电，以备下一天的旅游活动。

（四）旅游餐饮

城市旅游的供给还包括各种旅游餐饮，如餐馆、咖啡馆、快餐店、美食街等。这些餐饮场所为游客提供了丰富多样的美食选择，让游客在旅游过程中享受到美食的诱惑。

（五）旅游购物

城市旅游的供给还包括各种旅游购物，如商场、百货公司、特色小店、纪念品店等。这些购物场所为游客提供了丰富多彩的购物体验，让游客在旅游过程中享受到购物的乐趣。

（六）旅游服务

城市旅游的供给还包括各种旅游服务，如导游、翻译、租赁服务、旅游保险等。这些旅游服务为游客提供了全方位、多层次的旅游服务，让游客在旅游过程中得到更好的保障和支持。

四、城市旅游的规划

城市旅游规划是指通过对城市旅游资源的整体规划和利用，实现城市旅游的可持续发展和提升城市旅游的品质和形象。城市旅游规划应考虑到城市旅游的整体布局、景区开发、旅游交通、旅游住宿、旅游餐饮、旅游购物和旅游服务等方面，下面我们将分别介绍这些方面的规划内容。

（一）城市旅游的整体布局规划

城市旅游的整体布局规划应考虑到城市旅游资源的分布和城市旅游的主题定位。通过整体布局规划，可以合理利用城市旅游资源，提高城市旅游的吸引力和竞争力。城市旅游的主题定位是指将城市旅游打造成有特色、有品质、有差异的旅游目的地，通过主题定位，可以提高城市旅游的品牌形象和知名度。城市旅游的整体布局规划和主题定位规划是城市旅游规划的基础。

（二）景区开发规划

景区开发规划是城市旅游规划的重要内容。景区开发规划应考虑到景区的整体布局、景区的主题定位、景区的管理和服务等方面。通过景区开发规划，可以合理利用城市旅游资源，提高景区的吸引力和竞争力。景区的主题定位是指将景区打造成有特色、有品质、有差异的旅游目的地，通过主题定位，可以提高景区的品牌形象和知名度。景区的管理和服务是保证景区开发和运营的重要保障。

（三）旅游交通规划

旅游交通规划是城市旅游规划的重要内容。旅游交通规划应考虑到城市旅游的交通运输设施和服务水平，以提高城市旅游的便捷性和效率。旅游交通规划应考虑到城市旅游的交通方式、交通设施的数量和质量、交通服务的水平等方面。通过旅游交通规划，可以优化城市旅游的交通网络，提高城市旅游的可达性和便捷性。

（四）旅游住宿规划

旅游住宿规划是城市旅游规划的重要内容。旅游住宿规划应考虑到城市旅游的住宿需求和旅游住宿的供给之间的平衡关系，以提高城市旅游的住宿品质和服务水平。旅游住宿规划应考虑到旅游住宿的数量、类型、设施、服务水平等方面。通过旅游住宿规划，可以优化城市旅游的住宿环境，提高旅游住宿的品质和服务水平。

（五）旅游餐饮规划

旅游餐饮规划是城市旅游规划的重要内容。旅游餐饮规划应考虑到城市旅游的餐饮需求和旅游餐饮的供给之间的平衡关系，以提高城市旅游的餐饮品质和服务水平。旅游餐饮规划应考虑到旅游餐饮的数量、类型、设施、服务水平等方面。通过旅游餐饮规划，可以优化城市旅游的餐饮环境，提高旅游餐饮的品质和服务水平。

（六）旅游购物规划

旅游购物规划是城市旅游规划的重要内容。旅游购物规划应考虑到城市旅游的购物需求和旅游购物的供给之间的平衡关系，以提高城市旅游的购物品质和服务水平。旅游购物规划应考虑到旅游购物的数量、类型、设施、服务水平等方面。通过旅游购物规划，可以优化城市旅游的购物环境，提高旅游购物的品质和服务水平。

（七）旅游服务规划

旅游服务规划是城市旅游规划的重要内容。旅游服务规划应考虑到城市旅游的服务需求和旅游服务的供给之间的平衡关系，以提高城市旅游的服务品质和服务水平。旅游服务规划应考虑到旅游服务的数量、类型、设施、服务水平等方面。通过旅游服务规划，可以优化城市旅游的服务环境，提高旅游服务的品质和服务水平。

第二节　旅游发展与城市规划的相互关系

旅游发展与城市规划是密不可分的，城市规划对旅游发展具有重要的影响，而旅游业的发展也会对城市规划产生一定的影响。下面将就此展开论述。

一、城市规划对旅游发展的影响

（一）合理规划城市空间

城市规划是制定城市发展规划的重要手段，可以指导城市发展的方向和重点，为旅游业提供必要的空间和资源保障。合理规划城市空间可以为旅游发展创造良好的条件，包括选择合适的旅游区域、优化交通布局和建设旅游基础设施等。

（二）保护历史文化遗产

城市规划可以为旅游业提供保护历史文化遗产的环境和条件，为旅游者提供具历史文化价值的旅游景点。城市规划可以通过规划和建设历史文化保护区、规划和改造历史文化遗产建筑等手段，有效保护历史文化遗产，为旅游业提供必要的保障。

（三）完善城市配套设施

城市规划可以为旅游业提供必要的配套设施和服务，为旅游者提供更加便捷、舒适的旅游服务。完善城市配套设施可以包括改善公共交通、建设酒店、餐厅、商业街等，满足旅游者的各种需求。

二、旅游发展对城市规划的影响

（一）推动城市空间优化

旅游业的发展可以推动城市空间的优化和改善，为城市规划提供更加合理、科学的方案。旅游业可以带来人口流动和资金流动，为城市规划提供更加充足的数据和信息，推动城市规划科学化、精细化。

（二）增加城市经济收入

旅游业的发展可以增加城市经济收入，提高城市经济水平，为城市规划提供更加充足的财政支持。城市规划可以借助旅游业的发展，制订更加有利于城市经济发展的规划方案，提高城市的竞争力。

（三）加强城市文化氛围

旅游业的发展可以为城市带来不同文化背景的人群，丰富城市文化氛围，推动城市文化的发展。城市规划可以借助旅游业的发展，规划和建设旅游景点，为城市注入更多的文化元素，提高城市文化氛围，为城市发展提供更加广阔的空间。

（四）促进城市形象塑造

旅游业的发展可以促进城市形象的塑造，提升城市的知名度和美誉度。城市规划可以借助旅游业的发展，制订更加有利于城市形象塑造的规划方案，为城市形象的提升提供必要的支持。

总之，旅游发展与城市规划是相互促进、相互影响的关系，城市规划需要根据旅游业的发展需求进行相应调整和优化，为旅游业提供必要的支持和保障；而旅游业的发展也需要借助城市规划的优化和改善，创造更好的旅游环境和条件，提高旅游者的出行质量和满意度。因此，在城市规划和旅游发展中，需要注重相互协调、相互促进，实现双赢的局面。

第三节　城市旅游规划与城市规划的协调问题

随着城市旅游的不断发展和壮大，城市旅游规划与城市规划的协调问题日益凸显。城市规划是指城市发展的总体规划，它涉及城市的基础设施、交通、住宅、公共服务设施等方面。城市旅游规划则是指城市旅游业的规划，它涉及旅游资源的利用、景区的开发、旅游交通、旅游住宿、旅游餐饮、旅游购物和旅游服务等方面。城市旅游规划与城市规划的协调问题主要包括以下几个方面。

一、城市旅游规划与城市整体规划的协调

城市整体规划是城市发展的总体规划，它涉及城市的空间布局、城市功能区划、城市交通、城市环境等方面。城市旅游规划要与城市整体规划相协调，以实现城市旅游与城市整体发展的协调和一体化。具体而言，城市旅游规划需要考虑以下几个方面。

城市旅游规划要考虑到城市整体规划的要求和目标，合理规划城市旅游的发展布局和空间分布，以保证城市旅游的可持续发展。城市整体规划中，涉及城市的基础设施、交通、公共服务设施等方面，这些方面的规划也会影响到城市旅游的发展。因此，城市旅游规划需要结合城市整体规划进行协调和配合，确保城市旅游的发展与城市整

体规划的要求相符。

城市旅游规划要注重城市景观的规划，使城市旅游的景点、景区和景观与城市整体规划相协调，形成具有地方特色和文化内涵的旅游景区。城市旅游规划需要考虑到城市景观的规划和建设，使城市旅游的景点、景区和景观与城市整体规划相协调，形成具有地方特色和文化内涵的旅游景区。例如，在城市整体规划中，规划了城市公园、城市绿道等公共景观空间，城市旅游规划可以考虑在这些公共景观空间中开发旅游景点、景区，形成具有特色的旅游景区。

城市旅游规划要注重城市历史文化的保护和利用。城市旅游业是以城市的历史文化和人文景观为基础的，因此，城市旅游规划要注重城市历史文化的保护和利用。城市旅游规划可以考虑将历史文化保护与旅游业发展相结合，利用历史文化资源开发旅游景点和旅游线路，为游客提供更加丰富、深入的旅游体验。同时，城市旅游规划还应该加强历史文化的保护和管理，保证历史文化资源的完整性和可持续利用性。

城市旅游规划要注重城市环境的保护和改善。城市旅游业是以城市的自然环境和生态环境为基础的，因此，城市旅游规划要注重城市环境的保护和改善。城市旅游规划可以考虑将城市环境保护与旅游业发展相结合，通过旅游业的带动作用，推动城市环境的改善和升级。同时，城市旅游规划还应该加强城市环境的管理和监测，保证城市环境的良好状态，为游客提供一个健康、舒适的旅游环境。

二、城市旅游规划与城市发展规划的协调

城市发展规划是城市在未来一段时间内的发展目标和规划，主要涉及城市经济、产业、人口、环境、资源等方面。城市旅游规划要与城市发展规划相协调，以实现城市旅游产业与城市发展规划的协调发展。具体而言，城市旅游规划需要考虑以下几个方面。

城市旅游规划要注重城市旅游产业的发展，通过规划和开发旅游资源、加强旅游服务设施建设和旅游人才培养等方面，推动城市旅游产业的发展。城市旅游产业的发展不仅可以带动城市经济的发展，还可以提高城市形象和城市竞争力。

城市旅游规划要考虑到城市发展的经济、产业、人口等方面的发展，以实现城市旅游产业与城市发展规划的协调发展。城市旅游作为一个产业，需要考虑到城市发展的经济、产业、人口等方面的发展，以实现城市旅游产业与城市发展规划的协调发展。例如，城市发展规划中规划了新的商业区、科技园等新兴产业区域，城市旅游规划可以在这些新兴产业区域中开发旅游产品，以促进城市旅游业和新兴产业的协调发展。

城市旅游规划要注重城市公共服务设施的建设，以提高城市旅游的服务水平和旅游体验。城市公共服务设施是城市旅游的重要组成部分，包括旅游交通、旅游住宿、旅游餐饮、旅游购物和旅游服务等方面。城市旅游规划要注重城市公共服务设施的建设和配套，以提高城市旅游的服务水平和旅游体验。

三、城市旅游规划与城市建设规划的协调

城市建设规划是指城市的空间布局和建设发展的规划，涉及城市基础设施、城市交

通、城市住宅、城市公共服务设施等方面。城市旅游规划要与城市建设规划相协调，以实现城市旅游的发展与城市建设的协调和一体化。具体而言，城市旅游规划需要考虑以下几个方面。

城市旅游规划要考虑到城市基础设施和旅游交通的建设，合理规划城市旅游交通的发展布局和空间分布，以保证城市旅游的顺畅和便捷。例如，在城市基础设施规划中，规划了城市道路、桥梁等交通设施，城市旅游规划则需要考虑在这些交通设施中开发旅游交通线路，方便游客出行。

城市旅游规划要注重城市住宅和旅游住宿的规划，合理规划城市旅游住宿的发展布局和空间分布，以满足游客的住宿需求。例如，在城市住宅规划中，规划了住宅区和公寓区，城市旅游规划则需要考虑在这些住宅区和公寓区中开发旅游住宿设施，以满足游客的住宿需求。

城市旅游规划要注重城市公共服务设施和旅游设施的建设，合理规划城市公共服务设施和旅游设施的发展布局和空间分布，以提高城市旅游的服务水平和旅游体验。例如，在城市建设规划中，规划了城市公园、文化中心等公共设施，城市旅游规划则需要考虑在这些公共设施中开发旅游景点和旅游设施，以提高城市旅游的服务水平和旅游体验。

城市旅游规划要注重城市环境的保护和改善，合理规划城市环境的保护和改善措施，以提高城市旅游的环境质量和可持续性。例如，在城市建设规划中，规划了城市绿化、城市水系等环境设施，城市旅游规划则需要考虑在这些环境设施中开发旅游景点和旅游线路，同时加强环境保护和管理，保证城市环境的良好状态。

四、城市旅游规划与城市管理的协调

城市管理是指对城市的日常管理和服务，包括城市交通、城市环境、城市安全等方面。城市旅游规划要与城市管理相协调，以实现城市旅游业的规范化和健康发展。具体而言，城市旅游规划需要考虑以下几个方面。

城市旅游规划要注重城市旅游业的规范化和管理，加强对旅游从业者和旅游设施的监管和管理，以保证城市旅游的安全和服务质量。城市旅游规划需要制定相应的旅游管理制度和标准，规范旅游业的经营行为和服务水平。

城市旅游规划要注重城市旅游业的安全管理，加强对旅游景点、旅游设施和旅游交通的安全监管和管理，保证城市旅游的安全和游客的人身安全。城市旅游规划需要制订相应的安全管理制度和标准，加强对旅游设施和旅游交通的安全检查和维护，及时处理安全事件和事故。

城市旅游规划要注重城市旅游业的品质和形象，加强城市形象建设和旅游品质提升，提高城市旅游的品质和形象。城市旅游规划需要制订相应的城市形象和旅游品质提升策略，加强城市文化宣传和城市形象塑造，提高城市旅游的品质和形象，提高游客的满意度和口碑。

城市旅游规划要注重城市旅游业的可持续发展，加强对城市旅游业的环境保护和资源利用，保证城市旅游的可持续发展。城市旅游规划需要制定相应的环境保护和资源利用制度和标准，加强对城市旅游业的环境监管和资源管理，推动城市旅游的可持续发展。

第四节　基于旅游发展的城市规划路径

一、旅游发展与城市性质

城市性质（designated function of city）是"城市在一定地区、国家内的政治、经济与社会发展中所处的地位和所担负的主要职能，是城市在国家或地区政治、经济、社会和文化生活中所处的地位、作用及其发展方向"。在城市发展的过程中，必须首先对城市性质进行定位，明确城市开发的主要方向，这样才能为城市发展战略和总体规划的制订提供科学依据，并能明确城市部门结构，保护和改善城市环境，还能合理利用城市土地资源，提高城市土地利用率。

旅游城市是以发展旅游业为主要职能的城市，既是旅游目的地，又是区域旅游的集散中心，一个城市能否成为旅游城市，主要看它能否满足游客吃住行游等各方面的要求，以及能否在游客心中形成比较稳定的整体形象。而这种形象需要多方面来支撑，例如城市的旅游资源、服务基础设施、精神文化特征、旅游服务质量等，这些方面在游客心中的综合反映，是对城市的整体印象。

在功能与定位上，无论是旅游城市还是其他功能的城市，均以城市规划和城市建设为基础进行发展。旅游城市满足游客的旅游需要为主要职能，核心是旅游产业和旅游资源的可持续发展，并在此基础上逐步实现城市的经济与社会的全面发展，因此规划者应主要从城市的旅游功能，以及经济学原则来规划建设城市。

其次，从经济学的角度来讲，旅游城市主要是城市经济中的要素投入不断向旅游部门集中，使旅游部门的产出在城市收入中比重较大的城市。因此，旅游产业是旅游城市经济的重要支柱，在城市的发展中具有主导作用，它不仅能够带动相关产业的发展，并能影响城市的发展方向，以及城市的功能定位。

最后，旅游城市还应该以自然生态的良性循环和承载能力为基础，以可持续发展为核心，为游客提供风景游览条件，从生态学的角度上做到人与自然和谐共存，进行城市的建设与管理。

二、旅游发展与城市空间布局规划

城市空间布局的本质，是城市各种活动在空间位置上的竞争和它们在此位置上所付出的土地使用费大小平衡的结果。经济是城市发展的主要推动力和基础因素，一个城市的经济能够快速发展，首先会促使城市的人口聚集，并带来一定的财富，同时，财富和信息技术等的聚集又能够反向促进城市经济的繁荣，如果处理好双方的关系，会带来城市发展的良性循环。

与此同时，城市人口在聚集的过程中，要求城市在空间上有更大的工作和生活区域，并促进城市内部的各种基础设施不断完善，逐渐向郊外延伸。城市基础设施的不断完善，则会增强这个城市的影响力，因此能够吸引更多外来的资金、技术、人才等，推动着城市进一步发展及空间结构的相应变化。

随着社会的不断进步，城市产业结构的升级，服务业以及高新技术产业比重上升，均有利于城市空间结构的优化。在旅游城市中，旅游业及其相关产业作为主要经济增长点和支柱产业，成为城市空间布局演进的重要影响因素。旅游空间布局是旅游活动在地理空间上的投影，当某一地区的旅游产业逐渐或者已经成为该地区的主导产业时，城市的发展格局便按照旅游产业的空间布局，在地理空间上有方向地发展。

规划者在城市旅游开发与规划时，首先，应确定城市旅游优先发展的地段，在进行成片开发过程中同时注意旅游生态环境的保护，重点旅游区的成片开发可以推动城市旅游产品的开发，增强城市旅游吸引力。

其次，要合理规划布局城市游客活动中心，游客活动中心在一定程度上可以是一切旅游接待服务设施。旅游空间合理规划布局战略，处理好旅游区内的服务接待设施的建设与核心吸引物聚集体之间的空间布局关系。

最后，要选择城市边界地区旅游开发的空间模式，城市旅游空间规划布局，应明确规划边界区域共生的旅游资源，确定城市边界旅游区域的开发模式。这些区域是城市生态环境的最后屏障，不能因旅游空间规划布局不合理而遭到破坏，如果失去这些城市生态环境的屏障，城市自身的可持续发展发展也成了严重问题。

三、旅游发展与城市产业布局规划

城市的产业布局，是产业在城市内部的空间分布和组合的经济现象。产业布局的空间演变，实质是各种资源、各生产要素甚至各产业为选择最佳区位而形成的在空间地域上的流动、转移或重新组合的过程。在一个城市中，随着经济的发展，居民的人均收入水平不断提高，因此劳动力由第一产业向第二产业移动。当人均居民收入进一步提高时，劳动力便从第二产业逐步向第三产业移动，这是因为服务业比制造业、制造业比农业能够得到更多的收入。因此，当旅游业的不断发展与壮大时，城市产业的布局会朝着旅游业的方向发展，并在此过程中，形成完整的体系，使之能够为旅游业服务。

产业是具有某些相同特征的经济活动的系统，产业结构是各产业的构成及各产业之间的联系和比例关系。不同的历史时期，随着经济的发展，一个城市的产业结构是在不断进行转换的，因此其主导产业部门也在不断置换，这个过程同样是资源的时空配置过程。

旅游城市空间结构是城市产业结构的反映，城市产业结构对区位选址的要求差异，决定城市的聚集状况、空间分布及土地利用结构。旅游产业与其他相关产业协同关联链的建立，使城市功能结构转变为以旅游区为城市功能核心，在其周围聚集了各种相关旅游服务，商业、房地产等行业组成的产业综合体。

旅游业的发展有相当高的产业关联度，它们带动相关产业的发展并拉动投资，对当地的招商引资有极强的带动作用，而城市建设环境是经济活动的物质承载对象，两者之间存在着交叉渗透，互进互融的联动效应。

在旅游城市的产业布局规划中，应优先考虑旅游及其相关产业在今后一定时期内的重要作用，在保护、整合城市旅游资源的基础上，发展相关产业，并对其进行合理布局，使之都能够为旅游产业服务，从而达到共同促进的目的，使城市和谐发展。

四、可持续的生态宜居城市建设

随着城市的综合实力在不断增强，城市内部的环境也得到不断改善，各种配套服务设施趋于完善，于是可以吸引外来游客，逐渐使城市初步具有了旅游管理、接待、集散中心的功能。因为城市为非城市地区的人们提供了各种公共设施，使其产生独特的旅游体验，于是旅游逐渐开始向城市化发展，为促使城市和谐发展，城市规划应本着可持续发展的原则，创建生态旅游城市。

生态旅游城市，是运用生态学、经济学和旅游学的原理，遵循生态规律与城市发展规律，以生态城市的建设为基础，以城市生态旅游为主线，以自然生态的良性循环及人与自然、社会的和谐为核心，以实现城市的可持续发展为目标，进行规划、建设和管理的现代化新型城市。中国的旅游城市，须采取可持续发展模式，探索和研究生态城市建设之路，避免高能耗、高污染、低产出的发展道路，寓自然环境保护、社会生态和谐于经济发展之中。

建设生态旅游城市，应以可持续发展思想为指导，对每个环节都作出详细布局，并提出具体措施，整个规划过程必须绿色、环保，使城市能够真正发挥其生态旅游的效益。在建设生态旅游城市的过程，应遵循以下原则：

（一）传承保护的原则

生态旅游发展的前提是以良好的生态旅游环境，只有有效、合理地保护好旅游地的生态系统物种、景观的多样性，以及当地文化的完整性等，生态旅游才能真正得以良性循环。此外，生态旅游规划还应尽量保持自然与文化的原始性和真实性，我国许多的景区在规划过程中，不注重对旅游资源自然性的保护，在景区内建造一些与旅游资源风格不协调的建筑，既破坏景区的环境，又浪费资源。城市规划应注意各种旅游基础设施与自然、文化景观协调，保护人、地和谐的生态美，才能保证旅游资源的可持续发展。

（二）旅游设施生态化原则

旅游设施的生态化，首先要求旅游服务设施应与生态环境相配套，并尽可能提高各种能源的转化效率；其次，在城市建设过程中采用与环境协调的生态材料，采用技含量高、学科领域广泛的生态技术，开发与自然环境高度融合的生态建筑，设计环境和谐共生的生态景观等。在城市开发过程中，使生态设施逐步落实，并增强当地人民的环保观念。

（三）环境教育原则

生态旅游可以对游客进行环境教育，在游客观赏生态环境、领略自然风光和民俗文化的同时，也能学到各种生态知识，因此，游客在与自然、文化环境和谐共处的过程中，获得具有启迪价值的经历，从而激发他们自觉保护自然环境和民俗文化的意识。生态旅游还强调实现对当地居民的环境教育的功能，让居民能够深刻理解保护生态环境的现实意义及潜在意义，提高其对所在地区和地方文化的自尊和自豪感。

（四）法制监督原则

推进生态旅游的发展、强化生态旅游区的管理，需要完善的法制系统做保障。城市规划必须兼顾旅游城市的经济效益、资源整体价值、可持续利用等多方面因素，对旅游资源的所有权、管理权，以及开发利用权等进行明确定位，在此基础上建立有偿使用、综合利用的制度，并提出有效的监管措施。此外，规划者还应对规划区生态旅游资源进行全面、科学的普查评价，并对当地旅游市场进行科学调研、预测，最后再确定生态资源的特色、保护范围和市场定位。按合理布局、重点开发的原则科学规划，保证生态旅游资源的利用、开发和保护相统一。

第七章　城市建筑与城市规划

第一节　建筑设计与城市规划的相互关系

一、城市规划指导建筑设计

城市规划能够为建筑设计提供一定的指导和帮助。城市规划借助人力、空间和土地等方面的资源相结合的方式实现科学规划与设计。城市规划是对城市展开人性化的布局和配置。通过科学合理的城市规划手段能够在一定程度上协调不同要素之间的关系，并完善城市的各项功能和设施。通常条件下，结合建筑设计层面的内容可以得知，设计人员在设计过程中应对不同人员的和谐共存问题进行有效处理。通过以上所说的各项内容，可以得出城市规划指导建筑设计的基本结论。然而对建筑总体理解存在着特殊要求，城市发展政策和规划概念需要保证指导的自觉性和主动性。因此，为了充分落实和实现城市建设与环境相统一的基本发展目标，建筑设计必须服从城市规划的要求和指导，从而在一定程度上推动城市的健康发展和进步。

二、建筑设计服从城市规划

随着时代的发展和社会的变迁，在城市化建设中，建筑作为主体具有不可忽视的作用。建筑是城市总体形象的最直观的代表，是城市设计的重要对象。建设与城市和周围无法实现协调与统一的原因通常有以下几点。城市规划中没有加强对建筑作用的重视，并且也没有科学考虑到建筑与环境之间的内在关系和影响。一般条件下，城市人文景观和自然环境发展都将被纳入总体的规划内容中，从而达到两者和平共存的基本目标。建筑物本身具有区别于其他设施的特点和功能，保证城市规划的合理性可以为其可持续发展目标的有序落实提供便利条件和基础保障。

三、城市规划和建筑设计之间的优势互补

城市规划过程中，其设计语言是人们需要关注的重点目标之一。规划人员需要加强对细节内容的控制，将整体的设计理念有效的融合进去，结合建筑设计的具体方案内容采取精准有效的把控手段，以此在建筑设计上对城市的物质形态展开科学调整与改进，增加城市规划中的不同原色，明确规划方案的各项内容和技术要点。对建筑设计进行适当调整可以为城市规划带来有利的影响，提高城市空间资源利用的合理性，实现城市规划与建筑设计的优势互补的目标。

第二节　新形势下建筑设计与城市规划分析

一、新形势下建筑设计和城市规划要求

在当前社会发展背景和形势条件下，建筑设计与城市规划工作都需要严格按照可持续发展要求来落实相关发展措施和工作任务，并且始终坚持以人为本的城市建设理念，在城市发展和规划过程中对各种关系进行有效协调，加强对人类、环境、建筑和经济等因素的管理和控制，在实现四者的协调统一的情况下才能保证城市规划的合理性，从而为人们提供物质和精神两个层面上的需求。建筑设计与城市规划不仅要具有具备较强的美观性和观赏性，同时应该兼顾人们功能性要求的满足，建设设计符合人性化的基本原则，为人们的日常办公与生活提供可靠保障。城市规划工作中也需要参考和借鉴此项要求内容，做好城市空间布局工作，明确具体的职能和功能，实现主次分明并互相衔接的规划目的。

当前我国的环境污染问题比较突出，其在一定程度上对人们的生活条件和环境质量产生严重影响。现代化城市建设过程中要求建筑设计与城市规划要求两者保持和谐的关系，对生态环境加以有效保护，积极落实各项环境保护措施和方案，避免因城市建设和经济发展而对生态环境造成相应的破坏和污染，实现人与自然和谐相处的基本目标。与此同时，在各种节能减排和绿色环保措施不断落实的情况下，建筑设计与城市规划也需要积极响应，在城市规划过程中节约土地资源和空间资源，始终坚持因地制宜的基本原则和发展理念，对城市的生活区、商业区和工业区等区域进行科学划分，为城市发展提供充足的动力源泉。建设设计满足绿色环保的基本发展理念，即使当前的建筑设计工作还无法实现全面无污染的要求，但是设计人员可在建筑设计方案中尽可能地降低能源和资源的消耗，控制建筑材料的使用量，提高材料的利用率，结合工程实际和环保政策选择具备绿色环保功能的材料，最大程度上减少有害物质的排放，建立绿色安全和健康的城市环境。

城市规划工作需要对不同方面的因素进行综合考虑和分析，避免和历史文化保护区产生冲突，在满足人们物质和精神两个层面的生活需求的前提下加强环境、人文历史和古建筑物的保护工作，避免城市规划与其产生冲突，当无法规避冲突和问题的时候需要及时作出优化与调整措施，将保护环境作为城市规划工作中需要重点考虑的问题。建筑设计不仅要对各项功能进行综合考虑，还应对抗震、抗洪，以及防火、防雷电等进行科学设计。

二、新形势下的建筑设计与城市规划存在的主要问题

（一）对文物古迹的保护力度不足

当前随着改革开放工作的不断深入，人们在经济发展方面投入了许多资源，提高对城市经济发展的重视程度，然而在部分城市和地区，只是通过追求经济利益就具有文化价值的古建筑，历史文化受到一定的损伤。历史文化的缺失和损害凸显出建筑设计与城

市规划之间的不协调问题。其主要是政府相关部门和单位对城市规划缺乏一定的严谨性和全面性，在历史文化建筑保护工作上存在着明显问题，使城市文化的可持续发展工作的落实受到严重阻碍。

（二）规范管控举措严重缺失

结合相关标准和要求内容可以看出，城市规划方案应经过有关主管单位的审核与批准之后才能对后续措施进行有序落实和实施，当方案中存在缺陷和不合理之处的时候，必须要对其进行全面调控和优化，确保其达到规定标准和要求之后才能全面执行。没有经过严格审批的操作都应规划到违法范围内，并且也不会被人们所接受。

（三）建筑古迹及历史街区防护力度有限

建筑古迹是城市地域文化特色的直接体现和表达，其明确了此地区的长期发展轨迹。但是受到当前经济发展比较迅速的形势的影响，使得政府对于城市规划工作愈加重视。但是部分建筑古迹因年久失修等问题而出现不同程度的损坏，在经过翻修之后也因其中所添加的现代化元素而导致建筑古迹逐渐丢失了原有的文化韵味。此外，由于专业技术人员比较缺乏，建筑古迹的防护工作难以起到实质性的作用和效果。

（四）民众参与城市规划管理的积极性较低

在城市规划过程中，其工作的核心主要是为当地居民建立健康和谐并且功能完善的生活环境。城市居民有权对城市规划工作进行一定的监督和管理。然而部分民众的个人素质水平和认知能力存在着局限性，对参与城市规划和管理工作缺乏正确认知和了解，单纯地认为城市规划属于政府的工作范畴，与自身并没有直接的关系，从而导致城市居民在参与城市规划工作上的积极性比较低。另外，政府主管单位在城市规划理念上存在着滞后性的问题，使得相关管理工作的效率无法得到有效提升，难以满足城市实际的发展需求，对城市规划工作的顺利实施和可持续发展目标的落实产生阻碍。

三、新形势下建筑设计与城市规划措施

（一）以城市规划为指导开展建筑设计

要想保证建筑设计与城市规划之间保持良好的协调性与科学性，设计人员需要结合城市规划的指导地位和约束收益层面展开综合性的考量和探究，在完成长期运作目标的前提下对建筑功能展开科学规划，还要提前留下充足的运作空间，提高设计水准，使城市规划的各方面建设需求得到有效满足。与此同时，为了提高建筑设计的合理性，还应该对城市未来的发展方向和需求，以及使用功能等展开科学预估和分析，在保证建筑空间规划质量的同时控制建设成本，及时了解和掌握建筑设计中的各项问题和缺陷，借助完善的管控措施和方法来达到整体性的规划目标。为了提高建筑设计水平，技术人员需要在保证城市规划整体性的情况下对规划理念和施工技术展开科学合理的调整和创新，在其中融合应用先进设计理念来加强对设计运作资源的操控，提高建筑设计与城市规划之间的有序性，使其保持在可控范围内，促进城市的综合发展。

（二）基于建筑设计，保障规划建设质量

在建筑设计与城市规划过程中，相关工作人员需要提高对建筑设计的重视程度，并为其提供科学指导和帮助，加强设计与城市环境之间的充分融合，推动城市规划工作的逐步落实和实施。首先，建筑设计需要具备良好的大局意识和观念，结合城市规划建设的综合层面进行分析和考虑，使建筑物与城市环境进行充分结合。建筑造型应与周围建筑环境保持较高的一致性，在色彩和虚实处理方面应贴合实际情况，建筑群流线需要准确地表达出环境肌理要求。其次，为了提高建筑设计的整体水准，应严格按照以人为本的原则开展相关工作，加强个性化设计，在充分掌握人性化内容的情况下有序落实局部设计工作，建立符合人们心理预期和目标的城市环境与氛围。

（三）融入创新元素

随着城市化进程的不断加快，我国的城市规划与建筑设计水平也在不断提高，为了实现二者的协调发展，相关部门要结合城市的实际发展状况，在规划过程中融入创新元素，进一步推动城市的长远发展。在进行城市规划与建筑设计时，可以适当吸取国外的先进经验，综合考虑国情、群众的生活习惯、社会发展模式等因素，不断创新，促使城市规划与建筑设计能够高度贴合当地的地理特征，在科学的设计理念指引下，确保城市规划的合理性。现如今，随着生态文明的高速发展，在进行城市规划与建筑设计时融入创新元素也是时代发展的必然趋势，不仅要让当地居民感受到城市的发展，同时也要让外来游客能够直观地感受到城市日新月异的变化，建立起美好的城市形象。

（四）完善监督体制

进行城市规划和建筑设计时，相关政府和部门必须建立完善的监督机制，确保制度的严格执行，这对于打造现代集约城市有着十分重要的意义。目前，很多企业为了追求经济利益最大化，忽略了建筑的施工质量，使得豆腐渣工程、烂尾项目频繁出现，不仅造成了极大的资源浪费，也不利于构建和谐社会。为了构建文明城市，打造和谐投资环境，城市规划与建筑设计的实施过程中一定不能脱离监管体制，相关部门必须加快完善城市规划的法律制度，确保城市规划的合理性和科学性，并采用招投标的方式选取专业的施工团队，确保城市规划可以顺利开展。

（五）与周边自然环境进行有机协调

新形势下的建筑设计与城市规划工作需要对周围自然环境展开科学协调和处理，使其能够与建筑设计和城市规划进行充分融合。政府相关部门和单位的设计人员需要在保证建筑正常使用功能满足人们日常需求的同时体验到生活的乐趣，感受城市给人带来的文化和经济等层面的良性作用。

（六）让群众献言献策，参与规划

城市居住人员作为城市的主体需要积极参与到城市规划工作中，从而使其树立正确的主体意识和观念。政府相关部门和单位应借助互联网技术展开问卷调查工作，了解居民对城市规划的看法和建议。在信息化时代下，人们能够通过互联网技术看到许多公开

的信息，政府可在网上公布有价值的城市发展和规划方案，使得城市居民能够有一个直接的参考。政府在了解城市居民真实想法和意见的基础上才能制订出完善有效的设计规划与发展措施。

（七）加强先进技术的应用

在现代化的城市规划设计中，如果继续使用传统落后的技术，将会出现严重的资源使用不合理的问题，无法降低各种污染性材料的投入比例，进而造成严重的生态资源与能源浪费现象。对此，在生态建筑设计的应用过程中，必须加强先进技术与新型材料的合理应用。例如，在建筑设计中，将厚重的砖块换成轻薄型建筑材料，既可以降低施工成本，又可以提升施工质量。通过积极应用太阳能、风能等新型清洁能源，在保证建筑正常使用功能和城市稳定运转的情况下，还能有效减少对自然环境的污染，达到保护环境的目的。

（八）坚持绿色低碳发展道路

城市规划和建筑设计要确保这些方面协调发展，实际操作中要与自然和谐共生，尊重自然规律，不随意破坏自然环境。规划和建筑设计要坚持绿色低碳原则，在发展的同时保护环境，且要节约各种能源，控制建设中对各类资源的消耗。规划和设计要顺势而为，因地制宜，坚持可持续发展，落实绿色发展，促进经济与生态良性循环。建筑设计中要保证空间集约，必须要高效利用，整体规划设计应是在促进城市化发展以外，最终获得良好的生态效益。

（九）促进规划设计人员能力提升

城市规划师缺乏专业知识是导致城市设计无法达到预期效果的重要因素，而规划师缺乏专业知识的主要原因如下。首先，规划人员不熟悉城市设计的理论知识，并且在设计时不了解城市规划，建筑设计方法和结构组合，因此许多设计师无法系统地分析城市规划，并开展设计和规划。其次，城市规划人员几乎没有实践经验，目前许多城市规划人员都缺乏实践经验，只具有理论知识，但是相关人员会觉得应用程序太困难，与此同时，许多设计师也在进行设计。在规划时，仅考虑理论知识的内容，而对周围环境，绿化和交通的综合考虑很少，因此规划计划中存在许多漏洞。需要设计和计划部门来解决这些问题。定期培训和制定有关员工的相关知识和技能。奖励机制鼓励员工积极学习和提高自己的能力，同时引入新的模拟培训模型，使计划人员可以在此过程中丰富经验。完成了模拟工作，为城市规划和建设奠定了良好的基础。

（十）加强建筑设计审核并规范施工组织设计

建筑是城市中的组成部分之一，其是城市经济发展水平和文化特色的直接体现。新形势下需要做好建筑设计的审核工作中，同时制定科学合理的审核机制，结合不同层面和因素对建筑设计进行有效审核，使得建筑能够达到城市规划中的标准和要求。首先，设计人员应对建筑设计方案的可行性进行综合考虑和分析，其次，查看建筑设计是否服从城市规划内容，对城市未来的发展的印象。最后，对建筑所在地区的环境展开科学调查和了解。防止对自然环境造成不良影响。与此同时，相关部门的工作人员还需要加强对施工组织设计的检查，结合实际情况综合施工中出现的问题，针对项目设计中出现的大幅度修改和变更问题，以及与项目有关的法律法规的修订和颁布等工作内容，施工原材料和技术发生较大变动的时候，施工组织设计也应该做出相应的调整和改变，适当进行补充说明和优化，在通过审核与批准之后才能开展后续的各项施工作业。

第三节 城市"短命建筑"与城市规划分析

城市"短命建筑"是指建成不久就被拆除的建筑物，这种现象在城市建设中比较常见，不仅浪费了大量的资源和财力，还会对城市环境和形象造成负面影响。城市规划是指对城市的空间布局和发展进行规划和管理，旨在实现城市的有序发展和可持续发展。城市规划应当充分考虑到城市"短命建筑"问题，以减少城市"短命建筑"的出现。

一、城市"短命建筑"的成因

城市"短命建筑"的成因主要有以下四个方面：

（一）建筑品质不佳

城市"短命建筑"中，建筑品质不佳是较为常见的问题。这些建筑物可能在建筑设计、材料选用、施工质量等方面存在问题，导致建筑物本身质量较差，使用寿命不长，建成不久就需要拆除重建。

（二）用途单一

城市"短命建筑"中，用途单一也是一个重要的因素。一些建筑物由于用途单一，只能满足特定的需求，不能满足城市的多元化需求，这些建筑物难以得到有效利用，最终只能被拆除。

（三）设计缺陷

城市"短命建筑"中，设计缺陷也是造成建筑物寿命较短的原因。这些建筑物可能在设计过程中存在缺陷，比如结构不合理、功能设计不合理等，导致建筑物本身存在严重的问题，无法保证使用寿命。

（四）规划不合理

城市"短命建筑"中，规划不合理也是一个重要的因素。一些建筑物的建设没有得到有效规划和管理，可能是因为规划不科学、不合理或没有得到有效的规划和管理，导致建筑物难以得到有效的利用和管理，最终只能被拆除。

二、城市规划与城市"短命建筑"的关系

城市规划是解决城市"短命建筑"问题的重要途径。城市规划应当充分考虑到城市"短命建筑"问题，以减少城市"短命建筑"的出现。城市规划需要从以下四个方面入手。

（一）建筑品质和设计

城市规划应当注重建筑品质和设计，避免建筑品质不佳、设计缺陷等问题。城市规划需要加强对建筑品质和设计的审查和监管，推动建筑行业的规范化和健康发展，提高建筑质量和设计水平。此外，城市规划还需要注重建筑的多功能性和多用途性，避免建筑用途单一、限制性过强等问题。城市规划需要充分考虑建筑的多功能性和多用途性，促进建筑用途的多样化和灵活性，满足不同的社会需求和发展需求。

（二）城市空间布局

城市规划应当注重城市空间布局，避免城市"短命建筑"的出现。城市规划需要充分考虑城市空间的利用和合理布局，优化城市建设布局，减少建筑物的浪费，提高城市空间利用效率。城市规划还需要注重城市环境和文化的保护和利用，避免因建筑拆除造成的城市环境和文化损失。城市规划需要加强对城市环境和文化的保护和利用，推动城市环境和文化的可持续发展，保护城市的历史文化遗产和城市形象。

（三）城市建设管理

城市规划应当注重城市建设管理，避免城市"短命建筑"的出现。城市规划需要加强城市建设管理，制订相应的规章制度和标准，规范城市建设行为，加强对城市建设的监管和管理，推动城市建设的规范化和健康发展。同时，城市规划还需要注重城市公共服务设施和旅游设施的建设，推动城市公共服务设施和旅游设施的发展，为城市旅游产业的健康发展提供良好的基础设施保障。

（四）参与公众

城市规划应当注重公众参与，避免城市"短命建筑"的出现。城市规划需要充分考虑公众的意见和需求，加强公众参与，推动城市建设和规划的民主化和透明化。公众参与可以提高城市建设和规划的质量和适应性，避免因规划不科学、不合理而出现城市"短命建筑"的问题。

三、解决城市"短命建筑"问题的对策

（一）建立长效机制

城市"短命建筑"问题需要建立长效机制来解决。政府部门可以加强对城市建设和规划的管理和监管，制订相应的规章制度和标准，加强对城市建设的监管和管理，推动城市建设的规范化和健康发展。政府部门还可以鼓励和支持高质量建筑和设计，优化城市空间布局，提高城市空间利用效率，减少城市"短命建筑"的出现。

（二）加强城市建设和规划的科学性和规范化

城市规划应当注重城市建设和规划的科学性和规范化，避免出现城市"短命建筑"的问题。城市规划需要加强对建筑品质和设计的审查和监管，促进建筑业的规范化和健康发展，提高建筑质量和设计水平。同时，城市规划还需要注重城市环境和文化的保护和利用，推动城市环境和文化的可持续发展，保护城市的历史文化遗产和城市形象。

（三）加强公众参与

城市规划需要加强公众参与，提高城市建设和规划的透明度和民主性，充分考虑公众的意见和需求，推动城市建设和规划的民主化和透明化，避免因规划不科学、不合理而出现城市"短命建筑"的问题。

（四）推动可持续发展

城市规划需要注重可持续发展，加强对城市资源的保护和利用，推动城市可持续发展，避免城市"短命建筑"的出现。城市规划需要加强对城市环境和文化的保护和利用，推动城市环境和文化的可持续发展，保护城市的历史文化遗产和城市形象。

城市"短命建筑"是城市规划和城市建设中的一个重要问题，需要政府部门、建筑行业、公众等各方共同努力解决。城市规划应当注重城市建设和规划的科学性、规范化、民主化和可持续发展，加强对城市建设和规划的管理和监管，制订相应的规章制度和标准，加强对城市建设的监管和管理，推动城市建设的规范化和健康发展，以减少城市"短命建筑"的出现。同时，城市规划需要加强公众参与，提高城市建设和规划的透明度和民主性，充分考虑公众的意见和需求，推动城市建设和规划的民主化和透明化，避免因规划不科学、不合理而出现城市"短命建筑"的问题。通过这些措施，可以有效地解决城市"短命建筑"问题，促进城市的可持续发展和繁荣。

第八章 城市基础工程与城市规划

第一节 城市规划中的基础设施规划

城市是一个人口、生产与生活活动以及物质财富高度集中的人工环境。这种环境必须依靠与外界的物质与能量的交换才能保证其系统的平衡和正常运转。城市基础设施正是维系城市人工环境系统正常运转的支撑系统。尤其是对于现代大城市而言，无法想象缺少电力供应、污水滞留、垃圾不能及时清理会是怎样一种情景。因此，城市基础设施对于城市的存在与发展至关重要。城市基础设施规划是城市规划的重要组成部分。

一、城市基础设施

（一）城市基础设施规划的定义与内涵

基础设施（infrastructure）的原意是"下部构造"（infra＋structure），借用来表示对上部构造起支撑作用的基础。城市基础设施（urban infrastructure）最初是由西方经济学家在 20 世纪 40 年代提出的概念，泛指由国家或各种公益部门建设经营，为社会生活和生产提供基本服务和一般条件的非营利性行业和设施。因为，虽然城市基础设施是社会发展不可或缺的生产和经济活动，但不直接创造最终产品，所以又被称为"社会一般资本"或"间接收益资本"。

我国的《城市规划基本术语标准》将城市基础设施定义为："城市生存和发展所必须具备的工程性基础设施和社会性基础设施的总称。"

城市基础设施的建设和维护是城市管理中不可忽视的重要部分。城市基础设施的建设需要投入大量的资金和人力，同时需要考虑城市规划、市场需求、环保要求等因素，因此需要有科学规划和有效的管理。城市基础设施的维护也非常重要，包括日常巡检、维修、更新等工作，保证城市基础设施的正常运转，避免事故发生，同时也延长设施的使用寿命，减少城市的维修成本。城市基础设施的建设和维护是一项长期性的任务，需要政府、企业和居民共同参与，形成合力，共同推动城市基础设施的发展和完善。

（二）城市基础设施的分类与范畴

不同国家对城市基础设施的分类方式有所差异，但基本范畴包括物质性基础设施、制度体制方面的基础设施和个人方面的基础设施。其中，物质性基础设施是城市基础设施的主要组成部分，包括道路、桥梁、交通运输设施、供水设施、排水设施、电力设施、通信设施、公共设施等。制度体制方面的基础设施则包括城市规划、城市管理、公共安全等方面的制度和法规。个人方面的基础设施则包括医疗保健、教育、文化、娱乐等服务设施。不同国家对城市基础设施的分类方式不同，主要是受到各国经济、社会、文化等因素的影响。无论如何，城市基础设施的建设和维护对于城市的发展和居民的生活质量都具有重要的作用，是城市管理中不可忽视的重要部分。

我国《城市规划基本术语标准》对城市基础设施的定义包括了工程性基础设施和社会性基础设施两大类。工程性基础设施主要包括城市的道路交通系统、给排水系统、能源供给系统、通信系统、环境保护与环境卫生系统，以及城市防灾系统等；而社会性基础设施则包括行政管理、基础性商业服务、文化体育、医疗卫生、教育科研、宗教、社会福利，以及住房保障等。这些基础设施是城市运转的必要条件，对于保障城市居民的生活、安全和健康具有非常重要的作用。城市规划与城市基础设施的规划和建设密切相关。对于社会性基础设施，城市规划的主要任务是确定合理的布局，确保其用地的落实和不被其他功能所侵占；对于工程性基础设施，城市规划需要针对各个系统做出详细具体的规划安排并落实实施措施。工程性基础设施的规划设计与建设具有较强的工程性和技术性特点，又被称为城市工程系统规划。城市规划和基础设施的规划和建设需要政府、企业和社会各界的共同努力和投入，形成合力，共同推动城市基础设施的发展和完善。

（三）城市基础设施的作用

城市基础设施的重要作用主要体现在下列三个方面：

（1）城市基础设施是城市发展的基础和支撑，它对城市的现代化水平和文明程度起着重要的作用。随着城市化进程的不断加速，城市规模急剧扩大，城市基础设施的建设和发展也变得越来越重要。城市基础设施的建设需要同步进行，否则将会影响城市的高效运转和发展，甚至导致城市效益的逆转。随着城市经济的发展和居民生活水平的提高，人们对基础设施的服务水平的要求也越来越高，这进一步凸显了城市基础设施的重要性。因此，城市基础设施的普及率和人均水平已经成为国际上衡量城市现代化水平和文明程度的重要标志之一。

（2）城市基础设施是国民经济基础设施的重要组成部分，是创造城市集聚高效益的重要基础条件。城市基础设施的现代化水平提高，可使城市整体经济取得最佳集聚效益。据统计，每万吨／日的自来水生产能力投入工业生产，可为有关企业创造年产值3.2亿元，实现利润4600万元。大连市因缺水，1981年损失工业产值6亿元。城市工业也需用煤气。上海169家急需用气工厂，如增加日用气量32万 m³，即可增加产值7.2亿元。通过改善运输条件，提高车速，降低油耗、降低产品和商品的成本等，可以提高道路桥梁的经济效益。重庆长江大桥1980年建成后，平均每天通车4500多辆，过桥货运量达200多万 t，每年为国家增收节支1093万元，全市80%以上的工厂受益。1979年兰州市黄河大桥通车后，每年可节约绕道行驶费用130多万元，节省11万台班运输。资料介绍：如某城市经常运营的为5万辆4t载重车，因路况差，交通不畅，使平均车速由40km/h下降至20km/h，按8h/d×300工作日／年计，营运收入与汽油两项年损失2亿元和500t。这些损失化整为零，大部分分摊在各个单位上，容易使人忽略，如从全国考虑其损失是相当可观的。全国每天千百万职工由此造成的上下班耗费在路上的时间和精力则更是无法计量的。

（3）城市基础设施不仅是城市经济发展的基础和现代化水平的标志，还承担着保障城市安全、改善和提高城市环境的重要责任。通过合理规划和建设城市基础设施，可以降低城市灾害发生率，保护城市居民的生命财产安全，改善环境质量，提升城市居民的生活品质和健康水平。城市基础设施建设是一项长期而系统的工程，需要政府、企业和社会各方的共同努力和投入，才能实现城市可持续发展的目标。政府需要通过合理规划和财政支持，引导企业和社会各方积极参与基础设施建设。企业需要通过技术创新和资源整合，提供高质量的基础设施建设服务。社会各方则需要积极参与城市规划和基础设施建设，提供支持和反馈意见。只有通过共同努力和投入，才能实现城市基础设施建设的可持续发展，为城市发展和居民生活提供更好的保障。

（四）城市基础设施建设的特点

城市基础设施是国民经济中的一个特殊的部门。因此，决定了城市基础设施的建设有如下特点。

1. 城市基础设施建设的超前性

城市基础设施建设的超前性是指城市的发展需要基础设施的支撑，但基础设施的建设周期长、投入大，无法与城市的发展速度完全同步。因此，在进行基础设施建设时，需要考虑城市未来的发展需求，并预留一定的建设空间和容量，以保证基础设施能够满足未来城市发展的需要，防止基础设施"缺口"出现。这种超前性也体现了城市基础设施建设的长期性和系统性，需要政府、企业和社会各方的共同努力和投入，才能实现城市可持续发展的目标。

2. 城市基础设施建设的整体性

城市基础设施建设的整体性指的是城市基础设施各个部分之间存在着相互联系和相互作用的紧密关系。城市基础设施的各个部分都是为了满足城市的需要而建设的，它们之间的关系是相互依存的，互为补充和支持，构成了城市基础设施的整体性系统。因此，在城市基础设施建设中，应该注重整体性规划，充分考虑各个部分之间的协调配合，保证整个系统的协调运行。例如，在城市道路建设中，应该考虑交通信号灯、行人天桥、地下通道、公交线路等因素的协调，以实现整个交通系统的高效运行。在城市给排水系统建设中，应该注重与环保、城市绿化等相关系统的协调，以保障城市生态环境的健康发展。

3. 城市基础设施建设的比例性

城市基础设施建设的比例性指的是，城市基础设施建设的规模和质量应当与城市经济、人口和社会发展的要求相适应，不宜过大也不宜过小。如果基础设施建设规模过大，会浪费资源和资金，造成社会投入的过度集中，影响其他社会事业的发展；如果基础设施建设规模过小，则无法满足城市发展的需要，制约城市经济的增长和社会发展的进步。因此，在城市基础设施建设中，需要进行全面规划，合理分配资金和资源，确保各项建设的比例适当，以实现城市发展的平衡和可持续性。

（五）城市基础设施的技术政策

城市基础设施的技术政策主要有以下十个方面：

（1）保持足够稳定的投资，逐步做到其投资在国民生产值中占一定的比例。

（2）逐步实施部分基础设施的有偿使用。

（3）对基础设施建设实行综合安排，做到前后顺序合理，先地下后地上，先深埋后浅埋。

（4）对水资源进行统一的规划管理。

（5）合理调整城市燃料结构，推广使用城市燃气，提倡集中供热和对热能的综合利用，提高电能的比重。

（6）环境保护与"三废"治理要实行与项目工程同时设计、同时施工、同时生产的"三同时"政策。

（7）大中城市以发展公共交通为主，对自行车的发展要适当控制，对交通进行综合治理，使各种公共交通互为补充，相辅相成。

（8）加快城市邮电建设，逐步普及城市公用电话，发展住宅电话。

（9）对人防工程及其他地下空间要做到平战结合。

（10）改进城市垃圾的收集、运送、处理，逐步提倡垃圾分类收集容器化，运输作业机械化。

（六）城市基础建设存在的问题

城市基础设施建设存在一些特殊的问题和挑战。其中一个问题是，大部分基础设施被埋藏于地下或者位于城市边缘，难以被市民所感知，也难以产生视觉效果。此外，基础设施建设需要巨大的投资，而作为政府的公共或者公益性投资，其服务价格通常较低，再加上管理部门本身的垄断和效率低下等问题，往往难以通过系统本身的运营来收回投资。为了加快基础设施建设的速度和提高投资效率，我国采取了BOT（建设、经营、转让）等方式。

二、城市工程系统规划

（一）城市工程系统规划的构成与功能

城市工程系统规划是针对城市工程基础设施的规划，是城市规划中的一个专业规划领域。它包括了城市交通、给排水、能源供给、电信、环保环卫、减灾以及管线等多个系统的规划。其中，城市交通工程系统规划涵盖了对内和对外交通的规划，城市给排水工程系统规划包括了给水和排水工程，城市能源供给工程系统规划包括了供电、燃气和供热工程，城市电信工程系统规划涉及了城市通信网络，城市环保环卫工程系统规划包括了环境保护和环境卫生工程，城市减灾工程系统规划则是为了应对自然灾害的发生而做的规划。同时，城市工程管线综合规划是针对城市地下管线设施的规划，是城市工程系统规划中的一个重要内容。

（二）城市工程系统规划的任务

城市工程系统规划是城市规划中的一个重要组成部分，其任务是科学合理地确定规划期内各项工程系统的设施规模、容量，对各项设施进行布局，并制定相应的建设策略和措施。城市工程系统规划包括城市交通工程、给排水工程、能源供给工程、电信工程、环保环卫工程、减灾工程和管线综合规划等专业。城市工程系统规划从总体上考虑，需要结合城市的社会经济发展目标和具体情况，制定合适的设施规模和容量，并科学布局，以满足城市的需求。而各个专业系统规划需要根据自身的目标选择适当的标准和设施，如供电工程需要预测城市的用电量和负荷，确定电源选择、输配电设施规模、容量、电压等要素的安排。城市工程系统规划需要涉及众多专业，涉及面广，专业性强。各专业之间需要进行协调和配合，以达到整体规划的效果。此外，城市工程系统规划注重工程基础设施的建设和实施，具有明确的建设目标和建设主体，是一种修建性规划。与土地利用规划等城市规划的其他组成部分不同，城市工程系统规划需要与其他规划相互配合，共同构建城市的发展框架。

（三）城市工程系统规划的层次

城市工程系统规划的层次可以从宏观到微观、从总体到专项来划分，包括以下三个层次：一是城市总体工程系统规划层次。它是城市规划的组成部分之一，是对城市各项工程系统进行综合考虑和统筹规划的过程，旨在建立一个统一的城市工程系统规划体系。该层次规划的目标是确定未来城市基础设施建设的总体规划方向，包括不同城市工程系统之间的协调关系、优先发展的重点领域、重要节点设施的位置布局等。城市总体工程系统规划通常具有很长的规划周期，通常为 10 年以上。二是城市分专项工程系统规划层次。这一层次的规划针对城市工程系统中的各个专业，如交通、给水、排水、能源、电信、环境保护、减灾等，其目标是确定每个专业的规划目标和重点工作，制定详细的规划方案和措施，以实现城市工程系统规划总体目标。三是城市工程系统规划的细节设计层次。这一层次的规划通常是专业技术人员在执行城市分专项工程系统规划时进行的，其目标是制定具体的设计方案和施工计划，包括建设项目的基本参数、细节设计和施工过程中需要考虑的安全和环保措施等。

（四）城市工程系统规划的一般规律

城市工程系统规划中，各个专项系统的规划虽然有着各自不同的特点和要解决的问题，但是它们的层次划分和编制顺序基本相同，与城市规划的层次相对应。同时，各专项规划的工作程序也基本相同，需要对系统所应满足的需求进行预测分析，确定规划目标并进行系统选型，最后确定设施及管网的具体布局。这些共性和普遍性规律，对于城市工程系统规划的实践和提高规划质量都具有重要意义。

首先，各专项系统规划的层次划分与编制的顺序基本相同，并与相应的城市规划层次相对应。即在拟定工程系统规划建设目标的基础上，按照空间范围的大小和规划内容的详细程度，依次分为：①城市工程系统总体规划；②城市工程系统分区规划；③城市工程系统详细规划。其次，各专项规划的工作程序基本相同，依次为：对该系统所应满足的需求进行预测分析；确定规划目标，并进行系统选型；确定设施及管网的具体布局。

第二节 城市通信工程系统规划

一、城市通信工程系统的构成与功能

城市通信工程系统由邮政、电信、广播电视等分系统组成。

(一)城市邮政系统

城市邮政系统是指由邮政局所、邮政通信枢纽、报刊门市部、售邮门市部、邮亭等设施所组成的系统,其主要业务包括邮件传递、报刊发行、电报及邮政储蓄等。邮政通信枢纽则负责收发和分拣各类邮件,以保障城市邮政系统的快速、安全传递功能。城市邮政系统的设施与服务覆盖面广,能够为城市居民提供便捷、可靠的邮件、报刊和电报传递服务,同时也支持邮政储蓄等金融服务。

(二)城市电信系统

城市电信系统是由多个分系统组成的,包括长途电话局、市话局、微波站、移动电话基站、无线寻呼台等,同时也包括电话网,它们共同构成了城市的电信基础设施。其中,电话局(所、站)具有收发、交换、中继等功能,电信网则包括电信光缆、光接点、电话接线箱等设施,具有传送语音、数据等信息的功能。城市电信系统能够满足城市居民对于通信的需求,方便快捷地传递各种信息。

(三)城市广播电视系统

城市广播电视系统采用无线电广播电视和有线广播电视两种发播方式,包括广播电视台站工程和广播电视线路工程。广播电视台站工程包括无线广播电视台、有线广播电视台、有线电视前端、分前端以及广播电视节目制作中心等设施,其主要功能是制作播放广播节目。广播电视线路工程主要包括有线广播电视的光缆、电缆,以及光电缆管道等,其主要功能是传递信息和数据传输等互联网功能。简而言之,城市广播电视系统是为了向市民提供各种广播和电视节目服务,并且利用各种技术手段传递信息和数据。

二、城市通信工程系统规划的主要任务和内容

(一)城市通信工程系统规划的主要任务

城市通信工程系统规划的主要任务是根据城市通信的现状和未来发展趋势,确定城市通信的发展目标,预测未来通信需求;合理规划邮政、电信、广播电视等通信设施的规模和容量;科学布局各类通信设施和通信线路,以确保通信的高效运行;制定通信设施综合利用对策与措施,提高设施的利用率和效益;并同时考虑通信设施的保护措施,确保通信设施的安全和稳定运行。城市通信工程系统规划需要综合考虑城市的经济、社会、文化等各方面的因素,同时需要协调各专业规划的编制和实施。

(二)城市通信工程系统规划的主要内容

根据城市规划编制层次,城市通信工程系统规划也分为总体规划和详细规划两个层次。

1．城市通信工程系统总体规划的主要内容

（1）预测近、远期通信需求量，预测与确定近、远期电话普及率和装机容量，确定邮政、电信、广播电视等发展目标和规模。

（2）提出城市通信规划的原则及其主要技术措施。

（3）确定邮政、电话局所、广播和电视台站等通信设施的规模、布局。

（4）进行电信网与有线广播电视网的规划。

（5）划分城市微波通道和无线电收发信区，制定相应主要保护措施。

2．城市通信工程系统详细规划的主要内容

（1）计算详细规划范围内的通信需求量。

（2）确定邮政、电信局所等设施的具体位置、规模和用地范围。

（3）确定通信线路的位置、敷设方式、管孔数、管道埋深等。

（4）划定规划范围内电台、微波站、卫星通信设施控制保护界线。

三、城市通信需求量的预测

城市通信工程系统规划的第一步是预测城市通信的需求量，该预测可分为邮政、电话和移动通信等几个分项。对于邮政需求量的预测，可以采用邮政年业务总收入或通信总量来进行。城市邮政的业务量通常与城市的性质、人口规模、经济发展水平、第三产业发展水平等因素相关，因此预测中多采用单因子相关系数预测法或综合因子相关系数预测法。而电话需求量的预测包括电话用户预测及话务预测，我国采用电话普及率来描述城市电话发展的状况，同时也作为规划中的指标。具体的预测方法有简易相关预测法、社会需求调查法、单耗指标套算法等。移动通信系统容量的预测通常采用移动电话普及率法，以及移动电话占市话百分比法等方法。

在进行城市通信工程系统规划时，需要根据城市的实际情况和发展趋势，确定规划期内城市通信的发展目标。在此基础上，要合理确定邮政、电信、广播电视等各种通信设施的规模、容量，并科学布局各类通信设施和通信线路。同时，要制订通信设施综合利用对策与措施，以及通信设施的保护措施，以确保通信系统的可持续发展。

四、城市通信设施规划

城市通信设施规划包括邮政局所规划、电话局所规划，以及广播电视台规划。城市邮政局所通常按照等级划分为：市邮政局、邮政通信枢纽、邮政支局和邮政所。邮政局所的规划主要考虑其本身的营业效率及合理的服务半径，根据城市人口密度的不同，其服务半径一般在 $0.5\sim 3km$，对于我国常见的人口密度为 1 万人 $/km^2$ 的市区，其服务半径通常按 $0.8\sim 1km$ 考虑，邮政通信枢纽的选址通常靠近城市的火车站或其他对外交通设施；一般邮政局所的选址则应靠近人口集中的地段。邮政局所的建筑面积根据局所等级而变化，一般邮政支局在 $1500\sim 2500m^2$；邮政所在 $150\sim 300m^2$ 之间。邮政局所建筑物可单独建设，也可设置在其他建筑物之中。

电话局所起到的是电信网络与终端用户之间的交换作用，是城市电话线路网设计中的一个重要组成部分。在电话局的选址时，需要考虑到用户的分布情况，以便让其尽量处于用户密集的区域或线路网中心，同时还需要考虑到运行环境和用电条件等因素。

广播、电视台（站）则主要承担节目制作、传送、播出等功能，在选址时应以满足这些功能为主要条件。广播、电视台（站）的占地面积与其等级、播出频道数、自制节目数量等因素有关，一般在一至数公顷的范围内。

五、城市有线通信网络线路规划

城市有线通信网络是城市通信系统的基础和主体，其种类繁多。按照功能分类，有市内电话、长途电话、移动电话、有线电视、有线广播、国际互联网等；按照线路所使用的材料分类，有光纤、电缆、金属明线等；按照敷设方式分类，有地下管道、直埋、架空、水底敷设等。电话线路是城市通信网络中最为常见也是最基本的线路，一般采用电话管道或电话电缆直埋的方式，沿城市道路铺设于人行道或非机动车道的下面，并与建筑物及其他管道保持一定的间距。由于电话管道线路自身的特点，平面布局应尽量短直，避免急转弯。电话管道的埋深通常在 0.8～1.2m 之间；直埋电缆的埋深一般在0.7～0.9m 之间。架空电话线路应尽量避免与电力线或其他种类的通信线路同杆架设，如必须同杆时，需要留出必要的距离。

城市有线电视、广播线路的敷设和城市电话线路基本相同，但需要注意以下要点：首先，在路由规划时要考虑到有线电视、广播线路的分布情况，使其能够覆盖到所有需要的地区。其次，在敷设线路时，需要采用适当的敷设方式和材料，比如管道、直埋、架空、水底敷设等。此外，对于已有的电话管道，可以利用其进行敷设，但不应同孔。最后，随着信息传输技术的不断发展，利用同一条线路传输电话、有线电视、国际互联网信号的"三线合一"技术已经成熟，可望在未来得到广泛应用。

六、城市无线通信网络规划

城市中的移动电话网根据其单个基站的覆盖范围分为：大区制、中区制，以及小区制。大区制系统的基站覆盖半径为 30～60km，通常适用于用户容量较少（数十至数千）的情况。小区制系统是将业务区分成若干个蜂窝状小区（基站区），在每个区的中心设置基站。基站区的半径一般在 1.5～15km。每间隔 2～3 个基站区无限频率可重复使用。小区制系统适合于大容量移动通信系统，其用户可达 100 万。我国目前所采用的 900MHz 移动电话系统就是采用的小区制。

中区制系统的工作原理与小区制相同，但基站半径略大，一般为 15～30km。中区制系统的容量要远低于小区制系统，用户一般在数千至一万户。

在城市通信工程系统规划中，无线寻呼业已经不再是主要的通信方式，移动电话等新型通信技术已经取代了其地位。而广播电视信号通常通过微波传输，因此城市规划需要保障微波站之间的通道以及微波天线附近的净空区不受物体的遮挡。这可以通过合理的微波站选址、通道布局和建筑物规划等措施来实现。特别是微波天线近场净空区的保护，需要结合城市建筑物、道路、绿地等要素，合理规划、设计和布置，以确保微波信号的传输质量和稳定性。

第三节 城市能源供给工程系统规划

一、城市供电工程系统规划

（一）城市电源的选择

1. 电源种类

（1）发电厂

①火力发电厂是一种利用化石燃料如煤、石油、天然气等燃烧产生热能的发电厂。热能通过锅炉产生蒸汽，再将蒸汽冲击到汽轮机上带动发电机发电。

②水力发电厂利用水能转化为电能的原理，通过水轮机带动发电机发电。首先，水从上游或水库流入引水渠或水导管中，流入水轮机上，水轮机通过水流冲击、冲击或推动叶轮带动转子转动，转子内部的导轮会带动磁场转动，使得导轮内的导线在磁场中感应出电动势，产生电流，经过变压器调整电压，最终输出到电网中供用户使用。

③其他发电厂。除了传统的火力发电厂和水力发电厂外，还有一些其他类型的发电厂，包括风力发电厂、潮汐发电厂、太阳能发电厂、地下热发电厂和原子能发电厂等。然而，这些发电厂的建设和使用需要考虑到各种条件限制，有些发电量较小，有些技术条件较复杂，目前还不能广泛用于城市电源。

目前我国城市供电的主要电源有两种，分别是火力发电厂和水力发电厂。区域火力发电厂一般建在劣质燃料基地，基建造价低，年利用小时高，但燃料消耗多，发电成本高，厂用电量大，较易发生事故，配套工程也较复杂，烟尘、灰渣对城市环境卫生有影响。热电厂除供应电源外，还供给热能，一般建在热力用户中心。区域水力发电厂建在水力资源丰富的地方，基建时间长，投资大，电厂与用户离得远，但发电经常性成本低。一般蒸汽的输送距离不能超过 4～5km，故热电厂大都建在热力用户中心。区域水力发电厂建在水力资源丰富的地方。这类厂（站）基建时间长，投资大，电厂（站）与用户离得很远，要升压远送，线路也长，但发电经常性成本低。小型地方电厂，包括农村小水电厂、小火电厂和工厂企业自备电厂，主要供应当地负荷不大的用户。

（2）变电所

①变压变电所。变压变电所是城市电网中的重要组成部分，主要用于将电力输送到远距离的负荷中心。变压变电所可分为升压变电所和降压变电所两种类型。升压变电所将较低电压的电力升高到较高电压，以便输送到较远的负荷中心，降低线路损耗和成本。降压变电所则将较高电压的电力降低到较低电压，以便供应城市中低压电网和用户用电。在城镇区域内，变电所一般都是降压变电所。

②变流变电所。直流变交流电，或交流变直流电的设备称为变电所，其中将交流电转为直流电的设备叫作整流变电所。

上述两种变电所，可根据不同需要而选用。有时一个变电所可兼有几种用途，而不必将它们分别设置。

2. 城市供电电源选择

选择电源需要考虑到供电系统的可靠性和经济合理性，电源是供电系统的核心，对城市各项建设都有重要影响。电源选择一般应注意以下问题。

（1）选择电源要综合研究地区的能源状况，考虑资源利用条件，开发的可靠性及经济性。

（2）电源的分布应在保证可靠性和满足国防安全的前提下，根据负荷状况，按各种用户的分布，采取经济合理的布局方案。

（3）在基本满足厂址建设要求的情况下（供水、排灰、运输、地形、地质、卫生条件等），电源应尽量布置靠近负荷中心。

（二）城市供电工程系统的构成和功能

城市供电工程系统由城市电源工程、输配电网络工程组成

1. 城市电源工程

城市电源工程是城市电力系统的基础设施，包括城市电厂、区域变电所等电源设施。城市电厂是为本城市服务的火力、水力、核能、风力、地热等发电厂，可以自行发电或从区域电网上获取电源，为城市提供电力。区域变电所则是区域电网上供给城市电源所接入的变电站，一般采用高压或超高压电压等级。城市电源工程的建设与规划需要考虑到城市用电负荷的需求，以及电源的可靠性、经济性和环境影响等因素。

2. 城市输配电网络工程

城市输配电网络工程是将电力从城市电源输送到城市各个配电站，并通过城市配电网向用户供电的系统。城市配电网由城市变电所、配电变压器、低压配电线路、配电盘等设施组成，通过输电线路将电能输送到城市变电所，再由城市变电所通过变压器将电压变低并传送到城市各个配电站，最终通过低压配电线路送电给用户。城市输配电网络工程是城市电力供应的基础设施，对城市的供电质量、稳定性和可靠性具有重要的影响。

城市配电网由高压、低压配电网等组成。高压配电网电压等级为 $1 \sim 10kV$，含有变配电所（站）、开关站、$1 \sim 10kV$ 高压配电线路。高压配电网具有为低压配电网变、配电源，以及直接为高压电用户送电等功能。高压配电线路通常采用直埋电缆、管道电缆等敷设方式。低压配电网电压等级为 $220V \sim 1kV$，含低压配电所、开关站、低压电力线路等设施，具有直接为用户供电的功能。

（三）城市供电工程系统规划的主要任务和内容

1. 城市供电工程系统规划的主要任务

城市供电工程系统规划的主要目的是确保城市电力供应的可靠性、安全性和经济性。规划需要综合考虑城市电力需求、电力资源、电力负荷等因素，合理安排电源、变电设施和输配电网络的布局和容量。在规划中，需要制定相应的技术和管理措施，保障电力系统的稳定运行，并且对电力设施和电力线路进行保护，防止发生安全事故和供电中断。

2. 城市供电工程系统规划的主要内容

根据城市规划编制层次，城市供电工程系统规划也分为总体规划和详细规划两个层次。

城市供电工程系统总体规划的主要内容包括：

（1）确定用电标准，预测城市供电负荷。

（2）选择供电电源，进行供电电源规划。

（3）确定城市供电电压等级和变电设施容量、数量，进行变电设施布局。

（4）布局高、中压送电网和高压走廊。

（5）布局中、低压配电网。

（6）制订城市供电设施保护措施。

城市供电工程系统详细规划的主要内容包括：

（1）计算供电负荷。

（2）选择和布局规划范围内的变配电设施。

（3）规划设计高压配电网。

（4）规划设计低压配电网。

（四）城市电力负荷预测

城市用电可分为生产用电和生活用电两大类，其中生产用电可根据产业门类进行进一步的划分。预测城市电力负荷可采用的方法较多，例如产量单耗法、产值单耗法、人均耗电量法、年增长率法、经济指标相关分析法、国际比较法等。在城市总体规划阶段，城市供电工程系统规划需要对城市整体的用电水平，以及各种主要城市用地中的用电负荷做出预测。采用人均城市居民生活用电量作为预测城市生活用电水平的指标；采用各类用地的分类综合用电指标作为预测各类城市用地中的单位建设用地面积用电负荷指标，进而可以累计出整个城市的用电负荷。而在详细规划阶段，一般采用城市建筑单位建筑面积负荷密度指标作为预测用电负荷的依据。根据这种指标，可以预测不同类型建筑物的用电负荷，如住宅区、商业区、工业区等。在进行城市电力负荷预测时，还需要考虑城市用电的时空分布规律，以便根据实际情况合理安排输配电设施的规模、容量和电压等级。同时，还需要对城市用电的保障措施进行规划，如备用电源、用电负荷分时段调峰等。

根据对供电可靠性的要求，电力负荷分为三级。

一级负荷：指供电中断可能会造成人员伤亡或设备毁损的负荷，如医院、交通信号、消防设施等。在城市供电规划和设计中，需要对一级负荷进行特别考虑和保护，确保其供电可靠性和稳定性。但是，一个用户可能拥有多种负荷，有些负荷可能并非一级负荷。

二级负荷：停止供电将造成大量减产，工人窝工，机械停止运转，工业企业内部交通停顿，以及城镇中大量居民的正常生活受到影响。

三级负荷：不属于以上一、二级的其他负荷。

对于一级负荷必须有两个独立的电源供电来保障其供电可靠性。对于二级负荷，是否需要备用电源则需要根据该用户对国民经济的重要程度进行考虑。一般情况下，可考虑用单回架空线供电。当采用电缆线路供电时，每根电缆都需要单独使用隔离开关，并且电缆数量不得少于 2 根。向二级负荷供电时，一般采用两台变压器，如可以从其他变电所取得电源时，也可以采用电力变压器进行供电。

（五）城市供电设施规划

城市供电的电源主要来源于火力发电厂和水力发电厂。火力发电厂和水力发电厂可以直接向城市供电，或者通过长距离输电线路，经过位于城市附近的变电所（站）向城市输送电能。此外，城市也可以利用风力发电厂、地热发电厂、原子能发电厂等不同类型的发电厂来提供电源，但这些发电厂的条件限制较多，有的发电量较小，有的技术条件较复杂，目前一般还不能广泛用作城市电源。

由于水力发电厂受到地理条件的制约，原子能发电厂等在我国尚未普及，火力发电厂就成为靠近城市的发电厂中最常见的一种。火力发电厂的布置在满足地形、地质、水文、气象等条件下，应考虑：

（1）发电厂应尽量靠近负荷中心。

（2）应有可靠的燃料供应。

（3）需要有充分的供水条件。

（4）有适当的排灰渣场地，并考虑其综合利用。

（5）具有方便的交通运输条件。

（6）充分考虑高压线进出的条件和留有扩建余地。

（7）与居住区的位置要适当，要有卫生及安全防护地带。

（8）用地规模主要与装机总容量有关，规模越大，单位装机容量的占地面积就越小，一般在 $0.28 \sim 0.85 \mathrm{hm}^2 /$ 万 kW 之间。

变电所是电力系统中重要的组成部分，主要有两个作用：一是将输电线路传送的高电压电能变成适用于城市的低电压电能，也可以将城市内的低电压电能变成高电压电能输送至远方；二是在城市电网内，通过集中电力和分配电力的方式，控制电流的流向和调整电压。一般城市地区的变电所都是降压变电所，

变电所一般有屋外式、屋内式或地下式、移动式等。确定其位置时应考虑以下问题。

（1）接近负荷中心或网络中心。

（2）便于各级电压线路的引入或引出，进出线走廊要与变电所位置同时决定。

（3）变电所用地要满足地质和水文方面的设计要求，不占或少占农田，不受积水浸淹。

（4）工业企业的变电所不要妨碍工厂发展。

（5）靠近公路或城镇道路，但应与其有一定间隔。

（6）区域性变电所不宜设在城镇内。

变电所供电范围的划分应考虑下列因素。

（1）要保证末端用户的电能质量。

（2）应注意各变电所之间划分供电范围的关系，供电网电压的配置，以及变压器

绕组连接形式（即相角）。

（3）对于发电机电压为6kV、10kV的中、小型发电厂附近的用户，一般可由发电机母线直接供电。

（六）城市供电网络规划

在城市供电规划中，根据供电设施的功能及其电压等级，电力系统可分为：一次供电网、二次供电网和配电网。按照我国现行标准，供电电网的电压等级分为八类，分别是：1000kV、750kV、500kV、330kV、220kV、110kV、35kV和10kV。高压配电为10kV；低压配电为380/220V。

城市供电网络的接线方式是指供电网线路的布置方式，其主要包括放射式、多回线式、环式和网格式等。放射式是一种将高压主干线路辐射到各个配电变压器的接线方式，其可靠性相对较低，适用于较小的终端负荷。

城市供电网络通过网络中的变电所与配电所将高压电降为终端用户所使用的低压电（380/220V）。变电所的合理供电半径主要与变电所二次侧电压有关，二次侧电压越高，其合理供电半径就越大。例如，城市中最常见的二次侧电压为10kV，变电站的合理供电半径在5～7km。而将10kV高压电变为低压电的配电所、开闭所的合理供电半径在250～500m之间。

（七）城市电力线路规划

城市电力线路可以按照其功能和敷设方式进行分类。根据功能，电力线路可以分为高压输电线路和城市送配电线路。根据敷设方式，电力线路可以分为架空线路和电力电缆线路。架空线路通常采用铁塔、水泥或木质杆架设，适用于10kV以上的高压电力线路。电力电缆线路适用于城市中心区或建筑物密集地区的10kV以下电力线路。对于架空线路，特别是穿越城市的高压电力线路，必须设置安全防护距离，确保线路周围不出现任何影响线路安全的建筑物、植物或其他架空线路。

城市规划需要考虑到高压电力线路与其他建筑物、植物等的安全距离，而在高压线穿越市区的地方则需要设置高压走廊（或电力走廊），以确保线路与其他物体的距离。高压走廊的宽度需要根据线路电压、杆距、导线材料、气象条件等进行计算，但也可根据经验值选用。此外，高压输电线与各种地表物的最小安全距离，以及低压配电线路与铁路、道路、河流、管道、索道等交叉或接近时的距离也需要考虑。

二、城市燃气工程系统规划

（一）城市燃气的气源及其选择

1. 燃气的分类

燃气可以根据其来源不同分为两大类，即天然气和人工煤气。其中，天然气包括纯天然气、含油天然气、石油伴生气和煤矿矿井气等，是一种在地下自然形成的气体资源。而人工煤气则是通过加热煤、煤气和油煤等燃料产生的气体。

液化石油气（LPG）是一种能源，可以从天然气和石油加工过程中获得，通过液化处理后储存在压力容器中。城市燃气可以从煤炭等矿物通过加工工艺制取，也可以从天然气资源中获得，如从管道输送的天然气中提取天然气甲烷等成分作为城市燃气。

2. 城市燃气气源选择

在选择城市燃气气源时，一般应考虑以下原则。

（1）必须根据国家有关政策，结合本地区燃料资源的情况，通过技术经济比较来确定气源选择方案。

（2）应充分利用外部气源。当选择自建气源时，必须落实原料供应和产品销售等问题。

（3）对于大中城市，需要考虑气源规模、制气方式、负荷分布等多种因素，以确保城市燃气供应的可靠性和安全性。在可能的情况下，应该安排两个以上的气源，以防止单一气源故障造成城市燃气供应中断，从而影响城市的正常生产和生活秩序。

（二）城市燃气工程系统的构成和功能

城市燃气工程系统由燃气气源工程、储气工程、输配气管网工程等组成。

1. 城市燃气气源工程

城市燃气气源工程是为城市提供燃气的重要基础设施，它包括多个设施，如煤气厂、天然气门站、石油液化气气化站等，这些设施可以生产、收集、储存和分配燃气。煤气厂可以通过炼焦、直立炉、水煤气、油制气等方式制气。天然气门站则可以收集本地或远距离输送来的天然气。石油液化气气化站则是一种没有天然气或煤气厂的城市管道燃气的气源。通过这些设施，城市可以获取可靠的燃气气源，以满足城市居民和工业生产的需要。

2. 燃气储气工程

燃气储气工程的主要作用是在供气压力稳定的情况下，调节储存燃气的储气罐内气体的压力，以便满足城市日常和高峰小时的用气需求。同时，石油液化气储存站还可以存储液化石油气，以满足城市液化气气化站和石油液化气供应站的需求。在储气站中，燃气通过压缩或液化的方式进行储存，同时设有调节阀门和压力表等设施，以便对储存的燃气进行调节和监测。这些设施的运作可以保证城市燃气供应的稳定性和安全性。

3. 燃气输配气管网工程

燃气输配气管网工程包括燃气调压站、不同压力等级的燃气输送管网、配气管道等设施。燃气调压站主要用于将输送来的燃气或储存的燃气压力升降到适合燃气输送和使用的压力。不同压力等级的燃气输送管网负责将燃气从气源处或储气站输送到城市各地，以满足城市对燃气的需求。配气管道则将燃气输送到各个用户终端，以供用户使用。燃气输配气管网工程具有为城市提供稳定、安全的燃气供应的功能。

（三）城市燃气工程系统规划的主要任务与内容

1. 城市燃气工程系统规划的主要任务

城市燃气工程系统规划的主要任务包括：选择城市燃气气源，合理确定用气标准和预测用气负荷，进行城市燃气气源规划；确定各种供气设施的规模和容量，如煤气厂、

天然气门站、液化气气化站等；选择并确定城市燃气管网系统，包括燃气调压站、燃气输送管网和配

2. 城市燃气工程系统规划的主要内容

根据城市规划编制层次，城市燃气系统规划也分为总体规划和详细规划两个层次。

城市燃气工程系统总体规划的主要内容包括：

（1）确定供热对象和供气标准，预测燃气负荷。

（2）选择气源种类，进行城市燃气气源规划。

（3）确定城市气源设施和储配设施的容量、数量和位置。

（4）选择燃气输配管网的压力级制、布局输配气管网。

（5）制订城市燃气设施的保护措施。

城市燃气工程系统详细规划的主要内容包括：

（1）计算详细规划范围内的燃气用量。

（2）规划布局燃气输配设施，确定其容量、位置和用地范围。

（3）规划布局燃气输配管网。

（4）计算燃气管网管径。

（5）科学布置气源产、供气设施和输配气管网，制订燃气设施和管道的保护措施。

（四）城市燃气负荷预测

由于不同种类的燃气热值不同，在进行城市燃气负荷预测时首先要确定城市所采用的燃气种类。目前我国城市中所采用的燃气种类主要有以下三种。

1. 人工煤气

人工煤气是由固体或液体燃料通过热解、气化等加工工艺生成的可燃气体，主要成分为氢气、一氧化碳、甲烷等。其热值较低，而且含有大量的有毒成分，如苯、甲苯、二甲苯等，对人体健康和环境都有一定的危害。

2. 液化石油气

液化石油气是一种气态燃料，主要成分为丙烷、丁烷等轻质烃类。它具有易于储运、高热值、清洁环保等优点，被广泛用于城市燃气中。同时，液化石油气的安全性较高，因为在气体泄漏时，它不会像天然气一样飘浮在空气中，而是沉降在地面上，降低了事故发生的概率。

3. 天然气

天然气是从专门气井或伴随石油开采所采出的气田气，其主要成分为烃类气体和蒸汽的混合体，常与石油伴生。热值较人工煤气高，较液化石油气低。

天然气是城市燃气的理想气源，因为其具有无毒无害、可充分燃烧、热值较高等优点。然而，气态运输需要专用管道，液态运输需要专用设备和技术，因此需要较高的投资和技术支持。从其他发达国家的城市燃气发展过程来看，大多经历了从人工煤气到石油气再到天然气的变化。在我国，由于煤炭资源丰富，人工煤气提供了丰富的原料。液化石油气以其高热值、低投入和使用灵活等特点适合于城市燃气管网形成之前的广大中

小城市。天然气则具有储量丰富、洁净等优势，是未来城市燃气发展的方向。然而，由于我国经济发展的地域性不平衡，这三种气体的并存将长期存在。因此，城市燃气规划需要根据当地资源状况和用气需求，选择适当的气源，并在技术和投资条件允许的情况下建设适当的供气设施和管道网络。

在进行城市燃气负荷预测时，通常按照民用燃气负荷（炊事、家庭热水、采暖等）与工业燃气负荷两大类来进行。民用燃气负荷预测一般根据居民生活用气指标（MJ/人·年）及民用公共建筑用气指标（MJ/人·年、MJ/座·年、MJ/床位·年等）计算。工业燃气负荷预测则需要根据工业发展情况另行预测。

（五）城市燃气气源规划

城市燃气气源规划的主要任务包括选择适宜的燃气种类和相应的设施，以满足城市燃气的需求。不同的燃气种类和设施有着不同的特点和优缺点，需要综合考虑城市燃料资源状况、用气标准、用气负荷、经济效益等方面的因素进行规划。人工煤气设施包括不同类型的煤气厂，液化石油气设施包括储存、储配、灌瓶、气化和混气等站点，而天然气设施则可以采用管道输送方式或液化天然气方式进行储配和气化等工艺。规划要考虑到气源的安全、可靠、环保等因素，以及在燃气供应过程中可能出现的问题，比如管道泄漏、设备故障等。

选择城市燃气源厂的厂址或站址，一方面要从城市的总体规划和气源的合理布局出发，另一方面也要从有利生产、方便运输、保护环境着眼。厂址选择有如下一些要求：

（1）应符合城市总体规划的要求，并应征得当地规划部门和有关主管部门的批准。

（2）尽量少占或不占农田。

（3）在满足环境保护和安全防火要求的条件下，尽量靠近负荷中心。

（4）交通运输方便，尽量靠近铁路、公路或水运码头。

（5）位于城镇下风向，尽量避免对城市的污染。

（6）工程地质良好，厂址标高应高出历年最高洪水位 0.5m 以上。

（7）避开油库、交通枢纽等重要战略目标。

（8）电源应能保证双路供电，供水和燃气管道出厂条件要好。

（9）应留有发展余地。

（六）城市燃气输配系统规划

城市燃气输配系统是由城市燃气储配设施和输配管网组成的，其中燃气储配设施主要包括燃气储存站和调压站。燃气储存站的主要功能是储存并调节燃气的峰谷，将不同种类的燃气混合，以达到合适的燃气质量，并为燃气输送加压。城市燃气管道一般分为高压燃气管道（0.4～1.6MPa）、中压燃气管道（0.005～0.2MPa）以及低压燃气管道（0.005MPa 以下），而调压站则是用来调节燃气的压力，在不同等级压力管道之间进行转换，以起到稳压和调压的作用。

1. 城市燃气输配管网系统

城市燃气输配管网按照其形制可以分为环状管网与枝状管网。前者多用于需要较高可靠性的输气干管；后者用于通往终端用户的配气管。城市燃气输配管网按照压力等级还可以划分为以下三级。

（1）一级管网系统

一级管网系统包括低压一级管网和中压一级管网。低压一级管网的优点是系统简单、安全可靠、运行费用低，适用于用气量小、供气半径在 2 ～ 3km 的城镇或地区。但缺点是需要的管径较大、终端压差较大。中压一级管网则具有管径较小、终端压力稳定的优点，但也存在着易发生事故的弱点。因此，在设计和选择一级管网时需要根据实际情况综合考虑各种因素。

（2）二级管网系统

二级管网系统是指在一个管网系统中同时存在两种压力的城市燃气输配系统，通常是中压一低压型。燃气先通过中压管道输送至调压站，经调压后再通过低压管道送至终端用户。相比一级管网系统，二级管网系统具有供气安全、终端气压稳定的优点，但系统建设所需投资较高，调压站需要占用一定的城市空间。二级管网系统适用于用气量大、用气范围较广的城市或地区。

（3）三级管网系统

三级管网系统是在一个管网系统中同时含有高、中、低三种压力管道的城市燃气输配系统。燃气依次经过高压管网、高中压调压站、中压管网、中低压调压站、低压管网到达终端用户。该类型系统的优点是供气安全可靠，可覆盖较大的区域范围，但系统复杂、投资大、维护管理不便，通常只用于对供气可靠性要求较高的特大城市中（图8-1）。

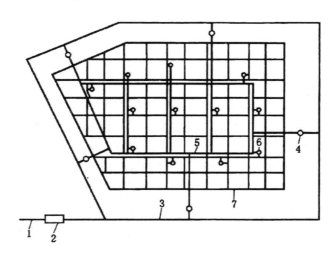

1- 长输管线；2- 门站或配气站；3- 高压管网；4- 高、中压调压站；
5- 中压管网；6- 中、低压调压站；7- 低压管网

图8-1 高、中、低三级压管网系统

此外还有一些城市由于现状条件的限制等，采用一、二、三级管网系统同时存在的混合管网系统（图8-2）。

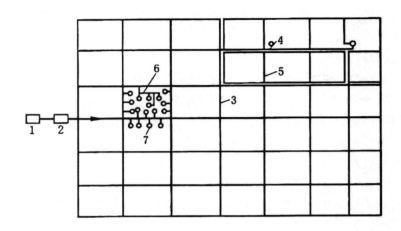

1- 气源厂；2- 储配站；3- 中压输气管网；4- 区域调压站；
5- 低压管网；6- 中压配气管网；7- 箱式调压器

图 8-2　混合管网系统

2. 城市燃气管网的布置

燃气管网的布置需要考虑多方面因素，如安全、可靠性、用户需求、成本和效益等。布置前需要全面规划，制定合理的分期建设计划，并考虑近期和远期的需要。同时，应结合管网系统的压力级制确定布置顺序，先布置高、中压管网，再布置低压管网，以确保燃气的供应安全和质量稳定。对于扩建或改建管网的城市，应充分利用原有管道，以节约成本和减少对城市环境的影响。总之，燃气管网的布置需要综合考虑各种因素，以实现燃气的有效供应和最大化的效益。

（1）城市内燃气管网布置

第一，一般应避开主要交通干道和繁华的街道，采用直埋敷设以免给施工和运行管理带来困难。

第二，沿街道敷设管道时，可单侧布置，也可双侧布置。在街道很宽、横穿马路的支管很多或输送燃气量较大，一条管道不能满足要求的情况下可采用双侧布置。

第三，不准敷设在建筑物的下面，不准与其他管线平行上下重叠，并禁止在部分场所敷设燃气管道，如各种机械设备和成品、半成品堆放场地，易燃、易爆材料和具有腐蚀性液体的堆放场所；高压电线走廊、动力和照明电缆沟道。

第四，管道走向需穿越河流或大型渠道时，根据安全、市容、经济等条件统一考虑，可随桥（木桥除外）架设，也可以采用倒虹吸管由河底（或渠底）通过，或设置管桥。具体采用何种方式应与城镇规划、消防等部门协商。

第五，应尽量不穿越公路、铁路、沟道和其他大型构筑物。必须穿越时，要有一定的防护措施。

（2）郊区输气干线布置

第一，掌握城市的发展方向，避开未来会产生问题的各种设施。

第二，线路应少占农田，靠近公路。

第三，输气干线的位置除考虑城镇发展需要外还应兼顾城市周围小集镇的用气需要。

第四，为减少工程量，线路应尽量避免穿越大型河流和大面积湖泊、水库和水网区。

第五，线路与城市、工矿企业等建（构）筑物、高压输电线应保持一定的安全距离，以确保安全。

（3）管道的安全距离

为了确保安全，市区地下燃气管道与建（构）筑物或相邻管道之间，在水平方向上应保持一定的安全距离。

三、城市供热工程系统规划

（一）城市（集中）供热工程系统构成与功能

城市供热工程系统由供热热源工程和供热管网工程组成。

1. 供热热源工程

供热热源工程主要包括城市热电厂和区域锅炉房两大设施。城市热电厂主要是为城市供热提供高压蒸汽和采暖热水等能源，其功能类似于火力发电厂，同时也可以生产电力。而区域锅炉房则是城市供热的另一种形式，是集中供热的锅炉房，主要用于城市采暖，或者提供近距离的高压蒸汽，常常安装在城市居民区或工业区。这些热源设施的建设和运行，对于城市的供热保障和能源利用具有重要意义。

2. 供热管网工程

供热管网工程包括热力站、热力泵站和不同压力等级的热水管道、蒸汽管道等设施。热力站是供热管网中的核心设施。

（二）城市（集中）供热工程系统规划的主要任务与内容

1. 城市供热工程系统规划的主要任务

城市供热工程系统规划需要综合考虑多个因素，包括城市气候、生产和居民生活需求，选择合适的供热方式和气源，并对供热负荷进行预测。在此基础上，制定城市热源工程规划，确定热电厂、热力站等供热设施的数量和容量，并科学地布局供热设施和管网。同时，还需要制订节能保温的对策和措施，以及设施的防护措施，以保证供热系统的安全、稳定和高效运行。

2. 城市供热工程系统规划的主要内容

根据城市规划编制层次，城市供热系统规划也分为总体规划和详细规划两个层次。

城市供热工程系统总体规划的主要内容包括：

第一，确定集中供热对象和供热标准，预测供热负荷。

第二，选择热源和供热方式。

第三，确定热源设施的供热能力、数量和布局。

第四，布局供热设施和供热干管网。

第五，制定供热设施保护措施。

城市供热工程系统详细规划的主要内容包括：

第一，计算规划范围内的供热负荷。

第二，布局供热设施和供热管网。

第三，计算供热管道管径。

（三）城市集中供热负荷的预测

城市供热工程系统规划的第一步是进行热负荷的预测。这通常包括民用热负荷和工业热负荷两类，其中民用热负荷又可以分为室温调节和生活热水两种类型。此外，热负荷还可以根据用热时间的分布规律分为季节性和全年性热负荷。在选择供热对象时，需要优先考虑分散的小规模用户，例如一般家庭、中小型民用建筑和小型企业。同时，应优先考虑这些用户集中分布的地区。

城市热负荷预测方法包括计算法和指标法，其中指标法较为简便。热负荷计算分为采暖通风热负荷、生活热水热负荷、空调冷负荷和生产工艺热负荷，最终累计为供热总负荷。对于民用热负荷，也可以采用综合热指标进行概算。以北京地区为例，各类民用建筑的平均热指标为 $75.5W/m^2$，冷负荷指标为 $0.5 \sim 1.6qc$。

（四）城市集中供热热源规划

城市集中供热的热源形式确实多种多样，但最常见的是热电厂和锅炉房。低温核能供热堆、热泵、工业余热、地热、垃圾焚化厂等作为城市集中供热的热源形式也逐渐得到推广和应用。

热电厂将蒸汽发电过程中的全部或部分蒸汽直接作为城市的热源，因此又被称为热电联供。热电厂选址要点如下：

第一，热电厂应尽量靠近热负荷中心。如果热电厂远离热用户，压降和温降过大，就会降低供热质量，并使热网投资增加，远离热负荷中心将显著降低集中供热的经济性。

第二，热电厂要有方便的水陆交通条件。

第三，热电厂要有良好的供水条件。供水条件对厂址选择往往有决定性影响。

第四，热电厂要有妥善解决排灰的条件。如果大量灰渣不能得到妥善处理，就会影响热电厂的正常运行。

第五，热电厂要有方便的出线条件。大型热电厂一般都有十几回输电线路和几条大口径供热干管引出，特别是供热干管所占的用地较宽，一般一条管线要占 $3 \sim 5m$ 的宽度，因此需留出足够的出线走廊宽度。

第六，热电厂要有一定的防护距离，厂址距人口稠密区的距离应符合环保部门的有关规定和要求，厂区附近应留出一定宽度的卫生防护带。

第七，热电厂的厂址应避开滑坡、溶洞、塌方、断裂带淤泥等不良地质的地段。

第八，热电厂的用地规模主要与机组装机容量相关，例如两台 6000kW 的热电厂占地规模在 $3.5 \sim 4.5hm^2$。

相对于热电厂而言，锅炉房的布局更为灵活，适用范围也更广。根据采用热介质的不同，锅炉房可分为热水锅炉房和蒸汽锅炉房。区域锅炉房位置的选择应根据以下要求分析确定。

第一，便于燃料贮运和灰渣排除，并宜使人流和煤、灰车流分开。

第二，有利于减少烟尘和有害气体对居住区和主要环境保护区的影响。全年运行的锅炉房宜位于居住区和主要环境保护区的全年最小频率风向的上风侧；季节性运行的锅炉房宜位于该季节盛行风向的下风侧。

第三，蒸汽锅炉房布局时要位于供热区地势相对较低的地区，以有利于凝结水的回收。

第四，锅炉房的占地规模与其容量直接相关。例如，容量为 $30 \sim 50$ Mkcal/h 锅炉房的占地面积在 $1.1 \sim 1.5$ hm^2。

此外，制冷站还可以利用城市集中供热的热源或直接使用电力、燃油等能源为一定范围内的建筑物提供低温水作为冷源。通常，冷源所覆盖的范围较城市供热管网要小，一般从位于同一个街区内的数栋建筑物到数个街区不等。

（五）城市供热管网规划

城市供热管网又被称为热网或热力网，是指由热源向热用户输送和分配热介质的管线系统，主要由管道、热力站和阀门等管道附件所组成。

1. 城市供热管网的类型

城市供热管网的形式和特点有很多，而选择哪种形式和特点应该根据实际情况来确定。需要考虑的因素包括热源类型和数量、用户类型和数量、管道布局和地形等因素。同时，应根据管网建设的投资和运行维护的成本等因素，合理选择管网形式和特点。在进行城市供热管网设计时，应充分考虑其经济性、可靠性、安全性和环保性，以满足用户的需求，保证供热的质量和可持续性。

在城市供热管网系统中，一级管网是热源至热力站之间的管网，二级管网是热力站至热用户之间的管网。为了保证供热质量和效率，城市供热管网的布局要遵循直短原则，并且通常将供热半径限制在5公里以内。管网的敷设方式包括架空敷设和地下敷设两种，而地下敷设要尽量避开交通干道，管道可以埋设在道路一侧或人行道下。在管道中加设伸缩器和采用弯头连接干管和支管等措施，可以缓解管道在介质影响下产生的变形和应力问题。

2. 城市供热管网的布置要求

在城市内布置供热管网时，应满足以下要求。

第一，供热管网布局要尽量缩短管线的长度，尽可能节省投资和钢材消耗。

第二，主要干管应该靠近大型用户和热负荷集中的地区，避免长距离穿越没有热负荷的地段。

第三，供热管道要尽量避开主要交通干道和繁华的街道，以免给施工和运行管理带来困难。

第四，地下敷设时必须注意地下水位，沟底的标高应高于近30年来最高地下水位 0.2 m，在没有准确地下水位资料时，应高于已知最高地下水位 0.5 m 以上，否则地沟要进行防水处理。

3. 城市供热管网的敷设方式

供热管网的敷设方式有架空敷设和地下敷设两类。

（1）架空敷设是将供热管道敷在地面上的独立支架或带纵梁的桁架，以及建筑物的墙壁上。按照支架的高度不同，又分为低支架、中支架和高支架三种形式。①低支架距地面净高不小于 0.3m。②中支架距地面净高为 2.5～4m，一般设在人行频繁或需要通过车辆的地方。③高支架距地面净高为 4.5～6m，主要在跨越公路或铁路时采用。

架空敷设不受地下水位的影响，检修方便，施工土方小，是一种较经济的敷设方式。其缺点是占地多，管道热损失大，影响市容。

（2）地下敷设分为有沟敷设和无沟敷设两类。有沟敷设又分为通行地沟、半通行地沟和不通行地沟三种。

地沟的主要作用是保护管道不受外力和水的侵袭，保护管道的保温结构，并使管道能自由地热胀冷缩。

①通行地沟：因为要保证运行人员能经常对管道进行维护，地沟净高不应低于 1.8m，通道宽度不应小于 0.7m，沟内应有照明设施和自然通风或机械通风装置，以保证沟内温度不超过 4℃。因造价较高，一般只在重要干线与公路、铁路交叉和不允许开挖路面检修的地段，或管道数目较多时，才局部采用这种敷设方式。

②半通行地沟：考虑运行工人能弯腰走路进行正常的维修工作，一般半通行地沟的净高为 1.4m，通道宽度为 0.5～0.7m。因工作条件差，很少采用。

③不通行地沟：这是有沟敷设中广泛采用的一种敷设方式，地沟断面尺寸只需满足施工的需要。

④无沟敷设：无沟敷设是将供热管道直接埋设在地下，由于保温结构与土壤直接接触，它同时起到保温和承重两个作用，是最经济的一种敷设方式。一般在地下水位较低，土质不会下沉，土壤腐蚀性小，渗透性质较好的地区采用。

⑤地下小室：当供热管道地下敷设时，为了便于对管道及其附属设备的经常维护和定期检修，在设有附件的地方应设置专门的地下小室。其高度一般不小于 1.8m，底部设蓄水坑，入口处的入孔一般应设置两个。在考虑管线位置时，要尽量避免把地下小室布置在交通要道或车辆行人较多的地方。

（六）热转换设施

热转换设施是城市供热系统中的关键组成部分，通过调节热媒参数以满足不同用户的需求，并确保供热系统的稳定性和供热质量的均一。其中，热力站是一种常见的热转换设施，它根据功能不同分为换热站和热力分配站，根据管网中热介质的不同又可分为水–水换热和汽–水换热。热力站的建设面积相对较小，可以单独建设或者附设于其他建筑物中。例如，一座供热面积为 10 万平方米的换热站所需的建筑面积大约在300～350 平方米之间。

制冷站是城市供热系统中的热转换设施之一，通过利用热源的余热或热泵技术将热能转化为冷能，为城市提供制冷服务。制冷站通常包括制冷机组、冷却塔、水泵、水箱等设备，其运行方式与热力站类似，但涉及的物理量不同。制冷站在城市夏季供冷时发挥着重要作用，能够缓解城市热岛效应，提高城市宜居性。

（七）城市能源结构调整与新能源应用规划

当前我国城市能源结构存在较大问题，主要表现为使用以煤炭为主的一次能源、非清洁能源比重较高，造成大气环境污染。这种情况的形成是由于历史原因，以及计划经济体制下城市能源规划的不合理。在居民生活用能方面，一些地区仍然存在使用煤炭或其他污染物质进行取暖的现象，这也是环境保护和城市可持续发展所面临的严峻挑战之一。为了解决这些问题，需要加强城市能源规划和管理，加大清洁能源的推广和使用力度，促进城市可持续发展。

近年来，我国清洁能源发展的速度很快，核电和水电在一次能源中占的比例、天然气在民用燃料中所占比例迅速提高，一些综合利用能源的设施或项目（如工业余热利用、沼气利用、垃圾焚烧发电）也在迅速发展，太阳能、潮汐能、风能等新能源项目逐步进入推广实施阶段。

面对当前形势，城市公共能源供应系统规划需要在传统的电力、燃气、集中供热三大部分的基础上，增加与能源结构调整、新能源利用以及节能减排等方面相关的内容。在总体规划层面，需要提出具有前瞻性的能源供应系统改造要求，并在城市空间上进行布局和安排。

城市能源结构调整与新能源应用规划应包括以下几个方面的内容：

（1）根据国家和地区有关节能减排、新能源发展的政策，提出各个规划时间段城市能源结构中清洁能源、可再生能源、新能源所占的比例目标。

（2）针对供电、燃气、集中供热等三个主要公共能源供应系统，提出节能减排和新能源利用方面改造的方向、要点、措施，并预估节能减排效益。

（3）从城市空间上控制预留清洁能源生产设施、新能源设施、能源综合利用设施的用地。

（4）提出城市发展新能源、清洁能源的分期实施策略和政策保障实施。

城市通信工程系统主要由邮政、电信、广播及电视四个分系统组成。规划内容包括城市通信需求量的预测、城市通信设施的规划、城市有线通信网络线路的规划，以及城市无线通信网络的规划等。

第四节　城市给水排水工程系统规划

一、城市给水工程系统规划

（一）城市给水工程系统规划的主要任务

城市给水工程系统规划的主要任务是通过合理选择水源，科学规划管网布局和设施容量，满足城市居民对高质量、高压力、稳定供水的需求，并保障城市水资源的合理利用和保护。规划需要考虑城市用水量预测、水质监测、供水标准制定、管网系统规划、自来水厂设计等方面，以实现城市给水工程系统的可持续发展。同时，城市给水工程系统规划也应考虑水资源的节约利用、水环境保护和灾害防治等问题，以确保城市水资源的安全和可靠性。

（二）城市给水工程系统规划的主要内容

根据城市规划编制层次，城市给水工程系统规划也分为总体规划和详细规划两个层次。

1. 城市给水工程系统总体规划的主要内容

（1）确定城市用水标准，预测城市总用水量。

（2）平衡供需水量，选择水源，进行城市水源规划。

（3）确定给水系统的形式、水厂供水能力和用地范围。

（4）布局供水重要设施、输配水干管、输水管网。

（5）制订水源保护和水源地卫生防护措施。

2. 城市给水工程系统详细规划的主要内容

（1）计算详细规划范围的用水量。

（2）布置详细规划范围的各类给水设施和给水管网。

（3）计算输配水管管径。

（4）选择供水管材。

（三）城市给水系统的用水类型

在城市给水规划中，根据供水对象对水量水质和水压的不同要求，可以将给水分为四种用水类型。

1. 生活饮用水

生活饮用水包括居住区居民生活饮用水、工业企业中职工生活饮用水、淋浴用水及公共建筑用水等，以 L/（人·d）作为单位。由于各地气候条件、居民生活习惯和室内卫生设备不同，生活用水定额差异较大。城市给水规划可参照《给水设计规范》中规定的居住区生活用水标准，根据实际情况进行调整。例如，在东北地区，室内无给排水卫生设备的居民从集中水龙头取水时，生活用水标准最高为 20～35L/（人·d）；而室内有给排水设备、淋浴设备和集中热水供应的居民，生活用水标准最高为 170～200 L/（人·d）。

2. 生产用水

生产用水是广泛应用于各种行业的，例如造纸、纺织、炼钢、机械设备等。这些行业在生产过程中需要大量的水来进行洗涤、净化、印染、冷却等工序。不同行业对水质、水量、水压的要求各不相同，因此在进行给水规划时，必须对各行业的生产工艺及用水情况进行调查研究，并综合制定指标以满足生产要求。

3. 市政用水

市政用水主要包括园林绿化、植树等用水，以及街道洒水等。随着城市的发展和生活水平的提高，这部分用水需求将不断增加。规划应该结合实际情况，确定合理的用水量。一般来说，道路洒水可采用每次 $1 \sim 1.5L/m^2$ 的标准，每天浇洒 $2 \sim 3$ 次；绿地浇水可按每日 $1 \sim 2L/m^2$ 计算。

4. 消防用水

消防用水是指供消火栓使用以扑灭火灾的水，在发生火灾时才允许使用。消防给水设备可以与城市生活饮用水给水系统统一起来考虑，在消防过程中可加大生活饮用水的水量、水压以满足消防用水的要求。消防用水对水质无特殊要求，消防用水量是根据城市的大小、工矿企业的性质和规模、居住人数和建筑物的防火等级而确定的，一般为最高日用水量的 10% ～ 20%。在预测消防用水量时，应考虑火灾规模、持续时间和可能发生的火灾次数，附加水量按规范规定。

（四）城市用水量预测

城市用水是城市建设和发展中的重要基础设施之一，包括生活用水、生产用水、市政用水、消防用水以及未预见用水等几个方面。对于城市用水量的规划与预测，需要结合各个城市的地理位置、经济发展水平、生活习惯和可供利用的水资源等多种因素进行考虑。在规划设计过程中，需要对城市用水量的各项指标进行精确计算和预测，以确定供水设施的规模、容量和布局，满足不同行业和居民的用水需求。现行规划设计规范标准中，涉及城市用水量标准的有生活饮用水标准、生产用水标准、市政用水标准和消防用水标准等。

1. 城市综合用水标准

中华人民共和国国家标准《城市给水工程规划规范》GB 50282—98。其中包括：城市单位人口综合用水量指标 [万 $m^3/$（万人·d）]、城市单位建设用地综合用水量指标 [万 m（km^2·d）]、人均综合生活用水量指标 [L/（人·d）]、单位居住用地用水量指标 [万 m^3（km^2·d）]、单位公共设施用地用水量指标 [万 m^3（km^2·d）]、单位工业用地用水量指标 [万 m^3（km^2·d）]，以及单位其他用地用水量指标 [万 m^3（km^2·d）]。

2. 居民生活用水量标准

中华人民共和国国家标准《室外给水设计规范》GBJ 13—86（1997 年修订版）、中华人民共和国国家标准《建筑给水排水设计规范》GB 50015—2003 主要给出了不同类型住宅的居民生活用水量。

3. 公共建筑用水量标准

中华人民共和国国家标准《建筑给水排水设计规范》GB 50015—2003 列出了各类公共建筑的单位用水量。

4. 工业企业用水量标准

中华人民共和国国家标准《建筑给水排水设计规范》GB 50015—2003、中华人民共和国国家标准《工业企业设计卫生标准》GB 21—2002，主要列举了工业企业中职工生活用水标准。生产用水量一般参照原建设部、国家经委于 1984 年编制的《工业用水量定额》，以及各地政府编制的《工业用水定额》计算，其单位一般为万元产值用水量。

5. 消防用水量标准

中华人民共和国国家标准《建筑设计防火规范》GBJ 16—87（2001 修订版），以一次灭火的用水量为单位计算。

此外，市政用水通常按照绿化浇水 $1.5 \sim 4.0L/m^2 \cdot$ 次，道路洒水 $1 \sim 2L/m^2 \cdot$ 次计算。未预见用水量，按照总用水量的 15% $\sim$ 20% 计算。

预测城市用水量的方法不仅限于按规范计算，还包括一些基于城市用水量增长趋势的计算方法，如线性回归法、年递增律法、生长曲线法、生产函数法、城市发展增量法等。但预测结果仅为平均数值，实际的城市用水量在不同季节和每天的不同时段都会有变化，因此在对城市供水管网及设施进行规划设计时还需充分考虑这些实际情况。

（五）城市水源规划

城市水源规划的主要任务是根据城市所在地的地理条件、气候特征、水文地质条件、水资源利用状况等方面，确定适合城市的水源类型和水源地点。在选择城市水源时，应综合考虑水源的水质、水量、水源稳定性等因素。首先，要保证水源水质符合国家和地方的水质标准，以保证供水的安全和卫生。其次，要考虑水源的水量是否满足城市的用水需求，并确保水源供应的稳定性。最后，要考虑水源的保护和管理措施，防止水源受到污染和破坏，保证水源的可持续利用。同时，城市水源规划还应考虑水源与城市供水系统的配套规划，如水厂、输水管道等建设，以保障水源能够顺利投入城市供水系统。从以下五个方面考虑。

（1）具有充沛、稳定的水量，可以满足城市目前及长远发展的需要。

（2）具有满足生产及生活需要的水质。相关标准可参见：中华人民共和国国家标准《地面水环境质量标准》GB 3838—2002、中华人民共和国城镇建设行业标准《生活饮用水源水质标准》CJ 3020—1993、中华人民共和国国家标准《生活饮用水卫生标准》GB 5749—85，以及中华人民共和国国家标准《工业企业设计卫生标准》GB 21—2002。

（3）取水地点合理，可免受水体污染以及农业灌溉、水力发电、航运及旅游等其他活动的影响。

（4）水源靠近城市，尽量降低给水系统的建设与运营资金。

（5）为保障供水的安全性，大、中城市通常考虑多水源分区供水；小城市也应设置备用水源。

城市水源规划不仅需要考虑城市供水的需求，还要从战略的角度做好水资源的保护与开发利用。我国整体上水资源缺乏，人均径流量仅为世界人均占有量的 1/4，尤其在北方地区更是严重。除了采取节约用水、水资源回收再利用和域外引水等措施，还应该严格保护现有的水资源，避免污染。城市规划中应根据相关标准规范的要求，规定相应的水域或陆域作为地表水与地下水的水源保护区，并禁止在其中进行任何有悖水质保护的活动。

（六）水厂用地选择

1. 厂址选择

净水厂厂址选择应结合城市总体规划综合研究，其主要考虑因素有：地形、交通、卫生防护条件、供电等。一般选厂原则如下：

（1）水厂最好是设在取水构筑物附近，这样可节约投资，便于生产及管理。

（2）选择地形较平整、工程地质条件较好的地段，便于施工管理。

（3）水厂用地要便于设置卫生防护地带。

（4）水厂不应设在洪水淹没区范围之内。

（5）水厂选择应尽量少占良田。

（6）水厂选择还应该考虑交通方便，供电安全等方面因素。

2. 用地规模的确定

水厂的用地规模可根据国家规范《室外给排水工程技术经济指标》来确定，如表 8-1 所示。

表 8-1　$1m^3/d$ 水量用地指标

水厂设计规模	$1m^3/d$ 水量用地指标 $/m^3$	
	地面水沉淀净化工程综合指标	地面水过滤净化工程综合指标
I 类（水量 10 万 m^3/d 以上）	0.2 ～ 0.3	0.2 ～ 0.4
II 类（水量 2 万～ 10 万 m^3/d）	0.3 ～ 0.7	0.4 ～ 0.8
III 类（水量 2 万 m^3/d 以下）	0.7 ～ 1.2	—
（水量 1 万～ 2 万 m^3/d）	—	0.8 ～ 1.4
（水量 0.5 万～ 1 万 m^3/d）	—	1.4 ～ 2
（水量 0.5 万 m^3/d 以下）	—	1.7 ～ 2.5

（七）城市给水工程设施规划

城市给水工程系统包括取水工程、水处理（净水）工程、输配水工程等环节。其主要任务是将自然水体获取水经过净化处理，达到使用要求后，通过输配水管网输送到城市中的用户中。其中，各个环节的规划概要如下：

1. 取水工程设施规划

取水工程设施规划是指对城市用水所需的地下水取水构筑物和地表水取水构筑物进行规划和设计，以实现从水源中取水的目的。地表水取水口通常设置在城市上游的水文条件稳定、水质较好的河段，远离排污口和其他污染源。

2. 净水工程设施规划

净水工程设施（水厂）的主要目的是将原水经过一系列处理工艺，包括澄清、过滤、消毒、除臭、除味、除铁、除锰、除氟、软化和淡化除盐等，使其达到可供饮用或生产需要的水质标准。水厂的选址要考虑工程地质条件、环境卫生和安全防护、交通便利以及接近电源等因素。水厂的用地规模一般为每日处理水量的 0.1 ～ 0.8 平方米每立方米，取决于水质、处理工艺和设备选型等因素。在水厂的设计和建设过程中，需要严格遵守国家相关的规范标准，确保净水工程设施的水质达标、稳定运行，以满足城市用水的需求。

3. 输配水工程设施规划

其任务是保障经净化处理的水输送到城市中的每个用户中去，通常包括输外管渠、配水管网、泵站、水塔及水池等设施。

（八）城市给水工程系统的布置形式

城市给水工程系统的布置形式可分为以下五种：

1. 统一给水系统

采用一个水源供给生活、生产、消防等需要不同水质、供水量的用水，通过简单的处理工艺满足各种用水需要。该系统结构简单，投资和运营成本较低，适用于小城镇、开发区等规模较小的地区。

2. 分质给水系统

这种供水方式是根据不同的用水需求，采用多种水质标准及处理方式，将供水系统分为多个子系统进行供水。通过这种方式，可以充分利用水资源，满足不同行业、不同人群对水质、水量等不同的需求。同时，也可以降低净水成本，提高供水系统的效率。不过，这种供水方式会增加系统的复杂度，需要更多的管理和维护工作。适用于水资源紧缺、工业用水量大的城市。

3. 分区给水系统

分区供水是指将城市供水工程系统按照地域划分为几个相对独立的区域，每个区域单独设置一个水源或水厂，然后再将各个分区通过管网连接起来，实现供水的方式。分区供水根据各个分区与总泵站的关系又可分为"并联分区"和"串联分区"。

4. 循环给水系统

生产废水经处理后的循环使用，以及城市中水系统均可看作是循环给水系统，对水资源的节约和再利用具有较强的现实意义。

5. 区域性给水系统

对于流域污染严重或水资源严重匮乏地区的城市，可根据实际情况由多个城镇联合建设给水系统。

（九）城市给水管网

1. 城市给水管网的构成

水管网、泵站、水塔、水池等附属设施组成。其中，输水管渠主要是将经过处理的水由水厂输送到给水区，而给水管网则将水配送到每个具体的用户。给水管网的管线可分为干管、分配管（配水管）和接户管（进户管）三个等级。干管是指直径较大，用于承载主要的水流量，分配管则是用于将水流分配到不同的区域和用户，直径较小，而接户管则是将水分配到具体用户的管道，直径最小。根据管线在整个供水管网中所起的作用和管径的大小，不同等级的管线会被安排在合适的位置和角色。此外，泵站、水塔和水池等设施则起到了保证供水压力和水量稳定的作用。

2. 给水管网布置的基本要求

（1）输水管

从水源地到工厂，水厂到配水管线或水源地直接到配水管线，主要起输水作用的管线，称为输水管。

输水管线的布置是城市供水工程设计中非常重要的一环，其主要要求包括以下几点：首先，管线的走向应尽可能地沿着道路敷设，以便于施工和维护；其次，应考虑地形因素，尽量采用重力流输水，以减少输送过程中的能耗和成本；再次，也需要考虑施工方便和投资成本，选择合适的输水管线线路；最后，在选择输水管线条数时，需要根据给水系统的重要性进行合理选择，并在管线之间设置连通管以确保供水的连续性和可靠性。

（2）配水管网

配水管网的布置还应该考虑以下五个方面：第一，要根据不同地域和用水需求确定管网结构和管径，保证水流的稳定和均衡。第二，为了减少管网的压力损失，应尽量减少弯曲和分支，使管线直线化，并增设减压阀等附属设施。第三，为了保证用水质量，应设置适当的水质监测点，对管网中的水质进行实时监测和调节。第四，为了提高供水的可靠性，应采用多层次和多种供水方式，如干管、分配管和接户管相结合，增加供水的备选路线，以减少因管网故障而造成的停水事故。第五，应根据城市规划及用水需求的变化，及时调整管网结构，保证管网的可持续发展。

3. 给水管网的形式

给水管网的布置形式主要分为树状管网和环状管网。

（1）树状管网

树状供水管网是从供水中心点向各个用户散开的布局形式，类似于树干与树枝的结构，管线总长度相对较短，因此具有节约管线材料、降低造价等优点。但是由于该布置形式下用户之间的相互联系较少，当某个分支管线发生故障时，就会对该分支管线下的用户造成供水中断，可靠性较差。因此，树状供水管网适用于刚开始建设的小型城市或城镇，可逐渐改造成为环状或网状结构。

（2）环状管网

环状供水管网系统的特点是管线之间相互连接、相互支援，形成了复杂的网络结构。当某个管线出现故障时，可以通过其他管线的支援，快速实现供水的恢复，提高了供水的安全性和可靠性。此外，环状供水管网系统还具有管网紧凑、用地面积小等优点，适用于供水量大、城市规模大的情况。

以上两种给水管网的布置形式并不是绝对的，同一城市中的不同地区可能采用不同的形式。城市在发展过程中也会随着实力的提高，逐步将树状系统改造成环状系统。

此外，给水管网系统中还包括了泵站、水塔、水池、阀门等附属设施，在规划中也需要对其位置、容量等予以考虑。

二、城市排水工程系统规划

（一）城市排水工程系统规划的主要任务

城市排水工程系统规划旨在保障城市污水与降水的有效处理和排放，同时减少对环境的污染和破坏，保障城市环境的卫生和健康。规划的主要内容包括：确定污水和降水的产生量和性质，制定相应的处理标准和流程；设计污水处理厂（站）和收集系统的规模和容量；确定排涝泵站和雨水排放设施的规模和位置；规划污水管网的布局和管径等参数；制定管理和监测措施，确保排水系统的正常运行和污染物的排放符合标准。总之，城市排水工程系统规划是一个涉及多方面的复杂任务，需要充分考虑城市的实际情况和未来的发展需求。

（二）城市排水工程系统规划的主要内容

根据城市规划编制层次，城市排水系统规划也分为总体规划和详细规划两个层次。

1. 城市排水工程系统总体规划的主要内容

（1）确定排水体制。

（2）划分排水区域，估算雨水、污水总量，制定不同地区污水处理排放标准。

（3）进行排水管、渠系统规划布局，确定水闸，雨、污水主要泵站数量、位置。

（4）确定排水设施和污水处理设施的数量、规模、处理等级，以及用地范围。

（5）确定排水干管、渠的走向和出口位置。

（6）提出污水综合治理利用措施。

2. 城市排水工程系统详细规划的主要内容

（1）计算详细规划内雨水排放量和污水量。

（2）确定规划范围内管线平面位置、管径、主要控制点标高。

（3）提出污水处理工艺初步方案。

（三）城市排水体制

城市排水系统需要排放的内容包括生活污水、生产废水、降雨水等。其中，生活污水和生产废水需要经过处理后才能排放到自然水体中，而降雨水则可以直接排放。同时，工业废水可以通过简单处理后再次利用，而不需要排放。城市排水系统规划需要考虑这些不同类型的排水需求，并制定相应的处理和利用方案，以实现城市排水的合理处理和利用。

1. 排水体制的类型

排水体制一般可分为合流制排水系统、分流制排水系统和混合制排水系统三种类型。

（1）合流制排水系统

将生活污水、工业废水和雨水汇集到同一种管渠内来输送和排除的系统称为合流制排水系统，根据生活污水、工业废水及雨水收集和处理的方式不同，又可分为以下三种形式：

①直泄式合流制

直泄式合流制是指管渠系统的布置就近坡向水体，分若干个排水口，混合的污水未经过处理直接排入水体的排水系统（图8-3）。

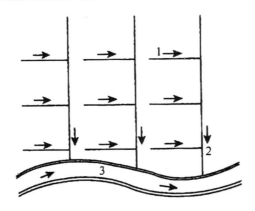

1- 流支管；2- 河流干管；3- 河流

图 8-3　直泄式合流制排水系统

②截流式合流制

截流式合流制是指管渠系统的布置就近坡向水体，在临近河岸边建造一条截流干管，同时在截流干管处设置溢流井，并设置污水处理厂的排水系统（图8-4）。

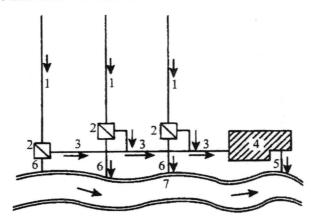

1- 合流干管；2- 流溢井；3- 截流主干管；4- 污水处理厂；
5- 出水口；6- 溢流干管；7- 合流

图 8-4　截流式合流制排水系统

③全处理式合流制

全处理式合流制是指雨水、生活污水、工业废水采用同一种管渠混合汇集后，全部送至污水处理厂处理后再排放的排水系统。

（2）分流制排水系统

将生活污水、工业废水和雨水分别采用两个或两个以上各自独立的管渠来收集排除的排水系统称为分流制排水系统。通常把用以汇集排除生活污水和工业废水的排水系统称为污水排水系统；而把用于汇集排除雨水的排水系统称为雨水排水系统。由于排水的方式不同，此种体制又可分为下面两种形式。

①完全式分流制

完全式分流制是指具有设置完善的污水排水系统和雨水排水系统的一种排水体制（图8-5）。

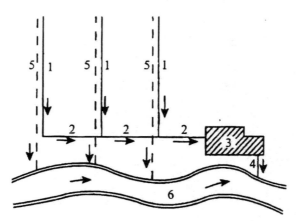

1- 污水干管；2- 污水主干管；3- 污水处理厂；
4- 出水口；5- 雨水干管；6- 河流

图 8-5　完全分流制排水系统

②不完全式分流制

不完全式分流制是指具有设置完善的污水排水系统，而未建雨水排水系统的一种排水体制（图8-6）。此种体制雨水沿天然地面，街道边沟、水渠等原有渠道系统排泄。或者为了补充原有渠道系统输水能力的不足而修建部分雨水道，待城市进一步发展后再修建雨水排水系统，使其转变成完全分流制。

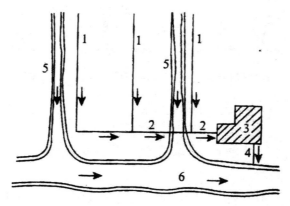

1- 污水干管；2- 污水主干管；3- 污水处理厂；
4- 出水口；5- 明渠或小河；6- 河流

图 8-6　不完全分流制排水系统

（3）混合式排水系统

混合制排水系统将分流制和合流制排水系统结合在一起，既有将雨水和生活污水分别排放的分流制，又有将雨水和生活污水混合在一起排放的合流制。这种排水体制在一些城市中因为历史原因或者城市地理条件等因素而产生，具有一定的局限性和缺陷，需要针对性地规划和设计。

2. 排水体制的优缺点

直排式合流制排水系统中，由于生活污水和雨水混合在一起，排放到水体中会导致水体污染严重，对水环境造成严重的危害。而截流式合流制排水系统通过在雨水与生活污水汇流处设置拦污设施，能够在雨水过程中截留污水，避免直接排放到水体中，但在强降雨时，拦污设施会失效，部分混合污水仍然可能流入水体中，对水体造成一定程度的污染。

完全分流制排水系统是将生活污水、工业废水和雨水分开收集处理的一种排水系统，卫生条件相对较好，但投资较大。不完全分流制排水系统投资较少，主要用于地形合适、水系完善的地区，但在雨水排放时存在初期雨水污染问题。在新建城市和重要工矿企业中，一般应采用完全分流制排水系统，而对于节省投资和满足排水需求较少的地区，不完全分流制排水系统是一种可选方案。同时，在一些地形平坦、多雨易积水的地区，不宜采用不完全分流制排水系统。

3. 排水体制选择要点

确定城市排水体制应综合考虑城市总体规划、环境保护要求、污水利用处理情况、原有排水设施、水环境容量、地形、气候等条件，从全局出发，通过技术经济比较，综合考虑，以确定最优的排水体制。同时，还应该考虑可持续性发展，例如资源节约、环境友好、经济适用等因素。主要考虑以下四个方面的因素。

（1）环境保护方面

截流式合流制与完全分流制都有其优缺点，选择合适的排水体制需要综合考虑各种因素。在城市规划中，应充分考虑水环境容量和环境保护要求，尽可能采用完全分流制来减少雨水对水体的污染，但也要根据实际情况综合考虑，如地形条件、气候等因素，选择合适的排水体制。同时，需要在排水系统设计中加入合理的溢流池、溢流井等设施，以减少排放对水体的影响。

（2）工程投资方面

合流制的管渠总长度较短，但是由于需要建设泵站和污水处理厂，造价比分流制要高。而不完全分流制由于只建设污水排除系统而缓建雨水排除系统，虽然初期投资费用较低，但是需要进行后期改造和升级，增加了运营成本和投资费用。因此，在选择城市排水体制时，需要综合考虑各种因素，进行技术经济比较，并根据城市特点和实际情况确定最合适的排水体制。

（3）近、远期关系方面

在选择排水体制时需要考虑到城市规划的发展需要，根据不同区域的地形、污染程度、建设进度等因素综合考虑。在新区开发中可以采用分期建设的方式，先建污水管网再建雨水管网；而在地形平坦、污染程度高的区域，可以选择合流制排水体制。同时，需要注意前期工程与后期工程的衔接，做好规划设计的分期协调，确保系统的全面应用。

（4）施工管理方面

合流制管线单一，减少了与其他地下管线、构筑物的交叉，管渠施工较简单。但合流制的污水处理厂需要处理大量雨水，处理压力较大，运行成本高。分流制污水处理厂只需处理污水，处理压力小，运行成本相对较低。另外，分流制还能更好地控制雨水和污水的分离和处理，降低对环境的影响。

总之，城市排水体制的选择应因时因地而宜。一般新建的排水系统宜采用分流制。但在附近有水量充沛的河流或近海、发展又受到限制的小城镇地区，在街道较窄，地下设施较多、修建污水和雨水两条管线有困难的地区，或在雨水稀少、废水全部处理的地区等，采用合流制是有利的。

城市采用混合制的排水系统，是因为城市建设和发展的历史原因，各地区的自然条件和建设情况不同，需要根据实际情况采取不同的排水体制。城市发展初期，由于资金限制和水环境较好，多采用较便宜的合流制或直排式，随着城市的发展和水环境的恶化，逐渐加强污水截流，采用分流制。新建城区通常直接采用分流制，而旧城区则需要进行改造，从合流制改为分流制，或者实行混合制。因此，采用混合制排水系统，可以根据城市不同地区的实际情况和发展阶段，灵活选择不同的排水体制，达到最佳的经济和环境效益。

（四）城市排水量估算

城市污水的排放和处理是城市环境保护的重要组成部分。在规划和设计城市污水处理设施时，需要准确估算城市污水量。目前常用的估算方法有累计流量计算法和综合流量法。累计流量计算法简单易行，但其计算结果往往偏高，容易导致污水处理厂规模偏大，增加投资和工程量。相对而言，综合流量法更为准确，其基本思想是根据各种污水流量的变化规律及各种污水最高流量出现的时刻，求得最高日最高时污水流量的方法。通过这种方法来规划城市污水处理厂规模，可以更切合实际。

除了城市污水量，雨水量也是城市排水系统设计的重要参数之一。城市的雨水量估算需要按照当地的雨量公式来计算。这些公式通常由气象部门提供。根据当地的气候条件和历史降雨数据，可以推算出不同频率和持续时间的暴雨事件对应的降雨量。这些数据可以用于设计城市排水系统和防洪设施，确保城市排水系统的正常运行和水资源的合理利用。

（五）城市排水工程系统构成

城市排水工程系统通常由排水管道（管网）、污水处理系统（污水处理厂）和出水口组成。生活污水、生产污水，以及雨水的排水系统组成略有差别，如表8-2所示。

表8-2　城市排水工程系统构成一览表

排水系统类别	主要设施设备构成
生活污水排水系统	室内污水管道系统和设备；室外污水管道系统；污水泵站及压力管；污水处理厂；出水口
生产污水排水系统	车间内部管道系统和设备；厂区管道系统；污水泵站和压力管道；污水处理站；出水口
雨水排水系统	房屋雨水管道系统和设备；街坊或厂区雨水管渠系统；城市道路雨水管渠系统；雨水泵站及压力管；出水口

（六）城市排水工程系统布局

城市排水主要依靠重力使污水自流排放，必要时才采用提升泵站和压力管道，因此，城市排水工程系统的布局形式与城市的地形、竖向规划、污水处理厂的位置、周围水体状况等因素有关。常见的布局形式有以下七种：

第一，正交式布置。排水管道沿适当倾斜的地势与被排放水体垂直布局，通常仅适用于雨水的排放。

第二，截流式布置。这种系统实际上是在正交式的基础上沿被排放水体设置截流管，将污水汇集至污水处理厂处理后再排入水体。这种布置形式适用于完全分流制及截流式合流制排水系统，对减少水体污染起到至关重要的作用。

第三，平行式布置。是在地表坡降较大的城市，为避免因污水流速过快而对排水管壁的冲刷，采用与等高线平行的污水干管将一定高程范围内的污水汇集后，再集中排向总干管的方式。也可以看作是一种几个截流式排水系统通过主干管串联在一起的形式。

第四，分区式布置。在地形起伏较大，污水处理厂又无法设在地形较低处时所采用的一种方式。将城市排水划分为几个相互独立的分区，高于污水处理厂分区的污水依靠重力排向污水处理厂；而低于污水处理厂分区的污水则依靠泵站提升后排入污水处理厂，从而减轻了提升泵站的压力和运行费用。

第五，分散式布置。当城市因地形等原因难以将污水汇集送往一个污水处理厂时，可根据实际情况分设污水处理厂，并形成数个相互独立的排水系统。

第六，环绕式布置。当上述情况下难以建立多个污水处理厂时，可采用一条环状的污水总干管将所有污水汇集至单一的污水处理厂。

第七，区域性布置。因流域治理或单一城镇规模过小等问题，设置为两个以上为城镇服务的污水排放及处理系统。

（七）城市污水工程系统规划

1. 城市污水的类型

城市内的污水按其来源和特征的不同，可以分为生活污水、工业废水及降水三类。城市污水工程系统规划主要包括污水量估算、污水管网布局、污水管网水力计算、污水处理设施选址，以及排污口位置确定等内容。

（1）生活污水

生活污水是指人们日常生活中所产生的污水，包括厕所、洗衣、洗澡、洗碗等活动所产生的污水。这类污水含有大量的有机物、肥皂和合成洗涤剂等，同时还包括人类粪便和尿液等生活垃圾。生活污水中常常含有各种有害的病原微生物，如肠道传染病菌和寄生虫等，因此需要经过处理后才能排放到水体、灌溉农田或再利用。

（2）工业废水

工业废水是指在工业生产过程中所产生的废水，其中包含有机物、无机物、重金属等各种污染物。根据产生源头和污染物特征的不同，可分为生产废水和生产污水。生产废水是指在使用过程中只受到轻度污染的水，可以经过简单处理后重复使用，或直接排入水体。而生产污水则是指在使用过程中受到严重污染的水，其中的有害物质含量较高，需要经过适当的处理后才能排放或再利用。但有些生产污水中的有毒有害物质却是宝贵的工业原料，应尽可能回收利用。对于工业废水的治理，一般采用物理、化学和生物等多种方法，如沉淀、过滤、氧化、还原、吸附、膜分离、生物降解等。此外，对于特定的有害物质，还可以采用特殊的处理方法，如活性炭吸附、电解等。在工业废水治理中，应注意选择合适的处理方法，并确保处理后的废水达到排放标准，以减少对环境的污染。

（3）降水

降水是指在地面上流泻的雨水和融化了的冰雪水。它是一种比较清洁的水源，但是初降雨水可能会较为脏污。降水通常不需要进行处理，可以直接排放到水体中。由于降水的径流量比较大，如果不及时排泄，会对城市居住区、工厂、仓库等造成威胁，因此城市排水系统设计时需要合理安排雨水的排放和处理方式。常见的雨水处理方式包括雨水暗管系统和雨水花园系统，其中雨水暗管系统主要用于处理居民小区和商业综合体的雨水，而雨水花园系统则主要用于城市绿化和景观建设。

2. 城市污水量预测和计算

城市污水的排放量主要取决于城市的用水量。通常情况下，城市污水量约占城市用水量的 70% ～ 90%。如果根据不同的污水种类进行分类，生活污水的排放量约占生活用水量的 85% ～ 95%，工业废水的排放量则约占工业用水量的 75% ～ 95%。需要注意的是，这种方法只是估算出城市污水的总排放量，而城市污水工程系统规划还需考虑到污水排放周期性变化的因素。

3. 城市污水管网布置

城市污水工程系统规划需要进一步具体确定污水管网的布局和设计。在设计中，需要考虑到污水管网的水力计算，确保排水系统的稳定和正常运行。同时，还需选定污水处理设施的选址和规模，以及确定排污口的位置等。在规划设计时还应考虑到污水管网的建设周期和投资问题，合理规划工程建设阶段，以实现经济和环保的双重目标。

城市污水管道的设计要考虑到重力排放的原则，因此需要利用自然地形和管道埋深的调节来满足要求。一般来说，污水管道的管径较大、不易弯曲，通常会沿着城市道路进行敷设。管道一般会埋设在慢车道、人行道或绿化带的下方，其埋深一般为覆土深度的 1 ～ 2 倍，一般不超过 8m。这种敷设方式可以保证管道的稳定性和运行安全，同时也不会对城市交通和环境造成太大的影响。

4. 城市污水的处理利用

通过城市污水管网排至污水处理厂的污水中含有大量的各种有害物质。这些有害有毒的物质通常包括：有机类污染物、无机类污染物、重金属离子、有毒化合物，以及各种散发出气味，呈现颜色的物质。不同种类的污水，其中所含有的有毒有害物质是不一样的。通常，生活污水中多含有有机污染物、致病病菌等；而生产污水中则根据不同门类的产业含有有机、无机污染物，有毒化合物及重金属离子等。对于污水的排放标准，我国制定了一系列的标准与规范，如中华人民共和国国家标准《污水综合排放标准》GB 8978—1996、中华人民共和国城镇建设行业标准《污水排入城市下水道水质标准》CJ 3082—1999、中华人民共和国城镇建设行业标准《城市污水处理厂污水污泥排放标准》CJ 3025—1993 等。

通常污水处理的方法有：

物理法——包括沉淀、筛滤、气浮、离心与旋流分离、反渗透等方法。

化学法——混凝法、中和法、氧化还原法、吸附法、离子交换法、电渗析法等。

生物法——活性污泥法、生物膜、自然处理法、厌氧生物处理法等。

污水处理根据处理程度的不同，通常分为三级：一级处理是基本的物理和化学处理，主要用于去除悬浮物、泥沙等物质，能有效地去除污水中的大部分污染物，使水体能够直接排放到河流或湖泊中；二级处理在一级处理的基础上，加入了生物处理技术，通过微生物降解有机物和氮、磷等营养物质，处理后的水质较为清洁，可用于农业灌溉、景观水等；三级处理在二级处理的基础上，加入了高级的物理、化学和生物处理技术，通过深度处理，处理后的水质可达到国家及国际标准，可直接用于城市绿化、工业用水和市政用水等。选择污水处理级别时需要考虑到排入水体的环境容量、城市的经济承受能力，以及处理后的水是否重复利用等多方面的因素，从而实现最佳的经济和环境效益。

此外，在水资源匮乏地区，还可以考虑城市中水系统的建设。即将部分生活污水或城市污水经深度处理后用作生活杂用水及城市绿化灌溉用水，可以有效地做到水资源的充分利用，但需要敷设专用的管道系统。

5. 污水处理厂的设置

城市污水最终排往污水处理厂，经处理后再排向自然水体。其位置、用地规模均有相应的要求。

（1）污水处理厂的占地面积

因处理方法不同而占地面积大小不等，如表 8-3 所示。

表 8-3　城市污水厂所需面积（$10^4 m^2$）

处理水量/（$m^3 \cdot d^{-1}$）	物理处理	生物处理	
		生物滤池	曝气池或高负荷生物滤池
5000	0.5～0.7	2～3	1.0～1.25

处理水量 /（m³·d⁻¹）	物理处理	生物处理	
		生物滤池	曝气池或高负荷生物滤池
10 000	0.8～1.2	4～6	1.5～2.0
15 900	1.0～1.5	6～9	1.85～2.5
20 000	1.2～1.8	8～12	2.5～3.0
30 000	1.6～2.5	12～18	3.0～4.5
40 000	2.0～3.0	16～24	4.0～6.0
50 000	2.5～3.8	20～30	5.0～7.5
75 000	3.75～5.0	30～45	7.5～10.0
100 000	5.0～6.5	40～60	10.0～12.5

（2）厂址的选择

第一，应尽可能地少占农田，特别是要尽量不占良田。

第二，位于城市水源地的下游，并应设在城市工厂厂区及生活区的下游和夏季主导风向的下风侧。一般应在城市外，有 300m 以上的防护距离。

第三，尽可能与回收处理后污水的用户靠近，或靠近排放口。

第四，应避免放置在易被洪水淹没的地方。

第五，选择有适当坡度的地方，以便于污染处理构筑物的高程布置，减少土方量，降低工程造价。

第六，考虑远期发展的可能性，要留有扩建的余地。

（3）污水处理厂的布置

污水处理厂的布置包括处理构筑物、各种管渠、辅助建筑物、道路、绿化、电力、照明线路的布置等。

（八）城市雨水工程系统规划

城市雨水工程系统的主要功能是将地面径流雨水排放至自然水体，避免城市中出现积水或内涝现象。由于雨水径流量集中在较短时期内，很容易形成径流高峰。而城市中非透水性硬质铺装面积增大，蓄水洼地水塘减少，更加剧了径流的峰值。因此，城市雨水系统需要具有较强的排水能力，以应对突发性降雨。城市雨水工程系统包括雨水收集、雨水处理和雨水排放三个环节，主要设施有雨水收集管网、雨水处理设施、雨水贮存设施和雨水排放管网等。城市雨水系统的设计需要考虑城市地形、土壤类型、雨水径流特征等因素，制定合理的方案，以保障城市正常运行和居民的生活质量。

城市雨水工程系统由雨水口、雨水管渠、检查井、出水口以及雨水泵站等所组成。城市雨水工程系统规划主要包括以下五个方面：

（1）选用符合当地气象特点的暴雨强度公式以及重现期（即该暴雨强度出现的频率），确定径流高峰单位时间内的雨水排放量（通常以分钟为单位）。

（2）确定排水分区与排水方式。排水方式主要有排水明渠和排水暗管两种，城市中尽量选择后者。

（3）进行雨水管渠的定线。雨水管依靠重力排水，管径较大，通常结合地形埋设在城市道路的车行道下面。

（4）确定雨水泵房、雨水调节池、雨水排放口的位置。城市雨水工程系统规划要尽量利用城市中的水面，调节降雨时的洪峰，减少雨水管网的负担，尽量减少人工提升排水分区的面积，但对必须依靠人工进行排水的地区需设置足够的雨水泵站。

（5）进行雨水管渠水利计算，确定管渠尺寸、坡度、标高、埋深以及必要的跌水井、溢流井等。

（九）城市雨污合流工程系统规划

在城市排水系统中，采用合流制排水系统是比较常见的一种排水方式，其中直排式合流制排水系统已经逐渐淘汰，而截流式合流制排水系统仍然有一定的应用。截流式合流制排水系统的原理是在没有雨水排放的情况下，将城市污水通过截流管道输入污水处理厂进行处理，而在降雨时，初期的浑浊雨水仍然通过雨污合流排水管网及截流管排至污水处理厂处理。只有当降雨强度达到一定程度，进入雨污合流排水管网的雨水与污水的流量超过截流管的排放能力时，才会通过溢流井溢出，直接排放至自然水体。虽然在这个过程中溢流出的污水对环境造成一定的影响，但由于雨水的混合，溢流出的污水浓度已经降低，且可以节省排水管网建设的投资，适用于降雨量较少、排水区域内有充沛水量的自然水体的城市，以及旧城等进行完全分流制改造困难的地区。在实际应用中，截流式合流制排水系统的成功应用需要满足一些条件。首先，需要在城市规划初期对排水系统的设计进行充分的考虑，将截流管道的位置、长度、管径等参数合理确定。其次，在系统的建设中需要充分考虑降雨情况，对溢流井的位置和规模进行合理设计，以确保系统能够在降雨量较大时稳定运行，同时不会对环境造成过大的影响。此外，还需要建立科学的监测和管理体系，及时监测和管理系统的运行情况，保证系统的有效性和可靠性。

对于大量采用直排式合流制的旧城地区，将合流制逐步改为分流制是一个必然的趋势，但往往受到道路空间狭窄等现状条件的制约，只能采用合流制的排水形式。在这种情况下，保留合流制，新设截流干管，将直排式合流制改为截流式合流就是一个必然的选择。

工业废水及生产污水的排放对环境和公众健康有着较大的影响，必须严格控制和管理。除了采用合适的排放方式，工厂也应加强生产过程中对废水的管理，尽量减少废水的产生和排放。这可以通过工艺优化、节约用水等方式来实现。同时，政府应制定和完善相关的法律法规，对工业废水和生产污水的排放标准和处理要求进行严格监管和管理，确保废水的排放符合环境和公共卫生的要求。

（十）排水管网规划要点

1. 排水区界

排水区界是划定城市排水系统的边界，可以根据地形条件和城市规划来确定。排水区界的划分是排水系统设计的起点，需要结合地形起伏和城市的竖向规划，划分排水流域。在一般情况下，流域边界应该与分水线相符合。对于地形起伏和丘陵地区，流域分界线和分水线基本上一致，而对于地形平坦，没有显著分水线的地区，则需要尽量让干管在最大合理埋深的情况下，让排水自流排出。排水区界的划分和排水流域的确定，对于城市排水系统的规划设计和运行维护具有重要的指导意义。

2. 排水管网规划的具体方法

城市排水管网规划应把握下列要点。

（1）管网布置需要结合具体的地形地貌进行规划，充分利用地势低处，尽可能实现自然重力排水。在地形较为复杂的地区，可以将排水区域划分成几个独立的排水管网，以便更好地进行管网布置和管理。此外，还应考虑到城市的规模和用水量等因素，合理地规划管网的总长度、管道直径和排水能力等参数，以保证排水系统的正常运行和排放效果。

（2）污水处理厂和出水口的位置与数量是决定污水主干管走向与数量的关键因素。在城市规划时，需要考虑到城市的用水量和排水量，以及污水处理厂的建设和布局。对于大城市或平坦的城市，由于用水量和排水量较大，通常需要建造多个污水处理厂，因此需要敷设多条主干管。而对于小城市或倾向于一侧的城市，则只需要建造一个污水处理厂，并敷设一条主干管。如果多个城镇共同建造一个污水处理厂，则需要建造区域性污水管道系统来连接各城镇的污水排放口。综上所述，污水主干管的走向与数量应根据具体情况进行规划设计。

（3）管线布置应简洁顺直，尽量减少与河道、山谷、铁路及各种地下构筑物的交叉，并充分考虑地质条件的影响。排水管线一般沿城市道路布置。

（4）在管线布置时还需考虑到管道的深度和保护措施。一般来说，管道埋深越深越好，但过深又会增加建设难度和成本。因此，需要根据具体情况确定合理的埋深。同时，应考虑到管道的防腐、防蚀、防震、防渗漏等保护措施，以确保管道的正常使用寿命。在管道的交叉口、弯曲处、跨越河道等地方，还需考虑到特殊的管道结构和支撑方式。

（5）在城市排水管网规划中，需要充分考虑水资源的保护和利用，注重排水系统在景观和防灾方面的功能。同时，需要将城市排水与防洪涝灾害、生态和景观建设结合起来，实现综合规划和统筹协调。在规划过程中，应充分利用现有的水系和水资源，同时保护其生态环境和景观价值。另外，在排水管网的规划中，也需要考虑防洪涝灾害的需要，合理规划雨水的收集和排放，以减轻城市的内涝风险。最终的目标是实现城市排水系统的可持续发展，为城市居民提供更加安全、健康和舒适的生活环境。

第九章　城市工程项目造价管理

第一节　城市工程造价基础知识

工程造价是指对工程项目建设的各项费用进行评估和管理的过程。它是建筑工程管理中的重要组成部分，包括工程建设的预算编制、成本控制、成本核算、成本分析、合同管理等方面。本章将就工程造价基础知识的相关内容进行详细的叙述。

一、工程造价的定义及基本概念

工程造价是指工程建设项目从设计到竣工验收，各阶段的建设费用的合计。其中，建设费用包括土地购买费、设计费、建筑安装工程费、机电设备费、材料费、劳务费、税金及利润等各项费用。工程造价是建筑工程管理中的重要组成部分，它是对工程建设项目的各项费用进行评估和管理的过程。

二、工程造价的组成部分

工程造价的组成部分主要包括建筑工程造价、机电设备造价、工程监理费、设计费、工程保险费、建筑材料费、劳务费、税金及利润等。

（一）建筑工程造价

建筑工程造价是指建筑工程的施工费、材料费、劳务费、设备费、税金、利润等各项费用的合计。

（二）机电设备造价

机电设备造价是指机电设备的购置费、安装费、调试费、运输费、税金、利润等各项费用的合计。

（三）工程监理费

工程监理费是指在建设项目实施过程中，对工程建设过程进行监理管理的费用。主要包括工程监理人员的薪酬、差旅费、工作费用等。

（四）设计费

设计费是指工程项目的设计过程中所需要的费用，包括设计人员的薪酬、材料费、差旅费、工作费用等。

（五）工程保险费

工程保险费是指为工程项目提供保险保障所需要支付的费用。主要包括工程一切险、工程施工意外险、质量保证险、第三者责任险等。

（六）建筑材料费

建筑材料费是指在建筑工程施工过程中所使用的各种材料的费用。

（七）劳务费

劳务费是指在建筑工程施工过程中，用于支付工人工资和其他费用的费用。

（八）税金及利润

税金及利润是指在工程项目实施过程中所需要支付的税金和企业利润。其中，税金主要包括增值税、所得税、城市维护建设税、教育费附加等，企业利润则是指建筑工程企业在项目实施过程中获得的利润。

三、工程造价的计算方法

工程造价的计算方法主要包括工程造价测算、工程造价控制和工程造价核算。

（一）工程造价测算

工程造价测算是指对建筑工程项目进行预算编制和测算，以确定工程造价的预算额度。测算的过程包括确定工程项目的建设规模、确定建筑工程造价的构成要素和建设进度、计算各项费用，最终确定工程造价预算。

（二）工程造价控制

工程造价控制是指在建筑工程项目实施过程中，采取一定的控制措施，使工程造价不超出预算，确保工程项目的经济效益。工程造价控制的过程主要包括预算编制、工程监督、采购控制、成本核算、报表管理等方面。

（三）工程造价核算

工程造价核算是指在建筑工程项目竣工验收后，对工程造价进行核算，计算实际的工程造价。工程造价核算的过程包括核对工程项目各项费用的实际支出情况、确定工程造价的构成要素、计算实际的工程造价等方面。

四、工程造价管理的原则和方法

工程造价管理的原则和方法包括以下四个方面：

（一）合理性原则

工程造价管理应根据工程项目的实际情况进行预算编制、费用核算和成本控制，保证工程造价的合理性。

（二）经济性原则

工程造价管理应以经济性为基本原则，合理控制工程项目各项费用，确保工程项目的经济效益。

（三）科学性原则

工程造价管理应采用科学的方法和手段，进行预算编制、成本控制和费用核算，确保工程造价管理工作的科学性。

（四）信息化原则

工程造价管理应运用现代信息技术手段，建立工程造价管理信息系统，实现信息化管理。

五、工程造价管理的挑战和发展趋势

随着经济的不断发展和建筑行业的不断壮大，工程造价管理面临着一些挑战和发展趋势。

（一）信息化发展趋势

随着信息化技术的不断发展，工程造价管理将进一步实现信息化，信息化技术将被广泛应用于工程造价管理过程中的预算编制、成本控制、费用核算等各个方面。信息化技术的应用将使工程造价管理更加高效、准确、便捷，提高工程造价管理水平。

（二）专业化趋势

建筑工程的复杂性和多样性将使工程造价管理更加专业化。未来，工程造价管理人员需要具备更加深入的专业知识，例如建筑结构、土木工程、机电工程、经济管理等方面的知识，以更好地应对工程项目的挑战。

（三）全过程管理趋势

未来工程造价管理将更加注重全过程管理，包括工程项目的前期策划、设计、建设、竣工验收等各个阶段。全过程管理将使工程造价管理更加系统化、全面化，从而更好地实现工程项目的经济效益。

（四）国际化趋势

随着全球化的发展，建筑行业的国际化将是未来的趋势，工程造价管理也将更加国际化。未来，工程造价管理人员需要了解国际上的造价管理标准和方法，以更好地应对国际化的挑战。

（五）绿色环保趋势

未来工程造价管理将更加注重绿色环保，建筑工程的可持续发展将是未来的发展方向。工程造价管理将更加注重节能、环保、资源利用等方面，从而更好地实现工程项目的经济效益和社会效益。

第二节　城市工程预算与建筑工程造价管理

为了在现阶段竞争激烈的市场中永葆竞争力，提高建筑工程项目的经济效益，必须采取一定经济措施，并且要重视工程预算在建筑工程造价中的重要作用。在这个背景下，本节将简要围绕工程预算在建筑工程造价管理中的重要作用及其相关控制措施展开论述，以供相关从业人员进行一定参考。

随着建筑行业的不断发展，建筑工程造价预算控制作为工程建设项目的重要环节之一，对提升建筑工程整体质量发挥着重要的作用。有效的工程预算编制和管理，有助于控制建筑工程成本，降低不必要的费用支出，并最大限度地提高建筑工程的效益。因此，建筑行业需要培养和提升相关预算人员的综合专业素质水平，确保有效控制建筑工程整体质量，降低建筑工程项目实际运作过程中的成本。

一、建筑工程造价管理过程中工程预算的重要作用分析

建筑工程造价管理是对建筑工程项目中各项费用的控制和管理，其中工程预算是建筑工程造价管理过程中的一个重要组成部分。工程预算是在工程设计和方案确定之后，按照工程施工标准和工艺要求，综合考虑工程建设所需的各项费用而编制的预算清单。工程预算作为建筑工程造价管理过程中的重要工具，具有以下重要作用：

（一）预算编制阶段的重要作用

工程预算的编制是在建筑工程项目开始前进行的，它对于整个项目的管理和控制有着重要的作用。在预算编制阶段，可以通过对各项费用进行评估和控制，制订出科学合理的预算方案，为工程项目的后续管理和控制提供基础数据支持。

（二）成本控制阶段的重要作用

工程预算作为建筑工程造价管理过程中的一个重要组成部分，对于控制工程成本有着重要的作用。在工程实施阶段，可以通过对工程预算的严格控制和管理，控制工程成本，避免因为成本超支造成的不良后果。

（三）成本核算阶段的重要作用

工程预算也是建筑工程造价管理过程中成本核算的重要依据。在成本核算阶段，可以通过对工程预算与实际成本的比对和分析，评估工程成本控制的效果，发现和解决成本超支问题，保证工程成本的合理性和可控性。

（四）合同管理阶段的重要作用

工程预算也是建筑工程合同管理的重要组成部分。在合同签订阶段，可以通过对工程预算的制订和协商，确保工程合同的合理性和可行性。在合同履行阶段，可以通过对工程预算的核算和管理，保证工程合同的履行效果和合同成本的控制。

（五）质量控制阶段的重要作用

工程预算在建筑工程质量控制中具有重要作用。在工程实施阶段，可以通过对工程预算中的各项费用进行分析和评估，制订出合理的工程质量控制方案。同时，在工程实施过程中，可以通过对工程预算的管理和控制，确保工程材料和设备的质量，从而保证工程质量的稳定和可靠。

（六）效益评估阶段的重要作用

工程预算也是建筑工程效益评估的重要依据。在工程实施过程中，可以通过对工程预算的控制和管理，评估工程项目的经济效益和社会效益，发现和解决影响工程效益的

因素，从而提高工程项目的效益和价值。

（七）管理决策阶段的重要作用

工程预算还可以为建筑工程管理决策提供重要依据。通过对工程预算的分析和评估，可以帮助用户制订出科学合理的工程管理决策，为工程项目的顺利实施提供决策支持和参考。

二、工程预算对建筑工程造价控制具体措施分析

（一）提高建筑工程造价控制的针对性

建筑工程造价控制工作贯穿于工程建设的全过程。在建筑工程建设过程中，善于运用工程预算提升与保障造价控制工作。利用工程预算的执行，提升工作的指向性，立足于建筑工程造价控制细节，更好地为预算目标的实现提供针对性的保障，确保建筑工程管理、施工、经济等各项工作的效率性和指向性。

此外，工程预算要利用建筑工程造价的控制平台，建立有效性编制体系，将建筑工程造价控制目标作为前提，设置和优化工程预算体系和机制，确保建筑工程造价控制工作的顺利进行。

（二）提升建筑工程造价控制的精确性

精准的工程预算是进行建筑工程造价控制的基础，是建筑工程造价控制工作顺利开展的前提。因此，强化建筑工程造价控制的质量和水平，是现阶段建筑工程造价控制工作的有效路径。提高和优化工程预算计算方法的精准性和计算结果的精确性，避免工程预算编制和计算中出现疏漏的可能；针对施工、市场和环境制订调价体系和调整系数，在确保工程预算完整性和可行性的同时，确保建筑工程造价控制工作的重要价值。

（三）健全工程造价控制体系

建筑企业利用工程预算工作对工程造价进行全过程控制，通过建筑预算管理，落实建筑工程造价控制细节，通过工程预算的执行，建立监控建筑工程造价控制工作执行体系，在体现工程预算工作独立性和可行性的同时，促使建筑工程造价控制工作构想的规范化和系统化。

（四）提高工程造价管理人员的专业素质

项目成本控制管理具有高度的专业性、知识性和适用性，也要求相关的项目成本管理人员具有高水平的专业素养，确保所有的项目成本管理人员熟练掌握自身的专业能力，在熟悉自身能力知识的基础上，对施工预算、公司规章制度等相关知识进行进一步学习，不断完善自己，保持工程造价控制的高效性，减少设计成本，提高施工阶段的质量，使工程造价具有科学性。

简而言之，建筑工程预算管理工作是企业财务管理工作的前提，提高预算工作的科学性，有利于推动建筑工程顺利完成。因此，要重视工程造价控制，应用先进的信息技术实现工程预算管理工作，推进建筑工程企业的稳定有序发展。

第三节　城市建筑工程造价管理与控制效果

进入 21 世纪以来，我国的社会主义市场经济持续繁荣，城市化进程明显加快。在城市化发展过程中，建筑工程数量明显增多。如何提升建筑工程质量，在市场竞争中占据有利地位，成为各个建筑企业关注的重点问题。工程造价管理控制是企业管理的重要组成部分，也是企业发展立足的根本。为了实现建筑企业的可持续发展，必须分析工程造价的影响因素，发挥工程造价管理控制的实效性。

一、建筑工程造价的主要影响要素

（一）决策过程

国家在开展社会建设的过程中，需要开展工程审批工作，对工程建设的可行性、必要性进行分析，并综合考虑社会、人文等各个因素。在对工程项目的投资成本进行预估时，必须分析相关国家政策，把握当下建筑市场的发展规律，尽可能使工程项目符合市场需求，在对项目工程进行审阅时，需要选择可信度较高的承包商，确保项目工程的质量，避免"豆腐渣工程"的出现。

（二）设计过程

建筑工程设计直接关系建筑工程的质量，且建筑工程设计会对工程造价产生直接性的影响。在对工程造价费用进行分析时，需要考虑人力资源成本、机械设备成本、建筑材料成本等。部分设计人员专业能力较强，设计水平较高，建筑工程设计方案科学合理，节省了较多的人力资源和物力资源；部分设计人员专业能力较差，综合素质较低，建筑工程设计方案漏洞百出，会增多建筑工程的投入成本，加大造价控制管理的难度。

（三）施工过程

建筑施工对工程造价影响重大，施工过程中的造价管理控制最为关键。建筑施工是开展工程建设的直接过程，只有降低建筑施工的成本，提高施工管理的质量，才能将造价控制管理落到实处。具体而言，需要注重以下几个要素的影响：

（1）施工管理的影响。施工管理越高效，项目工程投入成本的使用效率越高。

（2）设备利用的影响。设备利用效率越高，项目工程花费的成本越少。

（3）材料的影响。材料物美价廉，项目工程造价管理控制可以发挥实效。

（四）结算过程

工程施工基本完毕后，仍然需要进行造价管理，对工程造价进行科学控制。工程结算同样是造价控制管理的重要组成部分，很多造价师忽视了结算过程，导致成本浪费问题出现，使企业出现了资金缺口。在这一过程中，造价师的个人素质、对工程建设阶段价款的计算精度，如建筑工程费、安装工程费等，都会影响工程造价管理的质量。

二、当前建筑工程项目造价管理控制存在的问题

（一）造价管理模式单一

在建筑工程造价管理的过程中，需要提高管理精度，不断调整造价管理模式。社会主义市场经济处在实时变化之中，在开展工程造价管理时，需要分析社会主义市场经济的发展变化，紧跟市场经济的形势，并对管理模式进行创新。就目前来看，我国很多企业在开展造价管理时仍然采用静态管理模式，对静态建筑工程进行造价分析，导致造价管理控制实效较差。一些造价管理者将着眼点放在工程建设后期，忽视了设计过程和施工过程中的造价管理，也对造价管理质量产生不利影响。

（二）管理人员素质较低

管理人员对项目工程的造价管理工作直接控制，其个人素质会对造价管理工作产生直接影响。在具体的工程造价管理时，管理人员面临较多问题，必须灵活使用管理方法，使自己的知识结构与时俱进。我国建筑工程造价管理人员的个人能力参差不齐，一些管理人员具备专业的造价管理能力，获得了相关证书，并拥有丰富的管理经验；一些管理人员不仅没有取得相关证书，而且缺乏实际管理经验。由于管理人员个人能力偏低，工程造价管理控制水平很难获得有效提升。

（三）建筑施工管理不足

对项目工程造价进行分析，可以发现建筑施工过程中的造价控制管理最为关键，因此管理人员需要将着眼点放在建筑施工中。一方面，管理人员需要对建筑图纸进行分析，要求施工人员按照建筑图纸开展各项工作；另一方面，管理人员需要发挥现代施工技术的应用价值，优化施工组织。很多管理人员没有对建筑施工过程进行预算控制，形成系统的项目管理方案，导致人力资源、物力资源分配不足，成本浪费问题严重。

（四）材料市场发展变化

我国市场经济处在不断变化之中，建筑材料的价格也呈现出较大的变化性。建筑材料价格变化与市场经济变化同步，造价管理控制人员需要避免材料价格上升对工程造价产生波动性影响。部分管理人员没有将取消的造价项目及时上报，使工程造价迅速提升。建筑材料价格在工程造价中占据重要地位，因此要对建筑材料进行科学预算。部分企业仅仅按照材料质量档次等进行简单分类，当材料更换场地后，价格发生变化，会使工程造价产生变化。

三、提升工程项目造价管理控制效果的关键性举措

（一）决策过程

在决策过程中，即应该开展造价控制管理工作，获取与工程项目造价相关的各类信息并对关键数据进行采集，保证数据的精确性和科学性。企业需要对建筑市场进行分析，了解工程造价的影响因素，如设备因素、物料因素等等，同时制订相应的造价管理控制

方案，并结合建筑工程的施工方案、施工技术，对造价管理控制方案进行优化调整。企业需要对财务工作进行有效评价，对造价控制管理的经济评价报告进行考察，发挥其重要功能。

（二）设计过程

在设计阶段，应该对项目工程方案设计流程进行动态监测，分析项目工程实施的重要意义，并对工程造价进行具体管控。企业应该对设计方案的可行性进行分析，对设计方案的经济性进行评价。如果存在失误之处，需要对方案进行检修改进。同时，要对项目工程的投资金额进行计算，实现经济控制目标。

（三）施工过程

施工过程是开展项目工程造价管理控制的重中之重，因此要制订科学的造价控制管理方案，确定造价控制管理的具体办法。企业需要对工程设计方案进行分析，确保建筑施工实际与设计方案相符合。在施工过程中，企业要对人力资源、物力资源的使用进行预算，并追踪人力资源和物力资源的流向。同时，企业应该不断优化施工技术，尽可能提高施工效率，实现各方利益的最大化。

（四）结算过程

在工程项目结算阶段，企业应该按照招标文件精神开展审计工作，对建设工程预算外的费用进行严格控制，对违约费用进行核减。一方面，企业需要对相关的竣工结算资料进行检查，如招标文件、投标文件、施工合同、竣工图纸等；另一方面，企业要查看建设工程是否验收合格，是否满足了工期要求等，并对工程量进行审核。

我国的经济社会不断发展，建筑项目工程不断增多。为了创造更多的经济效益，提升核心竞争力，企业必须优化工程造价管理和控制。

第四节　城市建筑工程造价管理系统的设计

一、管理信息系统

城市建筑工程造价管理信息系统是一种计算机信息管理系统，用于管理和监控城市建筑工程项目的造价管理和成本控制。这种系统可以对建筑工程项目的预算编制、成本控制、费用分析、结算等方面进行全面管理，提高项目的管理效率和控制质量，降低项目成本。接下来，我们将详细介绍城市建筑工程造价管理信息系统的设计和实现。

（一）系统设计

城市建筑工程造价管理信息系统的设计应该包括以下三个方面：

1. 系统需求分析

在设计城市建筑工程造价管理信息系统之前，需要进行需求分析。这包括分析系统的使用场景、用户需求和业务流程等方面。通过需求分析，可以明确系统的功能需求和技术要求，从而指导系统的设计和实现。

2. 系统架构设计

城市建筑工程造价管理信息系统的架构设计应该是一个三层结构：用户层、应用层和数据层。其中，用户层是用户与系统交互的界面，应用层是对用户请求的处理，数据层则是数据的存储和处理。

3. 系统模块设计

城市建筑工程造价管理信息系统的模块设计应该根据业务流程进行划分，主要包括用户管理、项目管理、预算管理、成本控制、费用分析和结算等模块。在设计各个模块时，应该尽可能地简化系统操作流程，使得用户能够快速上手。

（二）系统实现

在进行城市建筑工程造价管理信息系统的实现时，需要注意以下三个方面：

1. 技术选型

在实现系统时，需要选择合适的开发语言、数据库管理系统和开发框架等。常用的开发语言包括 Java、Python 等，数据库管理系统包括 MySQL、Oracle、SQL Server 等，开发框架包括 Spring、Django 等。

2. 系统功能实现

在实现城市建筑工程造价管理信息系统的功能时，应该注意以下六个方面：

（1）用户管理功能

用户管理功能主要包括用户信息的添加、修改和删除等操作。管理员可以对用户进行管理，包括添加新用户、修改用户信息和删除用户等操作。

（2）项目管理功能

项目管理功能主要包括项目信息的添加、修改和删除等操作。系统可以根据项目的不同阶段进行管理，包括项目预算编制、成本控制、费用分析和结算等方面。

（3）预算管理功能

预算管理功能主要包括对项目预算的编制和分析，包括各项费用的预算和分项分析等。

（4）成本控制功能

成本控制功能主要包括对项目的各个阶段的成本进行控制，及时发现并解决成本超支问题。系统可以对项目进行预算和实际成本的对比分析，帮助项目管理人员及时发现成本问题，并采取相应措施。

（5）费用分析功能

费用分析功能主要用于对项目的各个方面的费用进行分析，包括各项费用的占比、趋势和变化等。系统可以提供各种类型的报表，包括条形图、饼图、折线图等，方便用户进行数据分析和决策。

（6）结算管理功能

结算管理功能主要包括对项目各项费用的结算和结算报表的生成等操作。系统可以根据项目的实际情况进行结算，并自动生成结算报表，方便用户进行查阅和管理。

3. 系统测试与维护

在系统实现后，需要进行系统测试，包括单元测试、集成测试和系统测试等环节。系统测试可以发现系统中存在的问题和漏洞，从而保证系统的稳定性和可靠性。

同时，系统上线后，需要定期进行系统维护和升级，包括数据库备份、系统安全性检查和功能更新等操作。还需要对系统的性能进行监控，及时发现和解决系统中出现的问题，确保系统的稳定性和可靠性。

（三）系统优势

城市建筑工程造价管理信息系统的设计和实现，具有以下优势：

1. 高效性

系统能够对项目的预算编制、成本控制、费用分析和结算等方面进行全面管理，提高项目的管理效率和控制质量，降低项目成本。

2. 自动化

系统具有高度的自动化程度，能够自动计算各项费用和生成报表，减少了人工操作，提高了工作效率。

3. 信息化

系统采用计算机信息管理的方式进行管理，能够提供数据支持和决策依据，方便用户进行数据分析和决策。

4. 便捷性

系统具有友好的用户界面和简单的操作流程，使用户能够快速上手，提高了工作效率和工作质量。

二、系统目标分析

城市建筑工程造价管理信息系统是一种用于管理和监控城市建筑工程项目的造价管理和成本控制的计算机信息管理系统。其目标是提高城市建筑工程项目的管理效率和控制质量，降低项目成本，同时为建筑工程项目提供数据支持和决策依据。下面我们将详细叙述城市建筑工程造价管理信息系统的目标，并探讨如何实现这些目标。

（一）提高管理效率

城市建筑工程造价管理信息系统的第一个目标是提高项目的管理效率。管理效率的提高可以通过系统的自动化和简化操作流程实现。系统可以自动计算各项费用和生成报表，减少了人工操作，提高了工作效率。同时，系统具有友好的用户界面和简单的操作流程，使用户能够快速上手，提高了工作效率和工作质量。

（二）提高控制质量

城市建筑工程造价管理信息系统的第二个目标是提高项目的控制质量。项目控制质量的提高可以通过系统的实时监控和反馈实现。系统能够自动检测项目的各项费用和结算情况，并实时反馈给用户。系统能够帮助用户及时发现和解决成本超支问题，避免因为成本超支造成的项目失败或不良后果。

（三）降低项目成本

城市建筑工程造价管理信息系统的第三个目标是降低项目成本。成本控制是项目管理中至关重要的一环，城市建筑工程造价管理信息系统能够帮助用户控制项目成本，从而降低项目成本。

（四）提供数据支持和决策依据

城市建筑工程造价管理信息系统的第四个目标是提供数据支持和决策依据。建筑工程项目需要大量的数据来支持决策和管理，城市建筑工程造价管理信息系统能够帮助用户获得所需的数据支持和决策依据。

三、系统构架、功能结构设计

城市建筑工程造价管理系统的核心是数据库，任何一个工程处理逻辑均需要数据库做辅助，因此该管理系统中数据库有着不可替代的地位。其中，多个数据进行操作过程可以对应一个处理逻辑。为了稳定系统的性能，需要将系统的各项业务进行合理的分离处理，每一个业务活动都有与之相对应的模块，众多业务模块中，任何一个发生变化都会影响其他业务，系统设计时要将系统的扩展性考虑在内，这样能够减轻软件维护的工作量。系统的功能结构主要包括三个部分，分别是工程信息模块、工程模板模块、招标报价模块。首先，工程信息模块内容主要有项目信息、项目分项信息等。而资料中未提到的项目，应该根据实际情况作出相应的补充。工程模板模块的主要功能是，根据不同建筑工程的信息选择最适宜的造价估算模板。模板必须通过审核才能够被应用。最后，招标报价模块内容有，器材费、材料费、项目费用等。其主要功能有定期查询工程已使用材料的价格单、维护价格库、制定新建工程项目的报价单等。

综上所述，归根结底可以看出一项建筑工程的成功完成，永远离不开工程造价全过程动态控制分析管理工作的有效进行，其在保证最大经济效益的同时还能确保施工进度的完成速度。从建筑工程施工的最初计划指导到施工全过程的合理安排，都应严格根据已经落实制度进行施工，保证其科学性、安全性及有效性，提高工作的效率，通过一系列的手段来达到高质量建筑工程的目的。主要体现在以下方面：

（1）城市建筑工程施工活动需要有科学的管理体系作为支撑，在应用新型管理平台时，必须要兼顾多个管理项目，包括人员、资金及其他物质资源等。管理者应当通过造价管理系统来全面地落实造价管理工作，不同工程的资金消耗情况不同，具体设定的工程造价也存有差异性。

（2）计算机技术在工程管理环节中发挥的作用越来越多重要，在很多管理环节中，造价管理系统都可以发挥作用，科学的管理平台可以满足一些基础性的工程管理需求。针对当前的工程造价管理活动之中存在的问题，可以利用更多科学技术手段与数据资源来建设符合造价管理需求的综合化管控平台，管理者也要有意识地使用新的信息工具来辅助造价管控工作。

（3）基于系统的需求的分析，城市建筑工程造价管理系统中，项目部、财务部、采购部、设计部、施工部等都是通过浏览器方式进行操作的即系统采用 B/S 模式。这些部在行政上既是相互独立的又是逻辑上的统一整体，都是为工程建设服务。用户管理子系统主要是用来管理参与建筑工程项目的所有人员信息，包括添加用户、修改用户信息、为不同的用户设置权限，当用户离开该工程项目后，删除用户。造价管理子系统主要是对工程建设中的资金进行管理，包括进度款审批、施工进度统计、工程资金计划管理、材料计划审批、预结算审核、造价分析等。工程信息管理子系统主要是对工程信息进行管理，包括工程项目的添加、修改、删除、项目划分，工程量统计等。

（4）材料设备管理子系统主要是对工程所需要的材料和设备进行管理，包括采购计划的编写，招标管理、采购合同管理、材料的入库登记和出库登记。实体 ER 图是一种概念模型，是现实世界到机器世界的一个中间层，用于对信息世界的建模，是数据库设计者进行数据库设计的有力工具，也是数据库开发人员和用户之间进行交流的语言，因此概念模型一方面应该具有较强的表达能力，能够方便直接地表达并运用各种语义知识；另一方面它还应简单清晰并易于用户理解依据业务流程和功能模块进行分析，系统存在的主要实体有：用户实体、工程信息实体、分项工程实体、设备材料实体、定额实体、工程造价实体、工程合同实体等。

（5）随着计算机技术及网络技术的迅猛发展，信息管理越来越方便、成熟，建筑工程信息管理也逐渐使用计算机代替纸质材料，并得到了推广和发展。本建筑工程造价管理系统采用当前流行的 B/S 模式进行开发，并结合了 Internet/Intranet 技术。系统的软件开发平台是成熟可行的。硬件方面，计算机处理速度越来越快，内存越来越高，可靠性越来越好，硬件平台也完全能满足此系统的要求。

（6）建筑工程造价管理系统广泛应用于建筑工程造价管理当中，可以有效地控制造价成本，降低投资，为施工企业带来极大的利益收获。在控制施工进度和质量的前提下，确保工程造价得到合理有效的控制。从而实现施工企业的经济效益。本系统研发经费成本较低，只需少量的经费就可以完成并实现，并且本系统实施后可以降低工程造价的人工成本，保证数据的正确性和及时更新，数据资源共享，提高工作效率，有助于工程造价实现网络化、信息化管理。建筑工程造价管理系统主要是对各种数据和价格进行管理，避免大量烦琐容易出错的数据处理工作，这样方便统计和计算，系统中更多的是增删查改的操作，对于使用者的技术要求比较低，只需要掌握文本的输入，数据的编辑即可，因此操作起来也是可行的。

四、城市工程造价管理系统分析

（一）城市建筑工程招投标环节

在进入到建筑工程的招投标阶段中之后，需要进行招标报价活动，利用造价管理系统来完成这一环节中的造价管控任务，招标人需要在设定招标文件后，严谨检查招标文件，注意各个条款存在的细节问题，确认造价信息后须开启造价控制工作，为后续的造价控制工作提供依据，将工程相关的预算定额信息、各个阶段的工程量清单与施工图纸等核心信息都输入到造价管理平台中。

工程量清单的内容必须保持清晰明确，同时每一个工程活动的负责人都必须认真完成报价与计价的工作，具体的投标报价需要符合工程的实际建设状况，考虑到工程资金的正常使用需求的同时，还必须对市场环境下的工程价格进行考量，参考市场价格信息，工作人员还必须编制其他与工程造价相关的文件。

（二）城市建筑施工环节

施工环节是控制工程造价的重点环节，在前一个造价控制环节中，一些造价设定问题被解决，施工单位能够获取更加科学的造价控制工作方案，按照方案中具体的要求来展开控制工程成本的工作即可，但是实际施工环节中仍旧会产生一系列的造价控制问题，主要是受到了具体施工活动的影响，当施工环境的情况与工程方案设计产生冲突之后，工程的成本消耗会出现变动，工程造价也随之出现变化，因此这一建设阶段的造价控制工作必须被充分重视。使用造价管理系统来核对实际的工程建设情况，是否符合预设的造价数值，一旦需要增加或者减少工程量，需要先向上级部分申请，确定通过审核之后，才可真正地对工程量进行调整，并且需要清晰记录造价变动情况，确定签证量信息，在后期验收环节中，还必须注意对项目名称进行反映，形成完整的综合单价信息之后，将其向造价管理平台中输送，出现信息不精准的情况之后，要联系相应的施工负责人，确定造价失控情况形成的原因，避免出现结算纠纷的问题，新型造价控制方法的优势体现在其具有的动态化特点，当实际的工程情况出现变化之后，可以在平台中随时修改数据。

（三）竣工结算环节

造价管理平台在最终的项目结算环节中也可以辅助造价控制工作，管理者可以直接在平台上对工程量数据进行对比，确定签订合同、招投标以及施工工程中的造价信息是否可以保持一致，验证造价管理工作的开展效果，将造价管理的水平提升到更高的层次上。新型造价管理平台支持更多与造价相关的操作，一些既有的造价控制问题也被解决，工作人员可以使用新型信息化工具来调用造价数据库，增强控制工程造价的力度，综合造价管理水平被提升，多个环节中难以消除的造价管理问题被化解，工程资金损耗也被减少。造价管理是当前大型建筑工程中的重点管理任务之一，建筑工程需要创造的效益有很多种，建设方的工程建设理念发生改变之后，工程建设工作的整体难度也被提升，因此一些新兴技术手段必须在工程管理环节发挥作用。

参考文献

[1] 广州市人民政府文史研究馆编.城市规划和发展 2015 年广州学与城市学地方学学术报告会论文集 [M].广州：广东人民出版社，2017.05.

[2] 全国市长培训中心城市发展研究所编.城市规划与发展建设研究 [M].天津：天津社会科学院出版社，2000.

[3] 上海市房地产科学研究院编；严荣著.城市住房发展规划 理论与实践 [M].上海：上海人民出版社，2021.11.

[4] 张尚武.城市新区发展规律、规划方法与优化技术 [M].上海：同济大学出版社，2021.

[5] 金经昌，中国青年规划师论坛组委会编.统筹城市发展和规划创新 [M].上海：同济大学出版社，2016.12.

[6] 刘嘉茵著.现代城市规划与可持续发展 [M].成都：电子科技大学出版社，2017.09.

[7] 邵益生主编；张全，谢映霞，龚道孝副主编.工程规划引领城市绿色发展 [M].北京：中国城市出版社，2017.04.

[8] 赵和生著.城市规划与城市发展 [M].南京：东南大学出版社，2011.05.

[9] 沈迟，张国华编.城市发展研究与城乡规划实践探索 [M].北京：中国发展出版社，2016.06.

[10] 张丽萍著.城市综合大学发展规划研究 以我国十五座副省级城市综合大学"十二五"发展规划为例 [M].武汉：武汉大学出版社，2017.07.

[11] 郝晓赛，罗琦编著.城市建设规划发展 [M].北京：中国建材出版社，1998.09.

[12] 吴晓松，张莹，缪春胜编著.中英城市规划体系发展演变 [M].广州：中山大学出版社，2015.07.

[13] 樊纲，武良成主编.城市化发展 要素聚集与规划治理 [M].北京：中国经济出版社，2012.05.

[14] 全国城市规划执业制度管理委员会编.科学发展观与城市规划 [M].北京：中国计划出版社，2007.04.

[15] 张勇强著.城市空间发展自组织与城市规划 [M].南京：东南大学出版社，2006.06.